U0145941

学习认知计算

黄 涛 著

科学出版社

北 京

内 容 简 介

本书从理论指导和数据驱动的视角出发,围绕如何量化学习认知,解决学习过程中的内隐与外显式的行为分析问题,紧随国际上心理测量学、认知心理学、学习分析和教育数据挖掘、教育人工智能几大学科和研究分支的发展趋势,对学习认知计算的理论体系、研究方法、研究场景及建模分析技术进行系统的分类梳理。

本书围绕学习认知计算概论、静态认知诊断:学习认知的诊断推理、动态认知诊断:学习认知的表现预测、时空认知诊断:学习认知的时空演变和教育应用五大主题,侧重于将人工智能方法、机器学习技术与当前先进的教育研究范式相结合,旨在攻破教育测评"唯分论"的壁垒,深入地理解学习者的内在认知并提供综合的科学方法和工具。

本书可作为相关专业高年级本科生和研究生的参考书,也可以作为教育工作者、数据科学研究者、学习系统开发者及行业内从业人员的参考书。

图书在版编目(CIP)数据

学习认知计算 / 黄涛著. —北京:科学出版社,2024.6
ISBN 978-7-03-076627-4

Ⅰ.①学… Ⅱ.①黄… Ⅲ.①人工智能 Ⅳ.①TP18

中国国家版本馆 CIP 数据核字(2023)第 194849 号

责任编辑:陈 静 霍明亮 / 责任校对:胡小洁
责任印制:师艳茹 / 封面设计:迷底书装

科 学 出 版 社 出版
北京东黄城根北街 16 号
邮政编码:100717
http://www.sciencep.com
北京厚诚则铭印刷科技有限公司印刷
科学出版社发行 各地新华书店经销

*

2024 年 6 月第 一 版 开本:720×1000 1/16
2024 年 6 月第一次印刷 印张:17 1/4
字数:347 000
定价:158.00 元
(如有印装质量问题,我社负责调换)

前　　言

随着人们对人工智能技术的需求不断增加，在大数据促进个性化学习背景下，越来越多的信息化技术已经应用到教育领域的多个环节，学习认知计算也成为研究的热点。其中，认知计算源自模拟人脑的计算机系统的人工智能，20世纪90年代后研究人员开始用认知计算一词，以表明该学科用于教计算机像人脑一样思考，并将认知计算定义为"将神经生物学、认知心理学和人工智能联系在一起的学科"。在信息社会高速发展的今天，智能教育开始在教育领域有所应用，使得教育领域累积了海量的学习者学习过程性数据，让学习认知计算技术的实施成为可能。作为个性化学习的核心技术，学习认知计算能够帮助学习者获取其真实的认知状态，助力个性化干预与学习，具有重要的实践意义。

学习认知计算旨在立足于现代心理学、教育学和教育测量学理论，运用科学方法对学习者的认知过程和发展潜力等特征进行客观的定量刻画，进而对教育现象进行科学价值的判断。其主要追求在模拟和深刻理解学习者学习机制的同时，通过学习数据的推理和预测来实现这一目标。学习认知计算是认知计算等新技术在学习科学领域的应用，用于解释、拟合和预测学习者的认知过程与学习行为，旨在通过学习者在教育测评中与项目的交互获取最直观的作答数据，通过认知建模，实时跟踪学习者的知识状态，高效地检测出学习者认知结构存在的薄弱环节。最近几年，越来越多的学者将大数据或人工智能技术应用于认知建模中，帮助学习者实现高质量的个性化学习。学习认知计算技术让学习者的知识状态的显性化成为可能，是帮助学习者实现针对性、个性化学习的有效途径，有助于促进教育高质量的发展。

进入21世纪以来，随着人工智能技术的快速发展和应用，认知计算作为一门交叉学科也得到了广泛的关注和发展。然而，当前的研究也面临诸多困难与挑战，如何实现更加深层次的知识表示和推理？如何实现跨学科协作交流？如何提高学习认知计算模型的可解释性？新时代的持续发展和技术的迭代创新以及新问题的出现推动了人工智能技术的发展，认知计算的研究也逐步推进，同时催生了教育研究的新方向——学习认知计算。

本书从理论和实践两个层面全面地阐述学习认知计算的理论、模型、算法及应用。本书的设计力求将知识层层递进，从学习认知计算的原理和发展历程切入，展开对各类认知计算模型和算法的深入讨论，最后提供学习认知计算在教育应用中的具体案例和研究方向。本书第一篇是学习认知计算概论，介绍学习认知计算的缘起、内涵及发展历程。第二篇～第四篇分别从认知诊断的静态、动态和时空三大视角出发，着重探讨不同功能的认知诊断的核心理论和模型。第五篇聚焦于学习认知计算在教育应用中的价值，为学习认知计算在教育中的应用提供新思路和可行性路径。

学习认知计算是社会进步和人才培养的关键领域，而认知计算作为一门前沿交叉学科，将为教育领域带来无限可能。无论是对于初学者还是专业研究者，本书对学习认知计算领域的全面覆盖和深入剖析，都能为其提供扎实的理论基础和实践指导，帮助读者深入地了解学习认知计算领域的最新研究成果和发展趋势。

本书的创作离不开整个研究团队成员的共同努力，特别是杨华利、耿晶、胡盛泽、赵媛、胡俊杰、徐卓然、欧鑫佳、张金鸿、唐琳霞、陈玉霞、王锦、高旺等做了大量的工作，为本书的撰写贡献了自己的智慧。在此，感谢所有参与本书创作和撰写的人员。

我们深知，知识的传播和应用需要广泛而持久的支持，因此，由衷地感谢本书的读者，正是你们对认知计算领域的兴趣和支持，激励着我们不断探索和前进，正是你们的热忱探索才能将本书的内容更好地运用于教育科学研究与实践，促进计算机科学、人工智能、认知心理学、脑科学等学科在教育领域的融合与应用，助力教育高质量发展。

由于作者水平有限，书中不妥之处在所难免，敬请广大读者批评指正。

作者

2023 年 10 月

目 录

第五篇　教　育　应　用

第一篇

学习认知计算概论

第1章 学习认知计算理论基础

1.1 学习认知计算的缘起

1.1.1 时代的新背景

随着微型机器人、传感器、可穿戴设备、虚拟现实和增强现实虚拟头盔等硬件设施的丰富，以及人工智能、大数据、云计算、物联网和5G（5th generation）等主流技术的发展，以模拟人脑为目标的认知计算逐渐兴起，给经济、社会等领域带来了前所未有的改变。事实上，快速发展的智能化技术是引领新一轮科技革命和产业变革的重要驱动力，推动人类社会迎来人机协同、跨界融合、共创分享的智能时代[1]。2016年，美国DeepMind公司研发的AlphaGo挑战世界围棋顶尖棋手李世石，并获得最终胜利，让全球感受到人工智能技术所带来的改变。由此，以人工智能为中心的科学技术获得了空前的关注，全球主要国家和地区纷纷加入这场事关国家科技实力的竞争中，包括美国、欧盟、日本、中国等近30个国家与地区发布人工智能相关的战略规划和政策。2019年，美国陆续颁布了《维护美国在人工智能领域领导地位》《国家人工智能研发战略计划》《美国人工智能时代：行动蓝图》三部重要文件，表现了美国政府对人工智能技术的高度重视和维持领先地位的决心。欧盟于2018年发布了《人工智能合作宣言》，强调发挥创新创造力，应用人工智能技术使制造业及相关领域实现升级。日本于2016年发布了《日本下一代人工智能促进战略》，围绕基础研究、应用研究和产业化三个方面进行成果转化和推广。中国于2017年发布了《新一代人工智能发展规划》，提出人工智能技术是引领未来的战略性技术，到2025年中国人工智能核心产业规模超过4000亿元，带动相关产业规模超过5万亿元。人工智能是新一轮科技竞赛的制高点，对经济增长和国家安全均至关重要。

认知，来源于认知科学，是通过获取对世界的抽象表达以实现理解知识并创造知识的思维过程。认知科学研究已被列入国际人类前沿科学计划（Human Frontier Science Program，HFSP）。经典的认知科学认为，其直接的哲学根源源自霍布斯（Hobbes）的"所有推理只能是计算"这一思想，其含义是人的思想可以被理解为一种计算或通常是无意识地对存储在心智中的符号、逻辑和规则进行形式操作。学习认知理论，从理论的科学技术背景来看，它是心理学与邻近学科交叉渗透的产物。它发源于早期认知理论的代表学派——格式塔心理学的顿悟说，通过研究人的认知过程来探索学习规律的学习理论。

认知计算这一概念最初由维利艾特（Valiant）于1995年提出，他把认知计算定义为"将神经生物学、认知心理学和人工智能联系在一起的学科"。以国际商用机器公司（International Business Machines，IBM）为首的研究团队于2011年开始了以模拟人脑为目的的认知计算研究[2]，即将认知科学与计算机科学相结合。借助人工智能技术，智能系统实现了规模学习、有目的的推理、与其他智能机器自然交互，从而使计算机能够实现类似于大脑的计算[3]。20世纪30年代，图灵机概念的提出证明了通用计算理论，给出了计算机应有的主要架构。在推动认知与计算实践转向的同时，经典的计算功能主义研究纲领开始逐渐形成[4]，有力地推动了认知科学领域的相关研究，并取得了丰硕的成果。计算理论是现代计算机的基础，这个研究领域是由数学家和逻辑学家在20世纪30年代试图理解计算的含义时开始的。在理论计算机科学和数学领域中，计算理论是处理如何在计算模型上有效地使用算法来解决问题的一个分支，是一门致力于研究自然、人造或虚构计算一般属性的科学学科，旨在了解有效计算的本质，为研究计算奠定了数学基础。从20世纪50年代开始，哲学家和科学家围绕"计算机能否模拟人的大脑"展开了深入的探索，推动了认知科学和人工智能的研究进展。从人工智能的发展来看，人工智能的研究以构建能够像人类一样理性地思考和行动的智能系统为目标，经历了两次低谷期和三次热潮期，认知计算则是在第三次热潮期开始崛起的[5]，包含信息分析、自然语言处理和机器学习领域的大量技术创新，能够助力决策者从大量结构化和非结构化数据中挖掘复杂的关联性，并获得卓越的洞察力。

因此，当前是以人工智能技术为基础的认知计算时代，其最大特点是信息技术（information technology，IT）行业所有机器具备认知能力和人工智能的特性，包括深度学习能力，图像、语音、文本识别能力，自然语言识别能力，对话能力等。基于人工智能与认知能力的认知计算将促进计算机更好地模拟人类大脑来学习，促进包括教育、医疗、交通等各大领域的飞速发展与变革。

1.1.2　教育的新需求

在教育领域，大数据范式、数据挖掘和深度学习等智能化技术使得建立个性化、定制化的教学环境来提升学习者学习表现的方法是可行的。而认知计算过程结合了神经网络、机器学习和自然语言处理等人工智能技术来解决人们的日常问题，从而为不断发展的技术增强学习领域注入了新的动力。结合人工智能技术的认知计算在教育领域的运用已逐步增多，人工智能阅卷、拍照搜题、教育机器人等人工智能教育工具在教育领域中的运用日益成熟，让学习者个性化学习成为可能。个性化学习旨在以学习者个体差异为起点，突出学习者在学习过程中需针对个体的特点与个体发展潜能来选择合适的学习资源与学习方式，弥补现有知识结构（knowledge structure）的不足，以促进学习者个体最佳发展[6]。*Science* 在 2016 年推出美国国家科学基金会的科研前沿，其中，个性化学习支持是六大科研前沿之一[7]。而且，"智能＋"教育时代的个性化学习离不开认知计算，正如卢金（Luckin）在《智能学习的未来》中写道，"教育体系唯一正确的路径和方向，就是要让人类比人工智能更善于学习"。

事实上，世界各国早已意识到智能技术支持的个性化学习的重要性。美国高等教育信息化协会的《2021 地平线报告：教与学版》，突出强调利用人工智能技术对学习过程进行分析与评价，及时地诊断并监测学习者的学业表现，实施精准的教学干预，促进学习者个性化学习[8]。2019 年，我国印发的《中国教育现代化 2035》中强调利用信息化技术来促进教育的变革，最终实现教育的规模化与个性化的统一[9]。2021 年，我国发布的《教育部等六部门关于推进教育新型基础设施建设构建高质量教育支撑体系的指导意见》中提出，通过完善各项教育新型基础设施，支持网络条件下的个性化教与学，促进学习者个性化发展[10]。2017 年，我国发布《新一代人工智能发展规划的通知》，指出"加快智能教育建设，构建包含智能学习、交互式学习的新型教育体系。建立以学习者为中心的教育环境，提供精准推送的教育服务"。2021 年，我国发布了《义务教育质量评价指南》，强调注重学习者评价的全面性，注重差异性和多样性，促进学习者个性化发展[11]。

学习者智能个性化学习已成为国内外关注的焦点。余胜泉[12]从三个层次来阐述个性化学习的内涵：基于知识水平、基于学习情境及适应个性发展的个性化学习。然而，由于个性化学习内涵的复杂性和多样性，其在实践中缺乏实际的可操作性，很难把握。尤其是在 2020 年新型冠状病毒感染疫情期间，以直播课堂为代表的在线学习解决了"停课不停学"的问题，但是学习者的个性化学情仍难以观测，个性化学习问题仍然无法得到有效的解决。

学习认知计算作为个性化学习的核心技术，已有三十几年的发展历史，其模型已发展到一百多种[13]。学习认知计算旨在通过学习者在教育测评中与项目的交互获取最直观的作答数据，通过认知建模，实时跟踪学习者的知识状态（knowledge state），高效地检测出学习者认知结构存在的薄弱环节。最近几年，越来越多的学者将大数据或人工智能技术应用于认知建模中，帮助学习者实现高质量的个性化学习。学习认知计算技术让学习者的知识状态的显性化成为可能，是帮助学习者实现针对性个性化学习的有效途径，有助于促进教育高质量发展。

1.1.3　技术的新发展

人工智能和机器学习充满了脑科学启示的案例。早期的人工智能专注于建立模仿人脑的机器这一宏伟目标，而现在，学习认知计算正在逐步实现这一目标。业界普遍认为，认知计算代表了计算的第三代：第一代（始于 19 世纪）是被称为"计算机之父"的巴贝奇（Babbage）提出的可编程计算机概念；第二代（兴起于 20 世纪 40 年代）经历了诸如电子数字积分计算机（electronic numerical integrator and computer，ENIAC）之类的数字编程计算机，并开创了现代计算和可编程系统的时代；第三代则是认知计算，它包含信息分析、自然语言处理和机器学习领域的大量技术创新，能够助力决策者从大量结构化和非结构化数据中挖掘复杂的关联性，并获得卓越的洞察力。

认知计算源于模拟人脑的计算机系统的人工智能，是通过人与自然环境的交互及不断学习来帮助决策者从不同类型的海量数据中揭示非凡的洞察，以实现不同程度的感知、记忆、学习和其他认知活动。随着大数据时代的到来，丰富的数据和知识为认知计算带来了新的机遇。认知计算是对新一代智能系统特点的概括。从功能层面上讲，认知系统具备人类的某些认知能力，能够出色地完成对数据的发现、理解、推理、决策等特定认知任务。认知计算解决理解和学习的问题，学习能力是认知系统的关键，特别是在当前大数据时代，可供学习的数据和知识越来越丰富。认知计算建立在神经网络和深度学习之上，运用认知科学中的知识来构建能够模拟人类思维过程的系统。然而，认知计算覆盖了多个学科，如机器学习、自然语言处理、视觉及人机交互，而不仅仅是聚焦于某个单独的技术。认知学习的一个例子就是 IBM 的 Waston，它在 Jeopardy 上展示了当时最先进的问答交互。IBM 已经将其扩展在一系列的 Web 服务上。这些服务提供了用于一系列应用的编程接口来构建强大的虚拟代理，这些接口有视觉识别、语音文本转换（语音识别）、文本语音转换（语音合成）、语言理解与翻译和对话引擎。

认知计算是大规模学习、有目的地推理并与人类自然互动的系统，它是计算机科学和认知科学的交叉融合，即对人脑及其工作方式的理解。在本质上，认知计算是一组功能和特性，使机器变得更加智能的同时也更加友好。也就是说，机器应该考虑人类行为的概念和所处的社会环境。机器学习已经是一种复杂的技术，它允许根据经验进行自我改进。但只有认知计算阶段的用户，才能真正享受到与实用智能技术的交互，不仅提供对结构化信息的访问，还可以自主编写算法并提出问题的解决方案。例如，车载汽车导航系统依靠大量的地形数据，对其进行分析以生成地图，然后显示地图，其中，包含诸如从点 A 到点 B 的路线，并适当地考虑了用户的旅行偏好和先前的路线选择数据，这依赖于机器学习。但当车载机器提出避免繁重交通的特定路线，同时结合我们的习惯时，它才开始近似认知计算。

如何基于认知计算的研究来打破人机间的学习、交流障碍，以调和人类从内涵到外延的认知规律与计算机从外延到内涵的计算规律的矛盾，是学界一直关注的话题。事实上，认知计算基于认知科学及机器学习和大数据的共同支持，其已成为智能时代国内外关注的重点。作为结合人类认知智能与计算机计算智能的典型代表，认知计算将个性化带入社会生活的每个角落，被运用于医疗诊断、商业应用及决策评估等多个领域。在教育领域中认知计算的发展是由其在学习中的巨大潜力所激发的。

1.2　学习认知计算内涵

认知计算模型因为可解释、拟合和预测认知过程中的行为，被运用于学习科学领域。学习认知计算模型通过利用有关学习过程和活动中的数据，来理解和解释学习者的学习机制，并进一步对学习者的学习表现进行推理和预测，以更好地支持个性化学习及教育决策服务。

1.2.1　学习认知的内涵

学习理论是阐述人和动物学习的性质、过程和影响学习的因素的各种学说。心理学家从不同的观点，采用不同的方法，根据不同的实验资料，提出了许多学习的理论。学习理论一般分为两大理论体系：刺激-反应（stimulus-response，S-R）理论和认知理论。不同于刺激-反应说，认知理论认为，学习不是在外部环境的支配下被动地形成 S-R 联结，而是主动地在头脑内部构造认知结构；学习不是通过练习与强化形成反应习惯，而是通过顿悟与理解获得期待；有机体当前的学习依赖于他原有的认知结构和当前的刺激情境，学习受主体的预期所引导，而不受习惯所支配。

认知理论描述了个体大脑对知识的获取、加工、存储和提取的过程[14]。知识的获取是个体感官接收的刺激信息；知识的加工是指人的大脑会将信息转为另一种形式以便存储；知识的存储是指知识在大脑中的保持，即个体对知识的记忆；知识的提取是指个体下一次从大脑中找到知识并能取出再认知。在认知加工过程中，个体能够从存储的知识中提取并进行再认知。学习者对知识的记忆存储会发生遗忘，而遗忘、学习和记忆是影响学习者对知识再认知的重要因素。学习认知理论的代表人物有加涅（Gagné）、柯勒（Kohler）、布鲁纳（Bruner）及奥苏伯尔（Ausubel）等。他们的学说虽各具特点，但其共同点是都强调有机体对于刺激情境的认知、理解或领悟。

1. 加涅的信息加工理论

加涅的信息加工理论是美国心理学家加涅提出的一种有关学习的理论。1974年，加涅利用计算机模拟的思想，坚持利用当代认知心理学的信息加工的观点来解释学习过程，展示了学习过程中的信息流程，提出了一种有关学习的认知理论。该理论认为，学习过程是信息的接受与使用过程，学习的本质是形成越来越复杂的认知结构。完整的学习行为通常包括相互衔接的八个阶段，每个阶段有其各自的内部过程和影响它的外部事件。与此对应，教学过程也可以分为"动机-了解-获得-保持-回忆-概括-作业-反馈"八个阶段。教师的责任是通过教学活动，指导和帮助学习者建立起新的适当的认知结构，引导学习者循序渐进地学习。对于学习者的学习方法，加涅既不主张完全地发现学习，也不主张全部地接受学习，而是主张有指导地发现学习。加涅认为其既有助于学习者发现能力的培养，又便于教师向学习者传授学习方法。学习者也只有在教师的指导下掌握技能，才能成为一个有效的问题解决者。

2. 柯勒的完形—顿悟说

格式塔学派心理学家柯勒曾在1913～1917年间，对黑猩猩的问题解决行为进行了一系列的实验研究，从而提出了与当时盛行的桑代克（Thorndike）的尝试—错误学习理论相对立的完形—顿悟说。柯勒指出："真正的解决行为，通常采取畅快、一下子解决的过程，具有与前面发生的行为截然分开来而突然出现的特征"。这就是顿悟，而顿悟学习的实质是在主体内部构建一种心理完形。

3. 布鲁纳的认知结构学习理论

布鲁纳的主要教育心理学理论集中体现在1960年出版的《教育过程》一书中。布鲁纳主要研究有机体在知觉与思维方面的认知学习，他把认知结构称为有机体感知和概括外部世界的一般方式。布鲁纳始终认为，学校教育与实验室研究猫、狗、小白鼠受刺激后做出的行为反应是截然不同的两回事，他强调学校教学的主要任务就是要主动地把学习者旧的认知结构置换成新的，促成个体能够用新的认知方式来感知周围的世界。

（1）重视学科基本结构的掌握。布鲁纳强调"不论我们选教什么学科，务必使学习者理解该学科的基本结构"。基本是既有广泛又有强有力的适用性，学科的基本结构包括基本概念、原理和规律，也就是每科教学要着重教给学习者这"三基"。布鲁纳认为认知结构是通过同化和顺应及其相互间的平衡而形成的。

（2）提倡有效学习方法的形成。在布鲁纳看来，学习者的探究实际上并不是发现对世界上各种事件分类的方式，而是创建分类的方式，在具体的学习过程中，这些相关的类别就构成了编码系统。编码系统是人们对所学知识加以分组和组合的方式，它在人类不断地学习中进行着持续的变化和重组。另外，知识迁移实际上就是学习者将已经掌握的编码系统应用于其他新信息，从而有效地掌握新信息的过程。因此，教育工作者在教授新知识时，客观地了解学习者已有的编码系统是非常重要的。

（3）强调基础学科的早期教学。布鲁纳有句名言"任何学科的基础知识都可以用某种形式教给任何年龄的任何人"，因此他主张将基础知识下放到较低的年级教学，他认为任何学科的最基本的观念是既简单又强有力的，教师如果能够根据各门学科的基本概念按照儿童能够接受的方式开展教学的话，就能够帮助学习者缩小初级知识和高级知识之间的距离，有效地促进知识之间的迁移，引导学习者早期智慧的开发。他认为，加强基础学科的早期教学，让学习者理解基础学科的原理，向儿童提供具有挑战性但适合的机会使其步步向前，有助于儿童在学习的早期就形成更高级知识的同化点。布鲁纳列举了物理学和数学学习中的例子来进一步说明如果儿童能早一点儿懂得学科学习的基本原理，那么就能帮助他们更容易地完成学科知识的学习，他把这种对学科基本原理的领会和掌握称为通向训练迁移的大道，其意义在于不仅能够帮助儿童理解当前学习所指向的特定事物，而且能促使他们理解可能遇见的其他类似的事物。

（4）主张学习者的发现学习。发现是指学习者独自遵循他自己特有的认识程序亲自获取知识的一切方式。布鲁纳反复强调教学是要促进学习者智慧或认知的生长，他认为，"教育工作者的任务是要把知识转换成一种适应正在发展着的学习者的形式，以表征系统发展的顺序，作为教学设计的模式"。由此，他提倡教师在教学中要使用发现学习的方法。

4. 奥苏伯尔的认知同化理论

奥苏伯尔是美国的认知心理学家，他对教育心理学的杰出贡献集中体现在他对有意义学习理论的表述中。他在批判行为主义简单地将动物心理等同于人类心理的基础上，创造性地吸收了皮亚杰（Piaget）、布鲁纳等同时代心理学家的认知同化理论思想，提出了著名的有意义学习、先行组织者等，并将学习论与教学论两者有机地统一起来。

（1）奥苏伯尔学习理论的核心是有意义学习。他指出："有意义学习过程的实质就是符号所代表的新知识与学习者认知结构中已有的适当观念建立非人为的和实质性的联系"。在他看来，学习者的学习，如果要有价值的话，那么应该尽可能地有意义。奥苏伯尔将学习分为接受学习、发现学习、机械学习和意义学习，并明确了每一种学习的含义及其相互之间的关系。

（2）奥苏伯尔学习理论的基础是同化。他认为学习者学习新知识的过程实际上是新旧材料之间相互作用的过程，学习者必须积极地寻找存在于自身原有知识结构中的能够同化新知识的停靠点，这里同化主要指的是学习者把新知识纳入已有的图式，从而引起图式量的变化的活动。奥苏伯尔指出，学习者在学习中能否获得新知识，主要取决于学习者个体的认知结构中是否已经有了相关的概念（即是否具备了同化点）。教师必须在教授有关新知识以前了解学习者已经知道了什么，并据此开展教学活动。奥苏伯尔按照新旧知识的概括水平及其相互间的不同关系，提出了三种同化方式：下位学习、上位学习和并列结合学习。

（3）奥苏伯尔还在有意义学习和同化理论的基础上提出了学习的原则与策略。一是逐渐分化原则；二是综合贯通原则；三是序列巩固原则。为了有效地贯彻这三条原则，奥苏伯尔提出了具体的先行组织者策略。先行组织者是指在呈现新的学习任务之前，由教师先告诉学习者一些与新知识有一定关系的、概括性和综合性较强、较清晰的引导材料，来帮助学习者建立学习新知识的同化点，以有效地促进学习者的下位学习。根据所要学习的新知识的性质，奥苏伯尔列出了两种不同类型的先行组织者。对于完全陌生的新知识，他主张采用说明性组织者（或陈述性组织者），利用更抽象和概括的观念为下一步的学习提供一个可以利用的固定观念；对于不完全陌生的新知识，他主张采用比较性组织者，帮助学习者分清新旧知识间的共同点和不同点，为学习者获得精确的知识奠定基础。

1.2.2 认知计算的内涵

认知计算（cognitive computing）源自模拟人脑的计算机系统的人工智能，20世纪90年代后，研究人员开始用认知计算一词，以表明该学科用于教计算机像人脑一样思考，而不只是开发一种人工系统。认知计算这一概念最初由Valiant[15]于1995年提出，他把认知计算定义为"将神经生物学、认知心理学和人工智能联系在一起的学科"。随后，不同的研究者给出了不同的定义，Szymanski和Hise[16]指出，认知计算是"一个新兴的研究领域，它借鉴了行为、认知、计算机和相关科学的原理"。Wang[17]通过模仿大脑机制的自主推理和感知来实现计算智能的认知信息学，把认知计算定义为"一种基于认知信息学的智能计算方法和系统的新兴范式"。Modha等[18]通过陈述认知计算的目的来描述认知计算，旨在"开发受思维能力启发的连贯、统一、通用的机制"。Nahamoo[19]将认知计算定义为"从根本上来说，是一种用于解决现实世界中问题的新型计算范式，通过与人类和其他认知系统进行交互的大规模并行机器来利用大量信息"。其他研究人员则选择通过陈述认知计算的主要原理来概述认知计算，例如，Clark[20]指出，在认知计算中"存在适当的方法来抽象具体的行为，并从高层次上讨论目标、计划、约束和方法"。Violino[21]指出，认知计算能自动地从数据中提取概念和关系，理解其中的含义，并独立地从数据模式和先前经验中进行学习——拓展人或机器可自行完成的工作。

虽然，目前对于认知计算尚没有统一的定义，但现有定义具有一些共同特征：该术语主要是指来自对人脑功能的研究而得出的一系列技术；它描述了各种人工智能和信号处理的结合，是一种模仿人脑处理信息并增强人类决策能力的技术。值得注意的是，大脑（brain）和思维（mind）常常包含在认知计算的定义中，且可以互换使用。但大脑和思维显然是不同的，思维是指人类能够感觉、思考和认识的一系列活动，而大脑则是赋予人类感觉、思考和认识能力的器官。因此，认知计算的重点应放在模拟大脑并赋予计算机系统那样的感觉、思考和认识能力的机制上。简言之，认知计算是一个多学科的交叉研究领域，旨在基于大脑、认知科学和心理学的神经生物学过程，设计计算模型和实现决策机制，以赋予计算机系统认识、思考和感觉的能力。可见，认知计算的目标是建立一个由人类思维能力激励的理性、组合和集合的机制。

认知计算代表一种全新的计算模式，它包含信息分析、自然语言处理和机器学习领域的大量技术创新，能够助力决策者从大量非结构化数据中揭示非凡的洞察。传统的计算技术是定量的，并着重于精度和序列等级，而认知计算则试图解决生物系统中的不精确、不确定和部分真实的问题，以实现不同程度的感知、记忆、学习、语言、思维和问题解决等过程。目前随着科学技术的发展及大数据时代的到来，如何实现类似人脑的认知与判断，发现新的关联和模式，从而做出正确的决策，显得尤为重要，这给认知计算技术的发展带来了新的机遇和挑战。

认知计算最简单的工作是说话、听、看、写，复杂的工作是辅助、理解、决策和发现。认知计算是一种自上而下的、全局性的统一理论研究，旨在解释观察到的认知现象（思维），符合已知的自下而上的神经生物学事实（脑）可以进行计算，也可以用数学原理解释。它寻求一种符合已知的有着脑神经生物学基础的计算机科学类的软、硬件元件，用于处理感知、记忆、语言、智力和意识等心智过程。认知计算的一个目标是让计算机系统能够像人的大脑一样学习、思考，并做出正确的决策。人脑与计算机各有所长，认知计算系统可以成为一个很好的辅助性工具，配合人类进行工作，解决人脑所不擅长解决的一些问题。在认知计算时代，计算机将成为人类能力的扩展和延伸。认知计算意味着更高效的、更加自然的信息处理能力。

在理想状态下，认知计算系统应具备以下四个特性。

第一，辅助（assistance）功能。认知计算系统可以提供百科全书式的信息辅助和支撑能力，让人类利用广泛而深入的信息，轻松地成为各个领域的资深专家。

第二，理解（understanding）能力。认知计算系统应该具有卓越的观察力和理解能力，通过自然语言理解（natural language understanding）技术和卓越处理结构化与非结构化数据的能力，在众多行业能够与用户进行交互，并理解和应对用户的问题，能够帮助人类在纷繁的数据中发现不同信息之间的内在联系。

第三，决策（decision）能力。认知计算系统有智能的逻辑思考能力，能够通过假设生成（hypothesis generation）来揭示数据中的洞察、模式和关系。将散落在各处的知识片段连接起来，进行推理、分析、对比、归纳、总结和论证，获取深入的洞察及决策的证据。认知计算系统必须具备快速的决策能力，能够帮助人类定量地分析影响决策的方方面面的因素，从而保障决策的精准性。

第四，洞察与发现（discovery）。认知计算系统有优秀的学习能力，能够通过以证据为基础的学习能力（evidence based learning），从大数据中快速地提取关键信息，并以类似人类的方式进行学习和认知。可以通过专家训练，并在交互中通过经验学习来获取反馈，优化模型，不断进步。认知计算系统的真正价值在于，可以从大量数据和信息中归纳出人们所需要的内容与知识，让计算系统具备类似人脑的认知能力，从而帮助人类更快地发现新问题、新机遇及新价值。

1.2.3 学习认知计算的内涵与外延

学习认知计算是认知计算等新技术在学习科学领域的应用，用于解释、拟合和预测学习者的认知过程与学习行为，来帮助学习者更好地学习。自 2016 年，认知计算的概念逐步受到教育研究者的关注。Irfan 和 Gudivada[22]认为认知计算在学习领域具有巨大的潜力，通过利用学习过程和活动的数据，来理解和解释学习者的学习机制，以及分析学习的外在表现，以帮助学习者更好地学习。Maresca 等 [23]指出认知计算在教育领域的应用，通过利用认知计算技术与学习者进行数字化互动，可以提高学习者的表现，并减轻教师管理课堂和学习资料的工作压力。单美贤等 [24]提出了应用于教育中的认知计算集成框架，旨在与教育领域中的动态任务环境进行互动的过程中，聚焦教与学过程中产生的大数据，生成时间戳的行为流，再根据认知计算模型进行预测与推理，以更好地支持个性化学习和为教育决策服务。黄荣怀等 [25]认为认知计算是以学习过程中的认知数据为分析来源，以学习科学中的教与学理论为支撑，对学习者的认知数据和学习结果进行计算分析，通过对这些数据进行关注，来探寻大脑内部信息处理机制，揭示学习与认知的规律。

虽然，目前对于学习认知计算尚无统一定义。但对于学习认知计算的描述具有一些共同特征：它描述了通过学习者的外在学习行为，理解和解释学习者学习过程的内在认知状态，模仿学习者的学习机制并进一步对学习者的行为进行预测和推理。因此，学习认知计算的重点应放在模拟学习者学习过程并赋予计算机系统那样的感觉、思考和认识能力的机制上。简言之，学习认知计算是一个多学科的交叉研究领域，旨在基于大脑、学习科学、认知科学和认知心理内在加工过程，设计计算模型和实现决策机制，以赋予计算机系统认识、思考和感觉的能力。可见，学习认知计算的目标是建立一个由学习者在学习过程中的思维能力激励的组合和集合的机制。

学习认知计算是通过认知计算等新技术赋能学习认知理论，理解与解释观察到的外在学习行为数据，揭示学习认知自下而上的内在运行机制与认知规律。学习认知计算以信息时代的密集型学习过程数据为主要研究对象，通过量化学习认知理论各要素及要素之间的交互过程，将认知心理学、学习科学、认知计算、信息科学等多学科交叉融合研究，解释学习者的外在行为表现及理解学习者的内在学习机制，设计计算模型和实现决策机制，促进个性化学习和精准教学，为实现高质量教育体系提供理论指导和技术支撑。可见，学习认知计算的目标包括两个方面：一方面，仿真并理解学习者的学习机制，因为学习者的认知能力模型可以描述为学习过程中学习者内在状态的变化，从而解释学习者外在学习行为和知识变化的原因，通过对实证研究中观察到的行为的相互作用进行预测，有助于理解哪些相关的认知过程导致了观察到的行为结果；另一方面，基于学习数据的推理及预测，利用机器学习技术构建联结主义黑盒模型，将认知数据作为产生系统输入的一部分，对指定输出做推理或预测。

由于学习认知计算理论属于综合交叉领域，其内涵与外延需要结合教育学、学习科学、认知心理学、认知科学等多个学科的交叉融合并将其作为理论基础，针对信息时代特有的密集型学习数据，将认知计算等新技术作为技术手段，在跨学科互动中应用不同的研究范式、理论框架、基本方法等生成新的发展路径。鉴于认知的复杂性，对于学习机制的研究也具有复杂性和自身的独特性，学习认知计算问题既有社会科学的特性，也有自然科学的特性，其理论和实践已成为以多领域交叉为基础，旨在理解和解释学习的内在机制，重点完成学习者学习认知的数据建模、学习认知的诊断推理及学习认知的表现预测。

1. 学习认知的数据建模

认知计算的核心是数据聚合的过程，大数据范式及由此创建的数据收集和聚合的提升是必不可少的。在当前智能化教育和学习环境中，大数据的 5V（volume，variety，velocity，veracity，value）特征中前四个 V 显而易见，例如，以 Moodle 为代表的学习管理系统或 MOOC 课程都会生成大量数据。此外，数据也以多种形式出现，例如，学习者对测量问题的回答及论坛中问题的回复，这些数据在许多方面都有很大的不同。通常，数据是连续不断地高速生成的，如果我们收集学习者的参与程度或他们对材料的理解程度的数据，那么这些数据中将存在不确定性。认知计算在拥抱大数据的同时，在三个方面超过了大数据分析技术：可扩展性、动态性和自然交互性。它与仅处理给定问题的人工智能系统不同，认知计算通过研究模式来学习，并建议人们根据其理解采取相应的行动。因此，认知计算为人们提供了更快、更准确的数据分析能力，以帮助人们进行有效的决策。

认知数据来源通常有三类：测试数据采集、与任务环境交互产生的认知数据和从认知设备采集的生理数据。常规的认知数据通常来源于测试数据采集，但采集的数据范围非常有限，因此很难保证计算模型的准确度。因此，教育领域认知计算模型中的特征数据通常还来源于与任务环境交互产生的认知数据和从认知设备采集的生理数据。目前与任务环境交互产生的认知数据主要通过虚拟游戏来获取，通过仿真学习环境，并在游戏过程中采集各种具有交互特性的认知数据。在复杂的交互任务中，虚拟游戏环境使学习者有机会采用计算机模拟和仿真的方式参与体验各种角色，进行复杂问题解决模拟，获得各种与环境交互的认知数据[26]。因此在一些研究里，在线游戏被用来测量各种认知能力，例如，注意力、视觉空间工作记忆能力、决策能力和问题解决能力等，并将这些测试获得的数据用于构建学习者模型的特征空间，这些测量结果后续以不同的目标函数形式用于构建学习者认知模型。

在复杂的交互任务中，学习者在游戏交互中采集的认知评估数据比传统量表测验数据能更好地预测其学业成就，因为虚拟游戏环境采集认知数据并据此建立认知模型有两个主要的优点：① 游戏式的教学环境可以吸引学习者的兴趣，提升数据准确性；② 游戏式的教学方式使学习者可以采用计算机模拟和仿真的方式参与体验各种角色，进行复杂问题解决模拟，获得各种与环境交互的认知数据。例如，在严肃游戏的背景下，Luft 等[27]测量了学习者的选择性注意力、视觉空间工作记忆、心理旋转和算术能力；Khenissi 和 Essalmi[28]测量了学习者的工作记忆容量。但这种利用游戏行为数据对学习者认知能力进行评估的方法存在一个主要缺陷：认知数据高度依赖游戏环境所构建的任务，而这些任务与真实的学习任务是有较大差异的，这就会影响学习者认知模型的可靠性。同时这些任务与特定认知指标的关联性也还没有得到广泛的验证。

另一种方法就是使用物理设备采集学习者的生理和物理数据，并通过神经学上已确定的事实依据将这些数据与特定的认知特征关联起来。学习者认知数据通过生物传感器、红外成像等设备获得，包括眼动（eye movement，EM）、脑电图（electroencephalogram，EEG）、事件相关电位（event-related potentials，ERP）、皮肤电反应（galvanic skin response，GSR）、肌电信号（electromyography，EMG）、心电图（electrocardiogram，ECG）、表情识别（facial expression recognition，FER）、激素分泌等，使用这些底层生理/物理数据可以更准确地拟合学习过程中的认知转变[29]。例如，心血管数据提供关于觉醒和心率变化的信息，可以反映认知负荷情况[30]。皮肤电反应指学习者皮肤的导电性能，其可以提供学习者交感神经系统活动和唤醒的信息[31]。脑电图信号是神经活动产生的电压信号，其频率模式与人类认知工作和心理状态密切相关[32]，可以用于反映学习者认知状态与学习效果之间的潜在关联。眼动追踪则是主要的视觉注意数据获取技术[33]。在教育研究领域，眼动追踪技术主要用于监测学习者在学习过程中的注意力分布模式（指某一时刻的注意力关于刺激的分布）和注意力转移模式（指具有时序特征的注意力分布轨迹），以探究学习者注意模式与学习效果之间的潜在关联[34]。而专注力，不仅与许多高阶认知过程紧密关联，同时在很多学习过程中是将输入转换为吸收的必要条件[35]。

2. 学习认知的诊断推理

在教育领域中，推理是认知计算模型中关键应用之一。使用认知计算模型理解学习者的学习机制，评估学习过程中的认知状态，如微观的认知技能掌握状态及宏观的认知能力水平。随着认知心理学、教育测量学的发展，教育诊断评估的发展旨在用于解释学习者的成绩测试分数及学习表现背后的机制，大大增强了认知计算模型所能提供的解释性。如果要解释学习表现，那么必须从学习者的理解角度来考虑其内部的认知因素。

认知模型至少在一定程度上适合提供这样的解释。以认知诊断理论（cognitive diagnosis theory，CDT）为主的学习认知计算推断的代表理论，是将心理测量学和认知心理学结合，旨在挖掘学习者的认知过程、加工技能（processing skills）或知识结构等隐藏在分数背后的心理内部加工过程，从而提供学习者的优势和劣势信息。在奥苏伯尔"有意义地接受学习"理论的指导下，通过融入心理学的认知特征，强调学习者的宏观能力水平和微观内部认知结构并重，在教学过程中帮助师生挖掘学习中未掌握的技能，纳入已有认知结构与能力水平，促进学习者的个性化学习及教师的因材施教。认知模型是指在特定精细粒度或细节级别上对人类在标准化任务中解决问题能力的简化描述，以便于解释和预测学习者的表现，包括他们的优势和劣势，因此通过学习 CDT 可以将测试表现与对考生的知识、过程和策略的特定认知推理联系起来。

教育测量中的认知模型除提供了一个可以指导项目发展的解释框架，还提供了将认知原则与测量实践联系起来的方法，正如 Snow 和 Lohman[36]解释的那样。

因此，作为认知心理学的一个实质性焦点——能力，即教育和心理测量（education and psychological measurement，EPM）模型中的潜在特征 θ，并不被认为是唯一的，可以被视为一个方便的方式来总结正确数量。相反，分数反映了处理技能、策略和知识组件的复杂组合，包括程序性和说明性受控的和自动的，在任何给定的人或任务的样本中，在不同的人或任务，以及实践阶段中，有些是变异的，有些是不变的。在其他的人或情况的样本中，不同的组合、不同的变体和不变量可能会发挥作用。认知心理学的贡献在于分析这些模式。

认知诊断模型（cognitive diagnosis model，CDM）是将认知模型中的特征纳入计量模型中，从而实现对学习者内部心理加工过程的测量，进而提供认知诊断信息。由于大部分认知诊断模型仅对单次测评的数据建模，因此，认知诊断模型常特指静态认知诊断。CDM 大体上可以分为两类，潜在特质模型和潜在分类模型：① 最基础和最经典的潜在特质模型是项目反应理论（item response theory，IRT），该模型采用一个连续变量来刻画学习者的宏观能力水平（即潜在特质），同时利用一个逻辑斯蒂函数来建模学习者答对试题的概率；② 经典的潜在分类模型之一是确定性输入噪声与（deterministic input, noisy and gate，DINA）模型，该模型是用来刻画学习者的微观认知结构状态的，通常将学习者的认知状态建模为一个二元离散向量，向量的每一维表示学习者在一个具体知识能力上的掌握程度（掌握/不掌握）。

3. 学习认知的表现预测

在教育领域中，学习预测是认知计算模型的关键应用。而预测的准确性取决于学习者的历史先验知识，即在以动态认知诊断为代表的多次连续测评场景中，又称知识追踪（knowledge tracing，KT）。知识追踪通过学习者的学习轨迹数据，预测学习者的未来表现，使得对于学习者的学习能够做到及时的干预。KT 模型不再局限于对单次测评场景的研究，而是适用于学习者多次持续测评场景，实现对学习者学习历程的分析，以及对学习者的未来表现进行预测。贝叶斯知识追踪（Bayesian knowledge tracing，BKT）是基于概率的典型代表，将知识状态抽象为一组二元变量，将学习者的实时交互作为输入，通过隐马尔可夫模型来模拟学习者学习过程中对知识掌握情况的变化。BKT 模型有许多变体，如融合猜测和失误因素、时间因素和问题难度估计[37]等，此类模型具备较好的可解释性。

然而，随着深度学习技术的进步，学者更加关注深度知识追踪（deep knowledge tracing，DKT）[38]，DKT 将循环神经网络（recurrent neural network，RNN）引入知识追踪领域，其表现效果明显地优于概率模型。近几年来，国际上知识追踪的论文呈现爆发式增长趋势，其改进主要集中在技术改进与多特征融合改进两个方面：① 技术改进，如基于记忆增强神经网络（memory-augmented neural network，MANN）的动态键-值记忆网络的知识追踪（dynamic key-value memory networks for knowledge tracing，DKVMN-KT）模型[39]、基于卷积神经网络的知识追踪（knowledge tracing with convolution，CKT）模型[40]，以及基于图网络的知识追踪（graph-based knowledge tracing，GKT）模型[41]等；② 多特征融合改进，体现在遗忘特征、项目内容特征和学习者能力特征等，如融入三种遗忘特征的遗忘行为增强知识追踪（deep knowledge tracing+forget，DKT+forget）模型[42]、练习感知的知识追踪（exercise-aware knowledge tracing，EKT）模型[43]，以及融合认知特征的动态知识诊断方法（dynamic knowledge diagnosis approach integrating cognitive features，CF-DKD）引入学习与遗忘特征建模[44]等。深度知识追踪系列方法的表现效果明显地优于传统概率模型，但其训练过程类似黑盒，可解释性较差。基于教育心理学特征的模型则改善了深度学习模型的可解释性，但结果仍存在一定的波动与不稳定性。

1.3　学习认知计算的意义

在大数据促进个性化学习背景下，越来越多的信息化技术已经应用到教育领域的多个环节，因此，国内外也涌现出各种各样的智能教育系统（intelligence tutoring system，ITS），促进教育发展的变革。事实上，智能教育系统在基础教育中已有大量的应用，使得教育领域已积累了海量的学习者学习过程数据，让学习认知计算技术的实施成为可能。作为个性化学习的核心技术，学习认知计算能够帮助学习者获取其真实的认知状态，助力个性化干预与学习。因此，认知计算技术在个性化学习实施方面具有非常重要的实践价值。

1. 学习认知计算有助于学习认知机制可理解

党的十九届五中全会明确提出"十四五"时期要"建设高质量教育体系",体现了新时代我国教育的基本矛盾已从"人人能上学"向"人人上好学"的转变[45],对原有教育体系提出了新的机遇和挑战。高质量教育体系应以"高质量学生评价"为核心,通过规模化认知计算技术来挖掘并发现学生与学生之间、班级与班级之间及学校与学校之间的差距,帮助教育管理者和教师进行反思并进行针对性的决策,促进义务教育的优质均衡发展,实现教育公平。

而认知计算是一个跨学科领域,在于利用认知科学和脑科学等学科的最新研究成果,更好地理解学习过程,从而建立更准确的模型来预测和影响学习者的进度、动机和毅力。伦敦大学学院(University of College London,UCL)知识实验室教授卢金(Luckin)表示[46]:"当我们根据对教与学知识的了解来设计人工智能时,可以将其与有关学习者的大数据结合起来,以解开学习的黑匣子"。布里斯托大学教育神经科学教授琼斯(Jones)的研究表明,当学习与不确定的奖励联系在一起时,学习可以得到改善[47]。将认知计算添加到这些教育系统设计中,根据学习者在特定不确定性水平下的个人反应,提供不确定奖励,以支持其投入学习的探索。在帮助学习者发展成长性思维方面,认知计算将带来更大的可能性。认知计算系统可以捕获学习者随时间变化的思维方式,并相应地调整教学过程,帮助学习者以最有效的方式发展成长性思维。德韦克(Dweck)团队开发的 Brainology[48],就是一款旨在为发展学习者成长性思维提供支持和内容的软件,它通过捕捉学习者随时间变化的思维方式脉络,支持每个学习者以最有效的方式发展其成长性思维。因此,通过学习认知计算技术实现学习者全面诊断与评价,在支持学习者提高学习效率的同时,帮助学习者学习知识和掌握技能,并建立高质量学习策略,帮助教师优化课堂,建立高质量课堂新样态,助力实现以学习者为中心的高质量教育发展。

2. 学习认知计算有助于学习分析的可预测

认知计算拥有进行细粒度分析的工具和技术,使我们可以跟踪每个学习者随着时间的推移其能力的发展状况,然后根据需要调整与改进每个学习者的情况。越来越多的数据采集设备使认知计算系统能够为当前难以评估的技能提供新证据,例如,可以使用语音识别和眼动追踪数据源的组合,评估基于实践的学习效果。同时,认知计算系统将使收集教与学过程中的海量数据成为可能,这些数据能够针对不同的教学方法跟踪学习者的学习过程,从而可以针对不同的21世纪技能发展要求,动态地设计最佳教学流程,有助于进一步优化或调整情境因素,以提高特定教学方法的有效性。

在教育评估中，认知计算将使我们拥有更科学、精确的教育评估方法。即通过实施合理的通用数据标准和数据共享要求，能够提供各个层次的教与学大数据分析，可以通过认知计算模型分析，甚至可以为国际学生评估项目（Programme for International Student Assessment，PISA）和国际数学与科学趋势研究（Trends in International Mathematics and Science Study，TIMSS）项目等国际测试的精准性分析提供帮助。认知计算将通过三种方式来改善：首先，认知计算将提供及时的评估以改进学习效果。技术在教育中的持续使用使得所收集到的学习者和教师的数据越来越多，大数据已广泛地应用于学习分析领域，以识别与分析具有潜在教育价值的各种数据。因此，应用认知计算+学习分析，可以高精准度地用于预测学习者的学业情况及课程评估，可用于提供及时的干预措施以帮助学习者提高学习成绩。其次，认知计算将提供有关学习进展情况的新分析。在教学过程中及时地获得的大量数据能为我们提供新的发现，而这些发现通常是无法从现有评估中确定的。例如，除了确定学习者是否给出了正确答案，还可以对数据集进行分析，以帮助教师了解学习者是如何得出答案的。最后，认知计算将帮助我们超越已有的 stop-and-test 方法[49]，即通过对学习者学习中的认知计算进行持续分析，可以改进当前教育评估采用的传统小样本评估方法。

3. 学习认知计算有助于学习过程的可解释

我国于 2019 年印发的《中国教育现代化 2035》提出了教育中应更加注重学习者个体的全面化发展，强调因材施教在教育领域的重要性，更加注重教育资源的共建与共享，将因材施教和精准化教学模式推向了新高度。但如何实现因材施教呢？材指学习者，即根据学习者的实际学习情况来实施教学。学习分析通过对学习者及其背景数据的测量、收集、分析和报告，以理解并优化学习及学习发生的环境[50]。认知计算结合学习分析以建模技术为基础，包括学习者建模、认知建模、行为建模、学科知识结构建模等，并在这些模型上构建预测模型，为每个学习者确定最适合的学习方式，最大限度地提高其学习成绩。随着教育领域中智能化技术应用的增多，可以实时地收集有关学习者学习进展的各种数据并进行分析。与教育数据挖掘相比，认知计算结合学习分析更能体现对学习效果的预测。认知计算对学习者学习成绩进行预测，旨在预测学习者或小组在学习任务中的表现，由教师提供指导、建议和早期反馈，从而有助于提高学习者的知识获取和学业成绩；它也可以用于识别有可能失败的高风险学习者。从长远来看，认知计算可以使用良好而可靠的预测模型为学习者定义最佳的课程路径，从而减轻学习者的考试压力和减小教师的教学工作量。成绩预测可以为课程模块、单个课程内容项提供更明智的指导和明确的选择建议，进而最大化地发挥学习者的潜能。

因此，学习认知计算通过对学习者的学业过程数据进行建模，并对学习者进行诊断分析，以此来了解学习者的基本学情，帮助教师对学习者针对个性化问题实施因材施教，实现精准化教学，提升教学效果。

4. 学习认知计算促进个性化学习的可调节

在教育领域中，学习认知计算目前更多地运用在智能导学系统（intelligent tutoring systems，ITS）及自适应个性化学习系统中，用于整合学习者的认知数据，形成更为完整的学习者模型，以便做出更准确的个性化判断。当今，网络学习是一种以学习者为中心的最主要途径，最能体现个性化学习[51]。融合认知计算应用的网络学习把学习视为个人知识网络的不断创建过程，学习的结果是对个人知识网络的重组、拓展或关联，即通过新的知识节点扩展个人的外部网络，并重新构建个人认知。因此，它可以从多个角度定义个性化学习，一种是让学习者按照自己的步调前进，即可以自由地以任何顺序探索某个学习内容；另一种是自动生成评估，在提供脚手架支持的同时，提供有关评估的即时反馈。每个学习者具有不同的个性、思维方式、认知水平和学习能力，即使在完全相同的学习环境中，他们的学习方式和学习效果也存在着很大的差异。在应用认知计算构建个性化学习的框架方面，古迪瓦达（Gudivada）[52]分析了由教育数据挖掘、学习分析和认知分析驱动的个性化学习智能系统（intelligent system for personalized learning，ISPeL）。另外，MATHia [53]使用知识追踪（确定学习者对不同概念的理解过程）及模型追踪（理解学习者解决问题的方法过程），为每个学习者的思考过程给予支持。例如，以 Knewton 为代表的自适应学习平台，以知识空间理论（knowledge space theory，KST）为基础的 Assessment 测评系统等，以及国内以搜题为核心的猿辅导系统和致力于考试测评的智学网等系统等。这些智能化的系统突破了传统教学中的经验教学和题海战术式的学习，使得学习者能够根据个人的当前学业水平来定制针对性的补救措施与干预方案，实现高质量的个性化学习。融入认知计算的个性化学习旨在跟踪分析学习者的每一个学习旅程，最大限度地发挥其学习潜力，以实现其教育目标[54]。事实上，将当前学习者的学情作为起点来开展个性化学习是采用信息化技术来促进有效学习的重要途径[55]，基于认知诊断技术的学习认知计算通过学习者测评过程性数据来对学习者的知识掌握程度进行诊断分析，挖掘学习者的当前认知起点，以便提供针对性补救措施，达到促进学习者个性化发展的目标。

综上所述，认知计算已在教育领域获得了广泛的应用，并为不断发展的技术增强学习领域注入了新的动力：一方面，认知计算作为一种方法和方法学，是封装新兴技术并允许建立和利用它们之间协同作用所形成的广泛框架；另一方面，机器学习对认知计算如此重要，这是实现教育交互性、个性化学习体验等非常重要的基础。因此，研究学习认知计算将促进学习者个性化学习的高质量发展，具有非常重要的理论与实践价值。

1.4 本章小结

本章对学习认知计算的缘起、内涵与意义进行阐述。随着人工智能技术的深入研究，认知计算已发展为以人工智能技术为基础的认知计算时代。随着时代的发展，学习者智能个性化学习已成为国内外关注的焦点。认知计算在学习中的巨大潜力激发了教育领域中认知计算的发展，能够帮助学习者实现具有针对性的个性化学习，有助于促进教育高质量发展。

虽然目前对于学习认知计算尚无统一定义，但对于学习认知计算的描述具有一些共同特征：它描述了通过学习者的外在学习行为，理解和解释学习者学习过程的内在认知状态，模仿学习者的学习机制并进一步对学习者的行为进行预测和推理。简言之，学习认知计算是一个多学科的交叉研究领域，旨在基于大脑、学习科学、认知科学和认知心理的内在加工过程，设计计算模型和实现决策机制，以赋予计算机系统认识、思考和感觉的能力。

作为个性化学习的核心技术，学习认知计算能够帮助学习者获取其真实的认知状态，助力个性化干预与学习，具有重要的实践意义：① 学习认知计算有助于学习认知机制可理解；② 学习认知计算有助于学习分析的可预测；③ 学习认知计算有助于学习过程的可解释；④ 学习认知计算促进个性化学习的可调节。简言之，学习认知计算将助力于个性化教学的有效实施，促进个性化学习高质量发展。

综上所述，人工智能等智能化技术的发展推动了认知计算的崛起，基于认知计算的个性化学习已成为教育领域的新需求。这使得教育领域中认知计算的潜力得以激发，促使研究者意识到研究学习认知计算对促进个性化学习高质量发展具有重要的理论与实践价值。

第 2 章 学习认知计算发展历程

学习认知计算是一个跨学科领域使用计算机科学、人工智能和认知心理学等方法来开发人类认知过程的计算模型。多年来，其核心目标是开发一种统一的认知理论[56]，即一种包含通用数据结构并实现解决通用问题方法的认知理论。学习认知计算受脑科学、心理学和人工智能等学科的启发与影响，认知模型的计算已开始实现从感知决策与控制，向认知决策与控制的方向转变。

2.1 学习认知计算的起源与分类

学习认知计算是以现代心理学、教育学和教育测量学理论为基础，通过科学方法对学习者的认知过程和发展潜力等进行客观的定量刻画，以及对教育现象进行科学价值判断的过程。旨在仿真并理解学习者的学习机制，以及运用学习数据进行推理及预测。其中，静态认知诊断模型（CDM）侧重于根据学习数据进行学习者知识掌握程度的推理，动态 CDM 侧重于根据历史学习过程数据进行未来学习表现的预测。两种模型均发生于教育测评场景，具体来说，教育测评由教育测量（measurement）与评价（evaluation）两部分组成，评价是价值判断的最终目标，测量是实现定量描述的手段[57]。Newton[58]从学习认知计算的目标出发，将学习认知计算分为判断目标、决策目标和影响目标三个层次。从流程上，学习认知计算分为定量、定性与价值判断三个步骤。Sondergeld 等 [59]将学习认知计算发生的教育测评场景分为常模参照测评和标准参照测评，前者包括轨迹、过渡表、学习者增长百分位数和投影四个流行的增长模型，后者包括传统的 Angoff 高风险测试模型和现代更高级些的基于项目反应理论（IRT）模型。人工智能时代的学习认知计算亟须探索教育现象的本质和规律，将教育测评过程中抽象、潜在的属性精准量化，为价值判断与分析提供全面有效的客观数据。

国内外有很多教育测评的分类方式，有学者将其分为标准测验理论和新一代测量理论[60]，前者包括经典测量理论 （classical test theory，CTT）、概化理论（generalizability theory，GT）与 IRT，后者包括以认知诊断理论（CDT）为代表的测量理论，这些理论在教育心理及其他学科的应用中起到了至关重要的作用。也有学者从传统教育测量（经典教育测评）和现代教育测量理论（项目反应理论）来对比测评项目特征[61]。同时，新一代测量理论获得研究者的关注，主要以认知诊断测评为核心[62]，尝试挖掘学习者的内部信息加工过程规律。也有学者将项目反应理论归为认知诊断理论，是特殊的连续型认知诊断模型。而近年来，伴随智能导学系统[63]的兴起，加之新型冠状病毒感染疫情的暴发，在线学习方式在国内外迅速推广，海量多次持续测评的过程性数据得以获取，以此推动了以知识追踪为代表的智能化测评模型的发展。综上所述，我们发现教育测评均按照宏观（分数、能力）和微观（知识、技能）来分类[64]，按照此规律，我们将学习认知计算理论分为经典学习认知计算理论、现代学习认知计算理论（以项目反应理论为代表）、新一代学习认知计算理论（以静态认知诊断为代表）和人工智能时代的学习认知计算理论（以动态认知诊断为代表）四大类，体现了认知计算目标从宏观向微观的转变，从单次静态测评到多次动态测评的转变。

（1）经典学习认知计算理论。经典学习认知计算理论，以经典测量理论（CTT）为代表，旨在利用学习者的测试成绩从宏观层面上对学习者进行评价分析。也有学者将CTT称为真分数理论，即CTT假设观测到的学习者的分数X是由学习者的真实分数T和误差E组成的（一般是随机产生的），表示为$X = T + E$。以此提出信度、效度的概念，用于衡量其测评的可信度和有效程度。

（2）现代学习认知计算理论。现代学习认知计算理论以现代教育测量理论为代表。经典学习认知计算理论是基于随机抽样而存在，存在唯分数的片面性问题，因此，为了消除唯分数的局限性，学者提出的项目反应理论[65]是现代测量理论的代表，侧重于对项目的分析，如项目的难度和项目的区分度。项目反应理论由项目难度、区分度及学习者的能力来建模学习者对试题答对的概率。事实上，项目反应属于一种常模参考测验，即以与其他学习者的对比来判断学习者的学业水平。

（3）新一代学习认知计算理论。经典测量理论中的唯分数和项目反应理论中的唯能力的局限性直接导致我们无法从微观层次来分析学习者的问题，无法定位学习者的具体问题。因此，以微观认知属性为测评目标的认知诊断模型应运而生。认知诊断模型是新一代学习认知计算理论的代表，通过融入心理学的认知特征对学习者的认知技能等微观认知进行建模，是一种半结果性测量方式。具体来说，认知诊断模型是将学习者的认知过程概括为是或否，在评估过程中模式化被测者的认知结构，进一步衡量学习者所掌握的知识状态和能力水平，弥补了以往的教育测量理论在被测者内部认知结构上的缺陷。

（4）人工智能时代的学习认知计算理论。前三种理论均只对单次测评数据进行分析，这导致测评理论忽视了学习者的先验知识，存在分析结果的片面性问题。为了探索先验的历史经验对学习者当前测评的影响，学者采用深度学习等智能化技术来汇聚分析海量历史性测评数据，典型的代表是知识追踪（KT）模型。其采用时序神经网络、注意力网络或图神经网络（graph neural network，GNN）等深度学习方法对学习者的知识进行建模，充分地考虑时序历史数据，通过跟踪学习者的知识技能状态来预测学习者未来答对的概率。

2.2　学习认知计算的应用场景

从学习认知计算发生的教育测评场景分类中，我们发现，如果按照学习数据的来源，那么学习认知计算场景可以分为单次测评场景和多次测评场景。经典学习认知计算、现代学习认知计算和新一代学习认知计算理论用函数来拟合学习者作答的过程，属于单次测评场景。在智能化测评理论中，因为智能化技术可以支持海量学习大数据的分析，所以智能化学习认知计算除了规模化的单次测评数据，还支持多次连续性测评而产生的海量数据。此种分类方法，也符合布鲁姆在 *Bloom's Handbook One* 中对教育测评的总结与过程分类。因此，我们将教育测评场景分为两大类别：单次测评场景和多次测评场景，如图 2.1 所示。

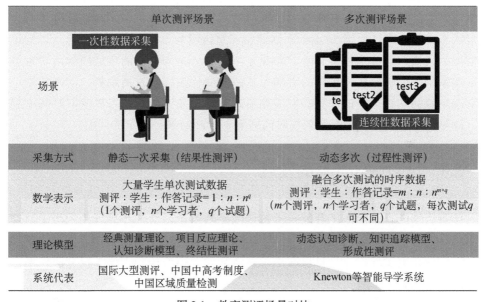

	单次测评场景	多次测评场景
场景	一次性数据采集	连续性数据采集 test2 test3
采集方式	静态一次采集（结果性测评）	动态多次（过程性测评）
数学表示	大量学生单次测试数据 测评：学生：作答记录 $=1:n:n^q$ （1个测评，n个学习者，q个试题）	融合多次测试的时序数据 测评：学生：作答记录 $=m:n:n^{m \times q}$ （m个测评，n个学习者，q个试题，每次测试q可不同）
理论模型	经典测量理论、项目反应理论、 认知诊断模型、终结性测评	动态认知诊断、知识追踪模型、 形成性测评
系统代表	国际大型测评、中国中高考制度、 中国区域质量检测	Knewton等智能导学系统

图 2.1　教育测评场景对比

单次测评场景是一种终结性测评，隶属于判断范畴，即对某一时刻学习者群体的测评数据建模来判断学习者当前的认知水平，适用于国际大规模测评或者区域教学质量检测等教育情境。终结性测评根据测评的组织者管理范围来确定测评对象的规模，特别是我国中高考制度，通过分区或者全国进行统一大规模测评，以此达到选拔学习者的目的。这种测评的数据特征为 $T:S:R=1:n:n^q$，分别代表测试（T）、学习者（S）和学习者的作答记录（R），其中，n表示学习者数量，q表示试题数量。代表模型包括经典测量理论模型、项目反应理论模型和认知诊断模型等，常用于单元检测、期中期末考试等小范围测评。同时，单次测评场景也适用于国际大型测量与教学质量检测等规模化测评，因为参与测评的学习者数量众多，收集的作答数据量非常大。因此，单次测评场景既包括小范围测评，也包括大规模质量监测，数据量可大可小，除了采用经典测量理论模型、项目反应理论模型或认知诊断模型来进行数据分析，也可以采用大数据分析方法学习来汇聚更多的特征[66]，挖掘更多参照性测评里的学习者表现规律。在此种测评场景中，因为只采集某一时刻的数据，可能存在时间数据丢失、诊断结果片面化的问题。

多次测评场景属于形成性测评[67]，隶属于决策范畴，在学习过程中连续跟踪学习者的测评数据来进行建模。鉴于此种场景的教育测评，考虑了学习者在时间序列上的历史测评数据，从历史测评数据中可以学习到学习者的先验知识，其对学习者知识状态的表征会更加精准。这种测评的数据特征为 $T:S:R = m:n:n^{m \times q}$，表现了多次测评中，数据量呈测评次数的指数级增加，其中，m 表示测评的数量，n 表示学习者数量，q 表示试题的数量。作为一种形成性测评，在连续性测评场景中，多次采集学习者的测评数据，并通过单次形成性测评的数据分析，实时地了解学习者的学习状态，然后通过反馈-矫正不断地调整课堂进度与学习者学习的重点。以知识追踪模型为代表，连续多次测评场景常见于以 Knewton 为代表的自适应学习平台等智能导学系统，能够分析得到学习者学习状态的变化过程、发展趋势、潜在特质，能够动态地监测知识水平的演变和发展趋势。从这种测评场景中可以获取时间序列数据，针对这种数据建模易存在忽视时间间隔、诊断结果不稳定的问题。

2.3 学习认知计算的发展

伴随认知心理学和人工智能技术的迭代更新，学习认知计算理论经历了从传统数学统计向智能计算的跨越式发展。为了探索发展与变迁，根据学习认知计算的分类，选取经典测量理论、项目反应理论、认知诊断模型和知识追踪模型四种理论来探讨其测评发展变化的趋势。

（1）场景由单次结果性测评向多次过程性测评转变。在人工智能时代，教育领域更加关注形成性测评，即能够在学习者的学习过程中，多次采集学习者学习过程性数据，并在每一次形成性测评后对学习者在学科知识技能上的掌握水平进行诊断性分析反馈，帮助学习者解决其学习中的问题。例如，Piech 等[38]提出的知识追踪技术，在学习者的自适应学习测评过程中，持续地进行知识状态的跟踪，动态地给学习者生成反馈并形成自动的试题路径规划。詹沛达等[68]提出的纵向认知诊断技术能够对连续多次测评进行函数拟合，利用历史测评的先验性信息来强化当前测评模型，从而解决了单次认知诊断中忽视先验历史信息的问题。Ueno 和 Miyazawa[69]设计了一个带提示的编程脚手架系统，通过一个项目反应理论的概率模型，通过改变预测概率来自适应地提供编程的提示信息，在学习者编程的过程中帮助学习者提高编程学习效果。由此可见，在测评过程中，研究者从以前只关注测评结果，转向越来越关注形成性过程测评，通过测评反馈来促进学习者的学习。

（2）目标由宏观能力向微观知识的转变。伴随人工智能技术的快速发展，由宏观分数和综合能力为主的评价已不能满足学习者的需求。在每次形成性测评结束后，学习者更期待发现在知识和技能等微观层面存在的问题，以实现教师精准化教学和学习者个性化学习。例如，Charoenchai 等[70]开发了一个基于学习诊断和形成性评价的个性化学习系统，在形成性测评后对学习者的概念/知识技能的掌握状态进行诊断分析，并根据学科规律绘制概念路径图，帮助学习者按照其学科和认知规律开始个性化的学习。Lin 等[71]提出一套以测试为基础的诊断系统，以协助教师与学习者在进行新教学前诊断和强化已有知识，并基于此诊断系统开始实证研究。实验结果表明，该系统能够有效地诊断学习者的先验知识，提高学习者在跨学科课程中的学习动机和学习成绩。因此基于认知诊断模型的形成性诊断测评，改变了传统只关注宏观忽视微观认知的教育测评问题，实现了教育测评从宏观能力向微观知识的革命性转变。

（3）教育过程由单次静态诊断向连续动态计算的转变。形成性评价根据学习者与试题间的作答记录给学习者反馈，且这种即时的反馈获得研究者的青睐，实现了一种动态性评价[72]。结合学习者的历史学习数据，如每次学习中每个试题的分数、作答时长、间隔时间等学习过程性数据，通过大数据挖掘、机器学习和人工智能等智能分析技术，来建立学习者在时间序列上的知识掌握程度变化、学业水平发展和能力水平变化等不同方面的认知模型，根据不同学习者的特征来动态地诊断，并推荐合适的学习资料作为决策反馈[73]。例如，在作文自动批改任务上，付瑞吉[74]采用自然语言处理技术构建了作文自动批改模型，从语法错误检测和作文结构识别等方面来自动地提取作文特征，以此来动态地预测作文的最终评分。杨华利等[75]研究了人机协同支持的小学语文写作教学模型，通过语文作文自动批改系统动态地评估作文质量，并给出作文提升建议，这种人机协同式的教学模型能促进学习者作文能力的提升。相比单次诊断性计算，动态测评融合多次历史性数据，以知识概念内容的掌握为常量，以学习者的反应时间和时间间隔为变量，根据学习者的知识技能水平来动态地规划未来要学习的内容。因此，连续性动态诊断不仅描述了学习者的当前知识技能掌握情况，还能预测学习者在未来可能的发展，以便及时地采取有效的干预措施来调整教学，在动态反馈与干预的过程中实现精准化有效教学。

（4）分析方法由概率统计方法向大数据分析方法转变。传统教育测评理论基于概率统计方法，通过信度、效度等描述性统计来分析测评结果。而随着人工智能和大数据分析方法在智能教育领域应用的推广，通过结合传统数学统计分析方法与决策树、关联规则、集成学习等机器学习数据分析方法，深入探索教育数据挖掘和深度学习在教育领域的数据分析应用，从而挖掘出学习者在学习过程、学习内容和学习状态等多种学习变量中的相关关系。同时，机器学习与深度学习方法能够更精准地预测学习者的未来表现，以此来帮助学习者进行针对性的学习与补救。基于大数据分析方法的学业评价，使得教育测评从传统的经验主义走向基于数据挖掘与分析的理性主义，使科学评价从宏观群体评价走向微观个体评价，它对学习者个体、班级、学校乃至区域的群体知识、技能和能力发展状况进行精准分析，通过生成个体和群体的学情分析报告，来帮助教师和决策部门及时地掌握所教学习者的学业发展状况，实现从基于片面抽样数据的传统性测评向全体教育大数据全样本的转变。

2.4 本章小结

根据教育测评理论，我们将学习认知计算理论分为经典学习认知计算、以项目反应理论为代表的现代学习认知计算理论、以认知诊断理论为基础的新一代学习认知计算理论及以知识追踪为代表的智能化学习认知计算理论。同时，有学者认为项目反应理论模型是认知诊断中的潜在特质模型，是认知诊断潜在分类模型的基础，而智能化时代的知识追踪模型，实际上是一种动态的认知诊断模型。因此，学习认知计算理论的发展可以看作认知诊断模型的发展，基于传统教育测量理论的唯分数论问题，诞生了以能力为核心的项目反应理论，对学习者的潜在能力进行诊断。针对潜在能力宏观的问题，学者探索了微观知识为目标的认知诊断模型，对学习者知识技能进行诊断。针对认知诊断忽视学习者历史先验数据的局限，以知识追踪技术为基础的动态认知诊断兼顾了学习者在时间序列上的学习者过程性数据建模。同时，根据学习认知计算四种理论模型分类，每种理论模型均经历了兴起→发展→崛起三个阶段。具体来说，在兴起阶段，基于概率与统计学方法对测评数据进行建模，从一定程度上解决了教育测评诊断学习者能力水平、知识水平与认知水平的问题；在发展阶段，利用数据挖掘与传统统计学方法联合建模，使其诊断精准性得到一定的提升；在崛起阶段，将深度学习等智能化技术引入教育数据挖掘与分析领域，不论是传统概率统计模型，还是基于深度学习模型，其预测效果得到显著提升，体现了人工智能技术对教育测评的深刻影响。综上所述，动态认知诊断理论实际上实现了经典分数论向能力论的转变，从结果性测评向过程性测评的转变，从静态单维诊断向动态多维追踪的转变，从经验主义和数据驱动向人工智能时代数据决策的精准测量的转变。

第二篇

静态认知诊断：学习认知的诊断推理

第3章 项目反应理论

项目反应理论是早期的静态认知诊断理论，即对学习者的潜在特质做诊断推理[76]。针对基于随机抽样的早期教育测量理论唯分数的局限性，Rasch[77]提出项目反应理论，通过一组测试练习题上的作答情况来推测其潜在特质，即学习者的能力。具体来说，项目反应理论采用项目特征函数来建模项目和学习者能力，描述单次测评场景或者自适应练习场景。

3.1 项目反应理论的内涵及其发展

项目反应理论是一种先进的测量理论，它是针对经典测量理论的不足而提出来的，其理论基础是潜在特质理论。项目反应理论的基本思路是确定考生的心理特质值和他们对于项目的反应之间的关系，通俗地来说，在以往测验中（经典测量理论（CTT）），考试成绩就代表了某个考生的能力，考生成绩越高，说明其能力越强；群体得分也代表某次测验的难易程度，整体得分越高，说明测验越简单。容易发现，这种测量方式并不准确。为了解决以往测验的问题，项目反应理论不再简单地以试卷总得分代表考生的能力，只有当考生答对了高能力才能答对的较难题目时，才认为考生具有较高的能力。也就是说，考生答对的题目难度是判断考生能力的标准。例如，某个考生答对10道难度为1的题目，获得的能力值依然是1；另一个考生答对1道难度为8的题目，能力值则为8。项目反应理论构建了一整套数学模型来描述考生能力、题目特性与考生作答之间的关系。

1.项目反应理论的基本假设

任何一种数学模型都有一定的前提，任何一种测量都有一定的假设，在项目反应理论中也有三条最基本的假设：潜在特质空间的单维性假设、测验项目间的局部独立性假设、项目特征曲线假设。

（1）潜在特质空间的单维性假设。潜在特质空间是指由心理学中的潜在特质组成的抽象空间。如果考生在测验项目上的反应是由K种潜在特质决定的，那么这些潜在特质就定义了一个K维潜在空间，考生的各个潜在特质分数综合起来，就决定了该考生在该潜在空间的位置。如果影响考生测验分数的所有重要的心理特质都被确定了，那么该潜在空间就称为完全潜在空间。目前比较成熟的大多数项目反应模型都假设完全潜在空间是单维的，即只有一种潜在特质决定了考生对项目的反应，也就是说组成某个测验的所有项目都是测量的同一个心理变量，如知识、能力、态度或人格。当然，这一假设往往不可能得到严格的满足，因为总有其他因素会影响到考生在测验上的反应，这些因素包括认知的、人格的和施测时的客观条件，以及考生的动机水平、焦虑程度、反应速度和考试技巧等。因此在项目反应理论中，只要所预测量的心理特质是影响考生对项目做出反应的主要因素，那么就认为这组测验数据是满足单维性假设的。

（2）测验项目间的局部独立性假设。局部独立性假设是指某个考生对于某个项目的正确概率不会受到他对于该测验中其他项目反应的影响，也就是说只有考生的特质水平和项目的特性会影响到考生对该项目的反应。在实际的教育和心理测量问题中，如果前一个项目的内容为后一个项目的正确反应提供暗示或其他有效的信息，局部独立性的假设就会遭到破坏，如链状试题就会出现这种情况。局部独立性是建立在统计意义上的，用统计学术语来描述，它指的是在每个测验者层面，对整个试题做出某种反应的概率等于对组成试卷的每个项目的反应概率的乘积。

（3）项目特征曲线假设。项目反应理论的一个关键就是在被试对项目做出的反应或做出反应的概率与被试的潜在特质之间建立某种函数关系。项目特征曲线就是相应函数关系的图像。项目反应理论之所以要做出项目特征曲线形式的假设，是因为项目反应理论的建立不是首先从理论上推导出函数关系的存在，而是先假定有某种形式的项目特征曲线，然后找出满足相应曲线的函数形式。所以，关于项目特征曲线的特征形式的假设实际上就是对未来函数关系的假设。项目特征曲线的假设主要有三点：第一，曲线的下端渐近线。如果一个项目的猜测参数值为 C_0，即这个项目能够凭猜测做出正确反应的概率为 C_0，那么项目特征曲线的下端渐近线为 $Y=C_0$。如果假设在测验中不存在猜测因素的作用或我们不去考虑猜测因素的作用，那么取 $C_0=0$，即项目特征曲线以 $Y=0$ 为其下端渐近线。第二，曲线的上端渐近线。通常假定曲线的上端渐近线为 $Y=1$，即假定对 θ 值足够大的被试，对项目或试卷做出正确反应的概率是趋于 1 的。第三，曲线的升降性。项目反应理论假定曲线严格单调上升，即仅存在一个曲变点（又称拐点，曲线在此处的一阶导数等于零）。

2. 项目反应理论的发展

项目反应理论是 20 世纪 80 年代测量学界研究的主题之一。项目反应理论以潜在特质理论为基础，以单个的测试项目为研究对象，以被试的潜在心理特质和被试在测试项目上的反应之间的关系作为自己的核心内容，同时用某种数学形式来表示，项目反应理论及其改进的代表模型如表 3.1 所示。

表 3.1　项目反应理论及其改进的代表模型

项目反应理论		代表模型	英文全称	特征（适用场景）
传统的项目反应理论	单维	1PL[77]	one-parameter logistic	单参数项目反应理论
		2PL[78]	two-parameter logistic	双参数项目反应理论
		3PL	three-parameter logistic	三参数项目反应理论
		LLTM[79]	linear logistic trait model	线性逻辑斯蒂模型
		GLTM[80]	general component latent trait model	通用成分潜在特质模型
	多维	MIRT[81]	multidimensional IRT	多维项目反应理论
		MLTM[82]	multicomponent latent trait model	多成分潜在特质模型
深度项目反应理论		DIRT[83]	deep item response theory	深度项目反应理论

　　项目反应理论的这种基于项目的测试思想最早出现在比奈（Binet）-西蒙（Simon）编制的世界上第一个智力量表中。他们测试并分析了不同年龄的儿童对测试项目不同的反应情况，画出了正确反应水平与被试年龄的散点图。只要用一条光滑的曲线对图中的散点进行拟合，就能得到一条项目反应曲线。因此，这一图形通常被认为是最早的项目反应理论。1946 年塔克（Tucker）提出了项目特征曲线的概念。1952 年洛德（Lord）提出了双参数正态拱形模型，同时洛德还提出了与此模型相关的参数估计方法，实际的二值计分的测试问题也可以用项目反应理论来解决。这是项目反应理论发展史上的重要里程碑，它标志着项目反应理论的正式诞生。但是，由于项目反应理论在数学上的复杂性及缺乏有效的计算机程序的支撑，一直到20 世纪 60 年代末，项目反应理论的发展始终都是十分缓慢的。直到20 世纪70 年代以后，由于计算机技术的快速发展，计算机技术的广泛运用及普及，以及参数估计方法及相应计算机程序的出现，项目反应理论才逐渐成为心理与教育测试理论的研究重点。

3.2　单维项目反应模型

　　项目反应理论是一种数学模型，它的特点是以概率的概念来解释应试者对试题的反应和其潜在能力特质之间的关系。项目反应理论的模型有20 余种，但比较常用的有洛德提出的著名的正态卵形模型和伯恩鲍姆（Birnbaum）提出的逻辑斯蒂模型（Logistic 模型）。这两种函数模型在计算结果上并无大的区别，所绘制的曲线也大体相同，然而，在实际中大多采用后者。其中，主要有以下两个方面的原因：首先，是它形式上的简洁，更具数学模型的特点；其次，是它便于处理对数关系，因而模型的项目质量参数和能力参数估计起来较为方便。

　　项目反应理论根据受测者回答问题的情况，通过对题目特征函数的运算，来推测受测者的能力。项目反应理论的题目参数有难度 b、区分度 a 和猜测度 c。一般地，对某一测验项目的质量，我们可以采用项目难度、项目区分度和猜测参数三个指标来描述，根据特征函数可以画出项目特征曲线，如图 3.1 所示。

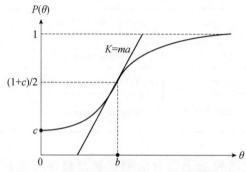

图 3.1　典型的三参数模型的项目特征曲线

　　由图 3.1 可以看出，项目特征曲线下部的渐近线离坐标轴的零点有一定的距离。这表明由于存在猜测因素，能力或物质水平很低的被试仍有可能答对该项目的猜测参数值，一般用 c 来表示，它是凭猜测答对该题的概率。项目特征曲线是一条以拐点为中心的曲线，因而其拐点在纵轴上的投影正好落在 c 与 1 的中点上，即拐点的纵坐标为 $(1+c)/2$。这表明能力水平 $\theta = b$（拐点在横轴上的投影）的被试答对该项目的概率，排除猜测因素不计，恰好彼此相等，所以 b 通常被定义为项目的难度参数。项目特征曲线拐点处的斜率刻画了曲线的陡峭程度，这与项目区分被试物质水平的能力有关。很显然，曲线越陡峭，答对概率 $P(\theta)$ 对物质水平 θ 的变化就越敏感，即项目区分被试水平的能力就越强。因此，曲线拐点处的斜率称为项目的区分度参数，一般用 a 来表示。

　　项目反应理论根据学习者在项目上的反应和其本身的潜在能力间的关系，输出学习者的能力值，实现由以分数为导向的外在表现到以能力为导向的潜在能力评估的转变[84]。Fischer 的线性逻辑斯蒂特质模型（linear logistic trait model，LLTM）主要是将项目的难度转化为认知操作的难度（即能力值），但是并未诊断学习者个人的知识技能。项目反应理论将学习者的认知状态综合表示为一个能力值，结合项目的区分度、难度和猜测度等属性特征来建立评估函数，并对学习者的知识状态进行诊断。此外，最常见的项目反应理论模型是包含以上项目属性特征的三参数逻辑斯蒂项目反应理论（three-parameter logistic IRT，3PL-IRT）。一般来说，项目反应理论模型假设对一个项目做出正确反应的概率遵循逻辑曲线。也就是说，当学习者的能力单调增加时，正确回答项目的概率就会增加，边界为 0～1。事实上，有大量的项目反应理论模型可供选择，但这些基本上都是最简单模型的变体，包括单参数逻辑斯蒂模型、双参数逻辑斯蒂模型和三参数逻辑斯蒂模型。

1. 单参数逻辑斯蒂模型

当前在教育领域广泛推广的 Rasch 模型，其本质为单参数项目反应理论模型，即假定只需要一个项目参数来表示项目反应过程。在 Rasch 模型中，正确答案或肯定答案的概率是主体能力和项目难度之间差异的逻辑函数。Rasch 模型的学习者对项目的正确反应的条件概率函数如下：

$$P(X_{ij}=1\,|\,\theta_i,\beta_j)=\frac{e^{\theta_i-\beta_j}}{1+e^{\theta_i-\beta_j}} \tag{3.1}$$

式中，e 表示自然对数函数的底数；X_{ij} 为二分法评分的观察变量（1 为正确回答，0 为错误回答）；θ_i 为学习者 i 的潜在能力参数；β_j 为项目 j 的难度参数[85]。随着学习者能力的提高，正确回答项目的概率从 0 增加到 1。还要注意，当潜在能力等于项目难度时，正确回答该项目的概率是 0.5。这意味着，正确答案的概率由项目难度和潜在能力决定，且当学习者的能力与题目难度相等时，得到正确答案的概率为 0.5。

2. 双参数逻辑斯蒂模型

单参数项目反应理论模型主要潜在缺点是它假设所有测试项共享相同形状的特征曲线，但在许多应用的评估情况中是非常不合理的。因此，双参数逻辑斯蒂模型增加了一个参数，称为区分度，通常用 a 表示，该参数允许不同项目的特征曲线显示不同的斜率。区分度使我们能够模拟这样一个事实，即某些项目与被评估的潜在能力（θ）之间的关系较强（或较弱），区分度越大，表示关系越强。区分度在项目反应理论中非常重要，因为它直接决定了一个项目提供的信息量：在其他因素相等的情况下，参数越高的项目提供的 θ 信息越多。即在双参数逻辑斯蒂模型中，以学习者潜在特质 θ、项目区分度 a 和项目难度系数 β 为参数，利用项目反应函数（item response function，IRF）预测学习者正确回答某一特定问题的概率。双参数逻辑斯蒂模型概率函数如下：

$$P(X_{ij}=1\,|\,\theta_i;a_j,\beta_j)=\frac{e^{Da_j(\theta_i-\beta_j)}}{1+e^{Da_j(\theta_i-\beta_j)}} \tag{3.2}$$

式中，a_j 为项目区分度；β_j 为项目难度；θ_i 为学习者潜在能力；$P(X_{ij}=1)$ 为正确的概率；D 为一个常数，常设为 1.7。

3. 三参数逻辑斯蒂模型

尽管双参数逻辑模型消除了对 Rasch 模型假设所有测试项目在辨别能力方面是

相同的局限性，但它未解决在项目之间可能存在不同潜在重要因素的问题，例如，在项目特征曲线较低的渐近线上，即能力值 θ 非常低的学习者回答正确的概率趋近一致，无法区分不同因素的影响。因此，3PL-IRT 在双参数逻辑斯蒂模型上添加一个猜测度 c，体现了项目特征曲线的低渐近线可能需要采用非零值且有效的最小值，例如，在 Rasch 模型和双参数的 IRT 模型里较低的渐近线固定为零。3PL-IRT 的概率函数如下：

$$P(X_{ij}=1\,|\,\theta_i;a_j,\beta_j,c_j)=c_j+(1-c_j)\frac{e^{Da_j(\theta_i-\beta_j)}}{1+e^{Da_j(\theta_i-\beta_j)}} \tag{3.3}$$

式中，c_j 为项目的猜测度。

3.3 多维项目反应理论

项目反应理论又称潜在特质理论，它的假设之一是潜在特质空间的单维性假设。潜在特质空间，即对于某一特殊行为的发展起作用的所有特质的集合。而在潜在特质空间中互相独立的潜在特质的个数即维度，项目反应理论的缺点正是严格的单维性，这是大多数测量工具都难以满足的，所以解决测验的单维性问题及建立多维反应模型是项目反应理论将要研究的任务之一。

传统因子分析（factor analysis，FA）认为心理特质与项目反应之间是呈线性关系的，但实际上，心理特质与项目反应之间经常是非线性的。在存在非线性关系的情况下，传统线性因子分析方法从相关矩阵出发进行因子分析，显然是有缺陷的。一些计量学家意识到传统因子分析的一些缺陷，提出了利用完整的项目反应矩阵，对被试心理特质与项目反应之间的关系利用非线性概率模型来表达，建立了FA与项目反应理论之间的连接，甚至产生了实质上的多维项目反应理论（multidimensional IRT，MIRT）模型。但是，其关注的重点仍然是数据降维（即进行因子分析），并不是被试或项目本身的特征，而项目反应理论关注的重点则是被试和测验项目之间的交互作用，因而完整的MIRT概念框架必然少不了项目反应理论的特征。

多维项目反应理论是基于因子分析和单维项目反应理论两大背景下发展起来的一种新型测验理论。根据被试在完成一项任务时多种能力之间是如何相互作用的，多维项目反应模型可以分为非补偿性模型和补偿性模型两类。

1. 非补偿性模型

非补偿性MIRT（noncompensatory MIRT，NC-MIRT）模型假设完成某项任务需要多种技能，被试只有掌握了这个项目所涉及的所有技能才能答对该题，这些技能之间是相互独立的，被试成功应用所有技能的联合概率就是在这些独立技能上成功的条件概率乘积。多成分潜在特质模型（multicomponent latent trait model，MLTM）是一个典型的非补偿性模型。线性 logistic 多维项目反应模型表示如下：

$$P(X_{ij}=1|\boldsymbol{\theta}_i) = c_j + \frac{1-c_j}{1+e^{-1.7(\boldsymbol{a}_j\boldsymbol{\theta}_i+\boldsymbol{d}_j)}} \tag{3.4}$$

式中，$\boldsymbol{\theta}_i=(\theta_{i1},\theta_{i2},\cdots,\theta_{iK})$ 为被试 i 的 K 维能力向量，θ_{ik} 为被试 i 在能力 $k(k=1,2,\cdots,K)$ 上的掌握水平；$\boldsymbol{\alpha}_j=(a_{j1},a_{j2},\cdots,a_{jK})$ 为项目 j 的 K 维区分度向量，a_{jk} 为项目 j 在能力 k $(k=1,2,\cdots,K)$ 上的区分度参数；$\boldsymbol{d}_j$ 为与 MIRT 难度相关的参数，它不同于单维项目反应理论的难度参数 β_j，但两者间存在某种函数转换式；c_j 为项目猜测度。

因此对于测验 K 维的 MIRT 模型而言，每个被试有 K 维能力，每个项目有 K 维区分度，但每个项目只有一个猜测度参数 c_j 和一个与项目难度相关的参数 $\boldsymbol{d}_j$。模型假设正确完成一个项目需要 K 个能力成分联合起作用，正确反应的概率会随着任意维度能力的不够而明显降低。

2. 补偿性模型

补偿性 MIRT（compensatory MIRT，C-MIRT）模型是被试完成某项任务所需的能力之间可以相互补偿，也就是说在某一能力上的不足，可以被其他优势技能所补偿，从而增加他答对该题目的概率。当前广泛使用的补偿性模型主要有两种：McDonald[86] 提出的多维正态肩形（multidimensional normal ogive，MNO）模型和 Reckase[87] 提出的多维 Logistic 模型。

3.4 深度项目反应理论

虽然项目反应理论在认知诊断领域取得了巨大的成功，但仍有一个重要的问题限制了它的应用，如没有考虑项目语义信息或做题的反应时间信息等。由于传统项目反应理论方法均是基于统计学的，仅仅使用学习者在每个试题上的答题结果来对学习者进行诊断，这种方法对数据非常敏感，这使得融入更多样化的特征变得困难。伴随人工智能技术的兴起，智能化技术让数据的获取和大数据的智能挖掘成为可能。智能化项目反应理论结合深度学习技术估计传统项目反应理论中的能力、区分度、困难度等参数，采用深度学习等算法对学习结果数据建模，达到挖掘学习者潜在能力的目的，其学习者能力的表示更为精准，同时兼顾了其模型的可解释性。

针对传统的项目反应理论模型只利用学习者的作答反应，很难充分地利用项目内容的语义信息的局限性，Cheng 提出了一个简单而有效的深度项目反应理论（deep item response theory，DIRT）来增强语义挖掘过程，包括输入、深度诊断和预测三个模块，框架如图 3.2 所示。在 DIRT 中，首先为学习者初始化每个知识概念中的熟练度向量，并通过 dense embeding 来表示项目文本内容和知识概念；然后，通过挖掘项目文本内容、项目文本与知识概念之间的关系，利用深度学习方法，如深度神经网络（deep neural network，DNN）、长短时记忆（long short-term memory，LSTM）网络来增强学习者参数（如潜在能力）和项目参数（如区分度和难度）的诊断过程；最后，利用诊断出的参数，采用项目反应函数来预测学习者正确回答的概率。

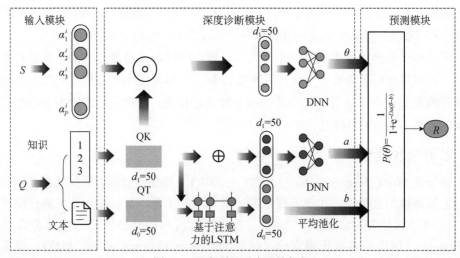

图 3.2　深度项目反应理论框架

输入模块为学习者初始化每个知识概念中的熟练度向量，并将问题文本和知识概念嵌入向量中。深度诊断模块通过深度学习来诊断学习者的潜在特征，并通过训练试题文本特征以增强试题的区分度和难度参数。预测模块使用项目响应功能预测学习者正确回答问题的可能性。

1. 输入模块

如图 3.2 所示，给定一个学习者 S，随机初始化一个熟练度向量 $\boldsymbol{\alpha}=(\alpha_1,\alpha_2,\cdots,\alpha_P)$（$P$ 为知识概念的集合），它不属于训练过程，其中，$\alpha_l \in [0,1]$ 代表学习者对知识 l 的掌握程度。对于问题 Q，问题文本（question text，QT）由一系列单词组成：$\boldsymbol{Q}_T=\{w_1,\cdots,w_u\}$，其中，$u$ 是 $\boldsymbol{Q}_T$ 的长度，$w_i \in \mathbf{R}^{d_0}$ 是 d_0 维 Word2Vec 矢量，就数学公式而言，将每个符号视为一个词。知识概念（question knowledge，QK）用 one-hot 向量 $\boldsymbol{Q}_K=\{K_1,\cdots,K_v\}$ 得到，$K_i \in \{0,1\}^P$，其中，v 是考查的知识概念数量。然后，利用 d_1 维密集层来获取每个知识概念 k_i 的密集嵌入，以便进行更好的训练，K_i 作为 k_i 的密集嵌入，全连接层公式为 $k_i \in \mathbf{R}^{d_1}$，$k_i = K_i W_k$，其中，$W_k \in \mathbf{R}^{P \times d_1}$ 是致密层的参数。则 QK 的密集嵌入表示为 $k=(k_1,\cdots,k_i,\cdots,k_v)$，$R$ 表示预测学生的作答结果。

2. 深度诊断模块

深度诊断模块主要通过深度学习技术（如 DNN、LSTM）来实现，以诊断学习者知识掌握程度 θ、试题区分度 a 和试题困难度 b。详情如下所示。

（1）关于学习者知识掌握程度 θ。知识掌握程度 θ 对于学习者在问题上的表现具有很强的可解释性，它与知识概念的熟练程度紧密相关。为了学习潜在特征诊断的高阶特征，可以使用一些非线性模型（如 DNN），这里采用深度神经网络。具体来说，给定学习者 s 的熟练度向量 $\boldsymbol{\alpha}=(\alpha_1,\alpha_2,\cdots,\alpha_P)$ 和问题 q，将相应的熟练度与概念密集地嵌入问题中并得到 d_1 维矢量 $\boldsymbol{\Theta}\in\mathbf{R}^{d_1}$。然后将 $\boldsymbol{\Theta}$ 输入 DNN 以学习潜在特征，其公式如下：

$$\theta = \mathrm{DNN}_\theta(\boldsymbol{\Theta}) \tag{3.5}$$

$$\boldsymbol{\Theta}=\boldsymbol{\alpha}\odot\boldsymbol{k}=\sum_{k_i\in K_q}\alpha_i k_i \tag{3.6}$$

式中，$\odot$ 表示点乘；K_q 为问题 q 的知识概念的集合。

（2）关于试题区分度 a。试题区分度 a 可以用于分析在该试题中的学习者成绩分布。受多维项目区分度（multidimensional item discrimination，MDISC）和知识概念之间关系的启发，且由于深度神经网络可以自动学习高阶非线性特征，因此该模型使用了另一种 DNN 方法来诊断试题的区分度 a。具体来说，其总结了知识的密集嵌入 K_q 中的概念获得 d_1 维向量 $\boldsymbol{A}\in\mathbf{R}^{d_1}$，然后将 $\boldsymbol{A}$ 输入 DNN 中以诊断问题，最后规范化区分，以满足 a 为[-4,4]的要求，并且 a 的定义如下：

$$a = 8\times\mathrm{Sigmoid}(\mathrm{DNN}_a(\boldsymbol{A})-0.5) \tag{3.7}$$

$$\boldsymbol{A} = \boldsymbol{k}\oplus\boldsymbol{k}=\sum_{k_i\in K_q}k_i \tag{3.8}$$

DNN_a 的结构与 DNN_θ 相同，但参数之间没有共享。

（3）关于试题困难度 b。试题困难度 b 决定问题的难度。第一个观点是通过利用问题文本的语义来诊断困难。根据先前的研究，LSTM 能够从语义角度处理并表示具有强健壮性的长时间序列文本，该模型采用 LSTM 从问题文本角度建模试题困难度 b。至于第二个观点，问题所考察的知识概念的深度和广度也对难度产生很大的影响。对知识概念的研究越深入和广泛，问题就越困难。显然，所研究概念的深度与宽度可以通过问题文本和知识概念之间的相关性来反映。该模型采用一种注意机制来捕获问题文本和知识概念之间的关系。总体而言，本节设计一种基于注意力的 LSTM，集成问题文本和知识概念以诊断试题困难度 b。具体来说，输入该 LSTM 的序列为 $x=(x_1,x_2,\cdots,x_N)$，其中，N 是基于注意力的 LSTM 的最大步长。基于注意力的 LSTM 的第 t 个输入步骤定义如下：

$$x_t = \sum_{k_i \in K_a} \mathrm{Softmax}\left(\frac{\xi_j}{\sqrt{d_0}}\right) k_i + w_t, \quad \xi_j = w_t^{\mathrm{T}} k_i$$

其中，d_0 为比例因子；ξ_j 为单词 w_t 与 q 中的知识概念之间的相关性。然后利用均质化操作来获得试题困难度 b。

3. 预测模块

预测模块用于保留传统项目反应理论中的学习者表现预测及学习者潜在特质、题目区分度和难度的解释能力。该模块将由深度诊断模块诊断出的参数输入以下的 IRF 方程中，以预测学习者在特定问题上的表现，即正确回答问题的概率。

$$\tilde{r} = P(\theta) = \frac{1}{1 + \mathrm{e}^{-Da(\theta - b)}} \tag{3.9}$$

其中，D 为常数，设为 1.7；a 为区分度；b 为难度。

4. DIRT 学习

DIRT 中要更新的整个参数主要分为两部分：输入模块和深度诊断模块。在输入模块中，需要更新的参数包括熟练度向量 α，以及问题嵌入权重和知识概念密集嵌入权重 W_Q 与 W_K。在深度诊断模块中，需要更新的参数包含 3 个神经网络 W_{DNN_a}、W_{DNN_θ}、W_{LSTM} 的权重，分别用于学习并训练学习者的潜在特质、试题区分度和试题困难度。DIRT 的目标函数是将学习者真实答题情况和预测值的交叉熵损失函数作为模型的损失函数。在形式上，对于学习者 i 和问题 j，令 r_{ij} 为实际分数，$\tilde{r}_{ij}$ 为 DIRT 预测的分数。因此，学习者 i 在问题 j 上的损失定义为

$$L = r_{ij} \ln \tilde{r}_{ij} + (1 - r_{ij}) \ln(1 - \tilde{r}_{ij}) \tag{3.10}$$

这样，模型就可以通过使用 Adam 优化直接最小化目标函数来学习 DIRT。

3.5 本章小结

本章对项目反应理论的内涵与发展路径进行阐述，项目反应理论的基本思想起源于 20 世纪 30 年代末和 40 年代初，于 50 年代初正式创立。1952 年，美国心理和教育测量学家洛德提出了著名的双参数正态拱形曲线模型，是现代测量理论中第一个项目反应理论模型。根据项目反应理论假设将人们的潜在特质分为单维和多维。

单维项目反应理论假设被试有一种潜在特质，潜在特质是在观察分析测验反应基础上提出的一种统计构想，在测验中，潜在特质一般是指潜在的能力 θ，并经常用测验总分作为这种潜力的估算。项目反应理论认为被试在测验项目上的反应和成

绩与他们的潜在特质有特殊的关系。通过项目反应理论建立的项目参数具有恒久性的特点，意味着不同测量量表的分数可以统一。

为了放宽对潜在特质一维性的假设，Reckase 等提出多维项目反应理论模型，MIRT 模型中各维度潜在特质之间具有相关性，它可以处理简单多维结构（即每个项目只测量一个维度的潜在特质）及复杂多维结构（即测试中存在某个项目同时测量多个维度的潜在特质）。复杂多维结构相较于简单多维结构更加复杂，计算难度更大，且需要更多的计算时间。

随着计算机技术的发展，深度学习技术得到了快速发展。针对项目反应理论在稀疏数据上诊断性差的问题，研究者将深度学习技术与项目反应理论进行融合，利用神经网络挖掘试题的文本信息并对传统项目反应理论公式中的参数进行估计，增强了模型的鲁棒性。

综上所述，项目反应理论经历了传统单维项目反应理论、多维项目反应理论与基于深度学习的项目反应理论三个阶段。基于深度学习的项目反应理论在传统概率统计模型基础上，融合深度学习的方法来解决学习者能力的诊断问题，同时具备良好的可解释性。

第 4 章　静态认知诊断理论

项目反应理论是对宏观能力水平的诊断与评估，无法从微观层面出发对学习者的内在认知加工过程进行细致诊断。虽然项目反应理论已经从诊断学习者单维能力到多维能力诊断开始转变，但是项目的多维参数是隐式的，在对不同的测评角度进行描述时，这些角度没法做到深入细节的定义，不具有实际的解释意义[88]。因此，研究者在认知心理学与学习科学的基础上，将学习者的内在认知加工过程进行了精细的定义，如知识状态、认知结构、学习策略等，使得对于学习者的学习效果的解释性更加具体，该研究范式称为微观层面的认知水平范式。认知诊断理论（CDT）应运而生，其作为新一代学习认知计算的代表，仍然以学习认知的诊断推理为核心，强调教育测验应同时在能力水平和认知水平两种研究范式下进行，强调用心理学理论（尤其是认知心理学理论）来指导测验编制，从而使测验结果的解释具有心理学理论支持，旨在测量学习者个体的认知加工过程、特定的知识掌握状态及技能水平，促进个性化学习。

4.1　静态认知诊断理论概述

诊断一词源于希腊语 diagignóskein，意思是：①准确地知道；②决定；③同意。换句话说，诊断本质上是精确分析问题并确定其原因的行为，以进行基于分类的决策。

诊断是人们日常生活中时常会经历的一个重要问题，例如，需要决定更好的理财方式或者是选择更好的社区居住等。这些问题的特点都是当前遇到了问题与障碍（如每个月月底家庭的经济被限制，或者是当前的社区租金已经升高）。诊断的目的是改善当前的情况，以便通过适当的干预措施来纠正当前的问题。诊断测量的目的类似于日常诊断，只是其诊断的环境更为正式，最常见的是在医疗（心理健康诊断）、工业（故障诊断）、教育（认知诊断）领域。诊断的动机是确定患者出现障碍（问题）的原因，定位患者在某一特定领域的优势与劣势，并为患者确定最有效的治疗计划和最佳的干预策略。简而言之，诊断测量是分析来自诊断评估的数据，以做出基于分类决策的过程。

4.1.1 静态认知诊断理论的内涵

认知诊断理论是心理测量学和认知心理学的结合,旨在挖掘学习者的认知过程、加工技能或知识结构等隐藏在分数背后的心理内部加工过程。认知诊断模型(CDM)均针对单次测评数据建模,相比多次测评场景,认知诊断又称为静态认知诊断。Leighton 和 Gierl[89] 指出,认知诊断评估(cognitive diagnostic assessment,CDA)用于测量个体特定的知识结构和加工技能,其测验的编制至少应测量三方面的认知特性(cognitive characteristics):①特定认知领域较为重要的技能或知识,而这些技能或知识又是更高层能力建构的基础;②知识结构,不仅需要诊断学习者知识、技能的数量,而且要清楚学习者是如何对这些知识、技能进行组织的;③认知过程。总之认知诊断建立在传统测验理论基础之上,但是它更强调在测评中学习者/被试内部的心理加工过程。认知诊断理论是以认知心理学的发展为理论基础的,研究人的心理活动和心理加工过程(如学习者的解题过程),并将其模型化,它能为测验编制提供心理学理论支持,并直接指导测验项目开发和编制。认知心理学的分析不仅可以明确被试正确作答所需的知识、技能、解题策略与加工过程(统称为认知属性),还可以明确项目(在教育测量中,即为试题)特征和刺激条件与作答反应的关系,从而有力地提高编制过程对试题难度等性能的预控性。

在教育测量领域中,认知诊断不再拘泥于传统测评的唯分数论,而更加关注学习者的心理内部加工过程,为学习者提供知识掌握情况、认知水平及认知结构等信息。由此可以看出,认知诊断评估不仅具有评价作用,而且可以针对每个学习者的学习提供有价值的诊断信息,进一步为教师的因材施教及学习者的个性化学习提供方向。特别是美国政府于 2002 年颁布的《不让任何孩子落后法案》(*No Child Left Behind Act of 2001*(Public Law 107-110))[90] 要求每次测验都必须向学生、教师和家长提供诊断反馈,因此认知诊断最近受到了高度的关注。

4.1.2 认知诊断评估框架

正如 Junker 等[91]所指出的,设计诊断性测评的挑战在于:"如何构建关于学习者的推论,需要看到哪些数据,如何安排情境以获得相关数据,以及如何从数据推理出关于学生的推论"。美国国家研究理事会(National Research Council of the United States,NRC)的报告《了解学生知道什么》(*Knowing What Students Know: The Science and Design of Educational Assessment*)[92]指出,评估设计作为一种从证据推理的过程,其包括三个主要组成部分:认知、观察和解释。认知诊断评估包含一系列复杂的过程,其基本思想包括:项目必须经过精心挑选和设计,使得项目的作答要有相关认知技能/属性的参与,这样的项目才能够激发出被试的潜在心理特质(认知结构或技能掌握情况)下的外在行为表现。同时,根据认知属性与项目反应

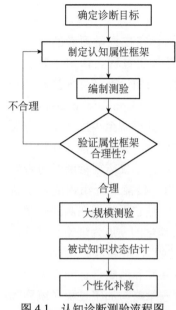

图 4.1　认知诊断测验流程图

的相关机制，选择或开发恰当的认知诊断模型或心理计量模型将潜在技能与项目反应之间的关系数学模型化，以便通过被试可观察的外在行为表现推测其潜在的知识结构和技能掌握情况。本节描述了诊断性评估的整个实施过程的框架，详细阐述了基于认知属性的测验设计的实际方面，阐明了评估和得分报告方面的实际问题。

我们将诊断评估实施过程概念化，具体流程如图 4.1 所示，包括以下主要组成部分：

（1）确定诊断目标；

（2）确定认知属性及属性层级框架；

（3）认知诊断测验编制；

（4）验证属性及其层级关系；

（5）大规模测试及被试知识状态的诊断；

（6）分析报告及提供个性化补救建议。

认知诊断具体步骤如下所示。

（1）确定诊断目标。认知诊断评估开始前必须确定需要诊断的目标，包括学科，是该学科的单元诊断还是期末终结性诊断，同时还必须确定诊断具体内容等。例如，设定目标为高中数学必修四《三角函数》专题的单元诊断，诊断具体内容是三角函数的图像、三角函数的性质、诱导公式、差化积公式等。

（2）确定认知属性及属性层级框架。认知属性（cognitive attribute）被许多学者用来描述被试正确地完成任务所需的知识、技能、策略等方面，它是对被试解决问题时心理内部加工过程的一种具体描述[93]。Tatsuoka[94] 把属性描述为产生式规则（production rule）、程序性操作、项目类型，或者是更一般的认知任务。Nichols 等[95]认为属性指成功完成任务的认知过程或认知技能。Leighton 和 Gierl[96]认为属性是对完成某一领域问题所需的陈述性或程序性知识的描述及所应具备的知识结构和加工技能。认知属性的确定，一般方法为专家确定法、口语报告法、回顾文献法等。

认知属性层级关系包含了诊断目标中所涉及的认知属性（知识结构和认知技能）和属性之间的层级关系。Leighton 和 Gierl[96]认为认知属性不是独立操作的，而是从属于一个相互关联的网络，认知属性间可能存在一定的心理属性、逻辑顺序和层级关系，由此提出属性层级模型（attribute hierarchy model，AHM），并用属性层级（attribute hierarchy）关系图来表征相关任务的认知模型。一般来说，属性的制定是由该学科领域的专家结合丰富的一线教学经验和学科知识来确定的。针对属性之间的逻辑关系本节提出了四种基本的属性层级关系：线性型、分支型、收敛型和无结构型，如图 4.2 所示。这四种基本的关系可以通过自由组合，形成更为复杂和多样化的层级关系。图 4.2 中 A 线性型中 A_1 是 A_2 的先备条件，A_1、A_2 是 A_3 的先备条件，即被试要掌握属性 A_4，则必须先掌握 A_1、A_2、A_3。图 4.2 中 B 收敛型中 A_2 是 A_3 和 A_4 的先备条件，但 A_3 与 A_4 是相互独立的两个属性，若要掌握 A_5 则需要掌握 A_4 和 A_3 的属性。图 4.2 中 D 是一个无结构的属性层级关系，即 A_1 是 $A_2 \sim A_5$ 的先备条件，要掌握属性 $A_2 \sim A_5$ 中任意一个，必须先掌握属性 A_1。图 4.2 中 C 的结构是分支型，是最常用的一种属性层级关系，能用来表示被试在解决问题过程中认知加工程序。

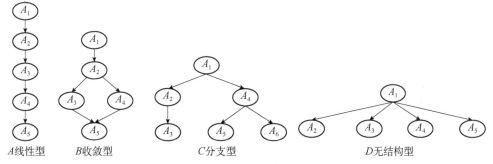

图 4.2 四种经典的属性层级关系

（3）认知诊断测验编制。认知诊断测验的主要目的是实现测验的诊断功能，实现对不同知识状态被试的诊断及分类，同时还要有较高的正确率。因此诊断测验的编制应遵守两个基本原则：诊断测验的考核项目至少应包含可达矩阵，该测验才可以实现对每个认知属性的诊断，否则无法保证测验能实现对所有知识状态的诊断分类；诊断测验应能实现对每个属性的多次测试，一般而言，认知诊断测验对每个属性的测试次数至少为 3 次，这样可以保证诊断的正确率。测验试卷是根据第（2）步中确定的认知属性框架来编制的。认知诊断测验的主要目的是实现测验的诊断功能，一般是通过属性层级关系确定理想掌握模式，根据理想掌握模式得到项目考核模式，进而确定题目，形成测验。

（4）验证属性及其层级关系。测验是诊断的基础，测验的科学性决定了诊断的精准性，而测验是以属性及其层级关系为基础制定出来的，所以属性及其层级关系的合理性是准确诊断的源头。我们知道，属性是学科专家根据教学经验和学科知识制定的，具有一定的主观性。因此，验证属性及其层级关系的科学性是必不可少的环节。

（5）大规模测试及被试知识状态的诊断。在验证属性框架合理之后，组织被试进行测验，得到项目反应数据。认知诊断评估对于样本容量的要求相对较高，因此需要大规模的测试，运用测试数据对认知诊断模型进行参数估计。通过分析被试在项目上的作答情况，并结合 Q 矩阵（反映了项目与属性之间的关系），得出被试在单个属性上的掌握情况，以此确定其属性掌握模式，即知识状态。被试的知识状态可以用诊断报告的形式呈现出来。

（6）分析报告及提供个性化补救建议。在得到被试诊断报告后，针对其知识漏洞或技能缺陷，学科教师针对不同被试的情况，适时地修改教学设计，提供个性化的补救措施和干预，真正做到精准教学。学习者也可以根据诊断的薄弱知识点，进行个性化的学习。

4.1.3 Q 矩阵理论

Q 矩阵首先由 Embreston 提出，后经 Tatsuoka[97] 完善并形成 Q 矩阵理论。Q 矩阵理论主要是要确定测验项目所测的不可观察的认知属性，并把它转化为可观察的项目反应模式，把被试不可直接观察的认知状态映射到可观察的作答反应，从而为进一步了解并推测被试的认知状态提供基础。我们以 4 个属性为例来展示 Q 矩阵的构建过程，4 个属性的层级关系示例如图 4.3 所示。

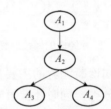

图 4.3 4 个属性的层级关系示例

1. 邻接矩阵

邻接矩阵（ $A = \left\{a_{ij}\right\}_{K \times K}$ 矩阵）反映了属性之间的直接关系（即不含间接关系和自身关系），由 K 行 K 列的 0-1 矩阵表示。属性之间如果存在直接关系，那么在邻接矩阵中相应元素用 1 表示；属性之间如果无直接关系（包括间接关系和自身关系），那么在邻接矩阵中相应元素用 0 表示。属性层级关系中，若 A_1 与 A_2 有直接关系，则 $a_{12} = 1$；若 A_2 与 A_3 有直接关系，则 $a_{23} = 1$；若 A_2 与 A_4 有直接关系，则 $a_{24} = 1$，其余的属性之间没有直接关系，则上述的属性层级关系的邻接矩阵为

$$A = \begin{bmatrix} 0 & 1 & 0 & 0 \\ 0 & 0 & 1 & 1 \\ 0 & 0 & 0 & 0 \\ 0 & 0 & 0 & 0 \end{bmatrix} \tag{4.1}$$

2. 可达矩阵

可达矩阵（$\boldsymbol{R} = \left\{ r_{ij} \right\}_{K \times K}$ 矩阵）反映了属性之间的直接关系、间接关系和自身关系。与邻接矩阵相似，可达矩阵也是由 K 行 K 列的 0-1 矩阵表示的。属性之间如果存在联系（包括直接关系、间接关系和自身关系），那么在可达矩阵中相应元素用 1 表示；否则用 0 表示。可达矩阵为

$$\boldsymbol{R} = \begin{bmatrix} 1 & 1 & 1 & 1 \\ 0 & 1 & 1 & 1 \\ 0 & 0 & 1 & 0 \\ 0 & 0 & 0 & 1 \end{bmatrix} \tag{4.2}$$

3. 理想掌握模式

理想掌握模式指符合属性间的层级逻辑关系的掌握模式。理想掌握模式通常也称为知识状态或认知结构。它是一个 K 行 0-1 矩阵，1 代表掌握了该属性，0 代表未掌握该属性。上述的例子中有 4 个属性，则被试所有可能的掌握模式种类共有 $2^4 = 16$ 种，如表 4.1 所示。

表 4.1　4 个属性的所有可能的掌握模式（16 种）

序号	属性			
	A_1	A_2	A_3	A_4
1	0	0	0	0
2	1	0	0	0
3	0	1	0	0
4	0	0	1	0
5	0	0	0	1
6	1	1	0	0
7	1	0	1	0
8	1	0	0	1
9	0	1	1	0
10	0	1	0	1
11	0	0	1	1
12	0	1	1	1
13	1	0	1	1
14	1	1	0	1
15	1	1	1	0
16	1	1	1	1

但是根据属性层级关系，可知掌握属性 A_2 的前提是掌握 A_1，即只有掌握了 A_1 才有可能掌握 A_2，因此掌握模式 (0100) 是不合逻辑的，以此类推，我们发现其中只有 6 种是符合逻辑的，分别为 (0000)、(1000)、(1100)、(1110)、(1101)、

(1111)。理想掌握模式为

$$理想掌握模式=\begin{bmatrix} 0 & 0 & 0 & 0 \\ 1 & 0 & 0 & 0 \\ 1 & 1 & 0 & 0 \\ 1 & 1 & 1 & 0 \\ 1 & 1 & 0 & 1 \\ 1 & 1 & 1 & 1 \end{bmatrix} \tag{4.3}$$

理想掌握模式一般可以通过属性间的逻辑关系得出，但是当属性个数较多时，仅通过逻辑关系进行判断比较费时并且容易出错，理想掌握模式也可以通过扩张算法进行判别，或者运用计算机编程进行判别。

4. 典型的项目考核模式

典型的项目考核模式指根据属性间的层级关系，确定所有符合逻辑的测验项目考核模式。项目考核模式与理想掌握模式的原理一致，但它比理想掌握模式少一种，即全为 0 的模式。典型的项目考核模式为

$$项目考核模式=\begin{bmatrix} 1 & 0 & 0 & 0 \\ 1 & 1 & 0 & 0 \\ 1 & 1 & 1 & 0 \\ 1 & 1 & 0 & 1 \\ 1 & 1 & 1 & 1 \end{bmatrix} \tag{4.4}$$

4.1.4 静态认知诊断模型的发展

要实现对学习者的内部心理加工过程的测量、诊断、评估，研究者基于认知心理学理论，将认知过程融入计量模型中，构建了认知诊断模型，从而实现对学习者内部心理加工过程的测量，进而提供认知诊断信息。因此，认知诊断模型是一种测量模型，实质是从学习者的测试结果中挖掘学习者的认知状态，如知识掌握状态、认知结构和学习策略等。认知诊断模型从本质上看，就是一种具有诊断学习者认知结构功能的数学模型，是受限（Q 矩阵）的潜在特质模型，在计量模型中加入了认知状态变量，从而使诊断被试个体及团体的心理过程的这一构想成为可能。将被试的反应通过诊断模型进行分析，可以得到学习者个体之间的差异性信息，帮助教师改变教学策略，有利于教与学。为了使该理论更好地用于数学教学，很多研究者都先后研究出多种认知诊断模型，研究者通过不同的技术进行认知诊断建模，具有代表性的方法有统计结构模型、非参数分类方法及深度学习技术。具有代表性的认知诊断模型的特征如表 4.2 所示。

表 4.2　具有代表性的认知诊断模型的特征

建模方式分类	代表模型	全称	模型名称
统计结构 （参数化）	GDM[98]	general diagnostic model	通用诊断模型
	BIN[99]	Bayesian inference network	贝叶斯推理网络
	DINA[100]	deterministic input noisy,and gate	非补偿型： 确定性输入、噪声与门
	HO-DINA[101]	high-order DINA	高阶 DINA
	G-DINA[102]	general DINA	通用 DINA
	P-DINA[103]	polytomous DINA	多级评分（分步）DINA
	MS-DINA[104]	multiple strategies DINA	多策略 DINA
	DINO[105]	deterministic input,noisy or gate	补偿型： 确定性输入、噪声或门
	NIDA[106]	noisy input,deterministic,and gate	非补偿型： 噪声输入、确定性与门
	Fuzzy CDF[107]	fuzzy cognitive diagnosis model	模糊认知诊断模型
非参数分类	RSM[108]	rule space model	模式识别分类方法： 规则空间模型
	AHM[109]	attribute hierarchy model	模式识别分类方法： 属性层级模型
	GRCDM[110]	grade response cluster diagnostic method	分级反应聚类诊断方法： 小样本量的课堂评估
	HDD	Hamming distance discrimination	汉明距离判别法
深度学习技术	NeuralCDM[111]	neural-cognitive diagnostics model	神经认知诊断模型
	RCDM[112]	relation map CDM	关系驱动的认知诊断模型
	DCD[113]	deep cognitive diagnosis	深度认知诊断

综合国内外研究可以发现，目前已有大量研究从理论上阐述了学科知识能力诊断模型和个性化学习的方法及技术，并针对具体领域开展实践应用，论证了个性化学习中的学科知识能力认知诊断是一种能有效地测量学习者知识状态、提升教学质量的手段。但是随着教学改革的不断进行，一部分经典的学科知识能力诊断模型已不再适用于当前的一些个性化教学情境，如何对这些模型进行优化改进，并将其应用到个性化学习中，这些问题还有待进一步研究。

4.2 基于统计结构的静态认知诊断模型

认知诊断模型实质上是一种受限的潜在特质模型，基于 $\boldsymbol{Q}$ 矩阵，对学习者在具体的技能掌握状态进行诊断。为了得到一般的统计模型形式，首先从确定性心理模型的描述开始。假设测试中有 J 个试题，考察 K 个技能。$\boldsymbol{Q}=\left\{q_{jk}\right\}_{J\times K}$ 为试题与技能的关联矩阵，它表示了学习者在每个试题上给出正确的答案，必须掌握哪些技能：

$$q_{jk}=\begin{cases}1, & 试题\ j\ 考查技能\ k,\ k\in\{1,2,\cdots,K\}\\ 0, & 其他\end{cases}$$

我们为第 i 个学习者定义一个向量 $\boldsymbol{\alpha}_i=(\alpha_{i1},\alpha_{i2},\cdots,\alpha_{ik},\cdots,\alpha_{iK})$ 来表示学习者 i 对各项技能的掌握状态。在认知诊断的确定性心理学模型中，掌握状态为二分变量：

$$\alpha_{ik}=\begin{cases}1, & 试题\ i\ 掌握技能\ k\\ 0, & 否则\end{cases}$$

最后，我们假设对一个试题中多种技能的认知要求是连接性的，也就是说，正确回答这个项目需要掌握该项目所需的所有技能。那么考生正确回答试题的概率是由以下确定性模型确定的：

$$P(X_{ij}=1|\boldsymbol{\alpha}_i)=\pi_{i\alpha}$$

即属性掌握模式为 $\boldsymbol{\alpha}_i$ 的学习者正确作答该试题的概率。

4.2.1 贝叶斯推断网络

贝叶斯推理网络（BIN）代表了一类统计模型，具有类似于诊断分类模型（diagnostic classification model，DCM）的全概率结构。BIN 是一个有着悠久历史的非常丰富的研究领域，最近已经成功地应用于诊断评估领域。在这里，我们简述这些模型的框架，示例如图 4.4 所示。

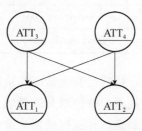

图 4.4 一个简单的贝叶斯推断网络示例

与其他 DCM 一样，BIN 的主要目的是通过使用代表感兴趣属性的多个潜在变量对受访者进行分类。BIN 中的潜在变量通常是多变量的，这意味着根据属性的掌握程度建模（如未掌握、部分掌握和完全掌握）。正如网络这个词所暗示的，这些模型的视觉核心是一个图形模型表示，它显示了不同的潜在变量是如何相互关联的。从技术上讲，网络表示也称为有向无环图。图 4.4 显示了 BIN 的一个示例，标记为 $ATT_1 \sim ATT_4$ 的四个认知属性。

该图显示了一个包含四个潜在变量的模型，用圆圈表示，但没有显示项目变量。圆中的水平线表示阈值（即二元潜在变量），方向箭头表示条件关系。

从本质上讲，这个网络代表了模型中包含的所有潜在属性变量的全概率分布。贝叶斯推理网络中的估计利用了网络中潜在变量之间的递归关系，这些关系称为条件概率分布，这样估计全概率分布在数值上就变得可行。从统计学上讲，一个完整的分布可以通过一系列条件概率分布来表示。如果某些变量不依赖于其他变量，那么这种分解可以进一步简化，此时利用这些变量之间的条件独立关系使问题变得简单。

例如，在图 4.4 的网络中，属性 1 (A_1)不依赖于属性 2(A_2)，属性 3(A_3) 不依赖于属性 4(A_4)，但是属性 1 与属性 2 都依赖于属性 3 和属性 4。因此，利用这些条件独立关系可以将四个属性的全概率分布 $P(A_1, A_2, A_3, A_4)$分解为

$$P(A_1, A_2, A_3, A_4) = P(A_1 \mid A_2, A_3, A_4)P(A_2 \mid A_3, A_4)P(A_3 \mid A_4)P(A_4)$$
$$= P(A_1 \mid A_3, A_4)P(A_2 \mid A_3, A_4)P(A_3)P(A_4)$$

贝叶斯一词蕴含着贝叶斯定理的核心作用，它是将模型参数的理论信息与数据中的观测信息结合起来的重要理论结果。这也表明贝叶斯估计在 BIN 中更普遍地发挥着重要作用。然而，贝叶斯估计理论也适用于估计其他的 DCM，尽管它看起来可能只适用于 BIN。

在贝叶斯估计方法中，统计模型中的每个参数（如一个项目难度参数或传统项目反应理论模型中的潜在变量值）都被视为一个随机量，这意味着它具有概率分布。其基本思想是关于参数可以取哪个值的任何信息，例如，已有的经验研究或实质性理论，都可以在参数的先验分布中被捕获（例如，在传统的项目反应理论模型中，单个潜在变量值的正态分布）。

贝叶斯分析的目标是计算参数的后验分布，它结合了先验信息和数据中包含的参数信息。一旦每个参数的后验分布可用，就可以用它来估计其最有可能的单个值，该值可以计算为后验分布的均值/期望后验（expected a posteriori，EAP）值或模态/最大后验（maximum a posteriori，MAP）值。利用贝叶斯定理中的推理原理可以表明，数据的后验分布（posterior distribution）与先验分布（prior distribution）和数据的似然（likelihood of data）的乘积成正比：

$$\text{posterior distribution} \propto \text{prior distribution} \times \text{likelihood of data}$$

式中，∝ 表示成正比例；× 表示乘积。换句话说，关于模型中每个参数的信息是理论导出的信息和从响应模式计算得到的经验导出的信息的混合。

这种更新对于信息如何在 BIN 中顺序分布有重要的意义，这与 BIN 术语中的推断有关。其思想是新信息（如对适应性诊断评估中的新项目的响应）提供了关于项目所度量的哪些属性的直接信息。但是，如果这些属性与网络中的其他属性相连接，它也提供了关于其他属性掌握状态的间接信息。这是一个称为向后传播的过程，因为新信息通过网络"涓滴而上"。

贝叶斯推理网络的优点为模型（即项目）估计的参数和潜在变量值是基于全概率框架，可以用来建模相当复杂的属性结构。但缺点是需要大的样本量，通常是几百个或几千个应答者，可能需要可靠的校准模型，或者需要对详细指定的先验信息的强烈依赖。此外，开发有关现象的理论信息，以便可靠地转换为参数的先验分布，需要高度的专业知识。对于网络本身的构造，这类似于为我们已经讨论过的其他模型指定属性层次结构和 Q 矩阵。因此，这些限制实际上并不是 BIN 特有的，而是所有 DCM 都需要关注的问题。

4.2.2 UM模型及扩展

Dibello 等[114]提出了较为复杂的统一模型（unified model，UM）。它采用了规则空间模型（RSM）的 Q 矩阵理论和方法，其数学表达式为

$$P(x_{ij}=1\,|\,\alpha_j,\theta_j)=(1-s_i)\left\{d_i\prod_{k=1}^{K}[\pi_{ik}^{\,\alpha_{jk}q_{ik}}\,r_{ik}^{\,(1-\alpha_{jk})q_{ik}}]P_{c_i}(\theta_j)+(1-d_i)P_{b_i}(\theta_j)\right\} \quad (4.5)$$

式中，$P(x_{ij}=1\,|\,\alpha_j,\theta_j)$ 表示在被试属性掌握模式为 α_j，潜在残余能力为 θ_j 的情况下，答对项目 i 的概率；s_i 表示被试在项目 i 上的失误概率；d_i 表示被试解答项目 i 时正确运用所考察属性（可由 Q 矩阵指明）的概率；π_{ik} 表示被试掌握属性 k 并在项目 i 上正确运用该属性的概率，$\pi_{ik}=P(Y_{ijk}=1\,|\,\alpha_{ij}=1)$；$r_{ik}$ 表示被试未掌握属性 k 但在项目 i 上正确作答的概率，$r_{ik}=P(Y_{ijk}=1\,|\,\alpha_{ij}=0)$；$c_i$ 表示被试答对项目 i 所需残余能力的程度。由此可见，UM 用一系列的参数对 Q 矩阵的完备性、项目答题策略的多样性、学习者的作答失误概率、残余能力等进行刻画，是一个非常完备的模型。但是由于模型非常复杂，某些参数无法识别，它的应用很少。

Roussos 等 [115]将 UM 简化，形成了新的模型，即再参数化统一模型（reparameterized unified mode，RUM）。它是在 UM 的基础上，令 $s_i=0$、$d_i=1$、

$\pi_i^*=\prod_{k=1}^{K}\pi_{ik}=\prod_{k=1}^{K}P(Y_{ijk}=1\,|\,\alpha_{ij}=1)q_{ik}$、$r_i^*=\dfrac{r_{ik}}{\pi_{ik}}=\dfrac{P(Y_{ijk}=1\,|\,\alpha_{ij}=0)}{P(Y_{ijk}=1\,|\,\alpha_{ij}=1)}$，其表达式为

$$P(X_{ij}=1 \mid \alpha_j, \theta_j) = \pi_i^* \prod_{k=1}^{K} r_{ik}^{*(1-\alpha_{jk})q_{ik}} P_{c_i}(\theta_j) \tag{4.6}$$

RUM 的一种版本为融合模型（fusion model，FM），被认为是最成功的认知模型。

为了使应用更加简单，让更多的人接受认知诊断模型，Henson 等[116]开发了总分模型（sum-scores models，SSM）。在总分模型下，每一种属性都利用总分来测量，基于总分划分掌握和未掌握的界限，这样通过应用总分这种简单的方法来测量教学和其他领域的技能。

总分模型派生出三种不同的模型：简单总分模型、复杂总分模型和加权复杂总分模型。这三种模型是以简化的再参数化统一模型（reduced reparameterized unified model，RRUM）为基础的，其数学表达式为

$$P(X_{ij}=1 \mid \alpha_j) = \pi_i^* \prod_{k=1}^{K} r_{ik}^{*(1-\alpha_{jk})q_{ik}} \tag{4.7}$$

式中，α_j 为被试参数，表示被试是否掌握了某一属性，可以取值 0 或 1；π_i^* 为项目参数，表示掌握了所有属性的被试答对项目 i 的概率；r_{ik}^* 表示未掌握所有属性的被试答对项目 i 的概率，取值范围为 $0 < r_{ik}^* < 1$，如果 r_{ik}^* 比较小，那么说明项目区分度较大，如果 r_{ik}^* 比较大，那么说明项目区分度较小。总分模型会设定一个划分界 λ，如果总分大于 λ，那么认为被试掌握了该技能；反之，则认为被试没有掌握该技能。三种总分模型主要的区别在于总分的计算方面：简单总分模型，一个项目只测一项技能，项目的得分只为一个技能的总分做贡献；复杂总分模型，一个项目可以包含多个技能，这样一个项目的得分可以为多个技能做贡献；加权复杂总分模型将每一个项目对技能总分的贡献设定了权重，$\delta_{ik} = \pi_i^* - \pi_i^* \pi_{ik}^* = \pi_i^*(1-\pi_{ik}^*)$，如果 π_{ik}^* 较大，那么权重 δ_{ik} 较低，反之，若 δ_{ik} 较小，则该项目的权重就大。

通过应用总分模型，使得诊断可以充分简化，这是总分模型最大的优点。在这个研究中，每一个属性用一个总分来测量，结果显示，总分划界与应用基于项目反应理论的认知诊断模型（IRT cognitive diagnosis model，ICDM）做分类诊断的结果接近，这证明了总分方法的有效性。但是，这种方法也有其缺点：①它毕竟十分简单、粗糙，应用时需要更多的工作来检查总分的准确性，例如，需要检查测验技能属性在 **Q** 矩阵中是否存在高水平的共线性，即在项目中，两种技能经常同时出现；②总分方法在一些应用条件未满足的情况下使用并不理想，如在项目较少时，分类的准确性比其他认知诊断模型要更差一些。

4.2.3 DINA 模型及扩展模型

针对 UM 参数复杂的问题，确定性输入、噪声与门（DINA）模型又名约束潜

在分类模型（restricted latent class model，RLCD），是一个简单的模型，仅涉及失误（掌握属性，却答错）和猜测（属性未掌握，却答对）两个参数，相当于两个噪声，学习者需要掌握一个项目所涉及的所有必需的技能，如果学习者缺乏所需的至少一个技能，那么他可以通过猜测选择正确的答案。DINA 的概率函数表达式如下所示：

$$P_j(\boldsymbol{\alpha}_i) = P(X_{ij} = 1 \mid \boldsymbol{\alpha}_i) = g_j^{1-\eta_{ij}}(1-s_j)^{\eta_{ij}} \tag{4.8}$$

式中，$\eta_{ij} = \prod_{k=1}^{K} \alpha_{ik}^{q_{jk}}$ 表示学习者 i 对试题 j 的掌握程度，$\eta_{ij} = 1$ 表示学习者 i 对于试题 j 所考察的技能全部掌握，$\eta_{ij} = 0$ 表示学习者 i 对于试题 j 所考察的技能至少有一个没有掌握，这是一个典型的非补偿模型；$\boldsymbol{\alpha}_i = (\alpha_{i1}, \alpha_{i2}, \cdots, \alpha_{ik}, \cdots, \alpha_{iK})$ 表示学习者 i 的技能掌握状态；$P(X_{ij} = 1 \mid \boldsymbol{\alpha}_i)$ 表示学习者 i 在 j 试题上答对的概率；$g_j = P(X_{ij} = 1 \mid \eta_{ij} = 0)$ 表示试题 j 的猜测参数；$s_j = P(X_{ij} = 0 \mid \eta_{ij} = 1)$ 表示试题 j 的失误参数。相比其他模型，DINA 由于其参数的简洁性和易解释性受到研究者的青睐。在 DINA 模型中，由专家对 $\boldsymbol{Q}$ 矩阵进行标注，表示试题与知识之间的相关性，学习者的知识熟练程度可以通过一个包含两个参数（猜测和失误）的函数来实现。

近年来，一些研究者在 DINA 模型的基础上进行拓展，他们提出了一系列新的模型并在认知诊断实践中开展了一定的实践应用。

1. HO-DINA 模型

de la Torre 和 Douglas 提出的 HO-DINA 模型，作为知识状态的属性可能与高阶能力（如智力或一般能力）关联，并用如下函数关系来表征两者关系，基于 DINA 模型，构建项目反应函数（IRF）为

$$P(\boldsymbol{\alpha} \mid \theta) = \prod_{k=1}^{K} P(\alpha_k \mid \theta) \tag{4.9}$$

$$P(\alpha_k \mid \theta) = \frac{\mathrm{e}^{(\lambda_{0k} + \lambda_k \theta)}}{1 + \mathrm{e}^{(\lambda_{0k} + \lambda_k \theta)}} \tag{4.10}$$

式中，λ_{0k} 为属性 k 的截距，λ_k 表示属性 k 在能力维度上的负荷。HO-DINA 模型建立在传统 DINA 模型基础上，并增加了比属性更高阶的能力参数，因此该模型不仅能描述被试的一般能力 θ，还能描述被试的属性掌握情况以及属性与一般能力间的关系，为使用者提供更为丰富的诊断信息。

2. P-DINA 模型

P-DINA（polytomous DINA）模型为改进多级评分机制的 DINA 模型。针对 DINA 模型仅适应于包含 0 分和满分的两级 0-1 评分机制的不足，涂冬波等[117]开发

了支持多级评分的 P-DINA 模型。0-1 评分模型仅包含了两个类别（0 分和满分），而多级评分 P-DINA 模型则涵盖了（满分+1）个不同类别，计算公式如下：

$$P(Y_{ij} = t \mid \boldsymbol{\alpha}_i) = P^*(Y_{ij} = t \mid \boldsymbol{\alpha}_t) - P^*(Y_{ij} = t+1 \mid \boldsymbol{\alpha}_i) \tag{4.11}$$

式中，$P(Y_{ij} = t \mid \boldsymbol{\alpha}_i)$ 表示学习者 i 的认知状态为 $\boldsymbol{\alpha}_i$ 时在试题 j 上恰得 t 分的概率；$P^*(Y_{ij} = t \mid \boldsymbol{\alpha}_i)$ 表示学习者 i 的认知状态为 $\boldsymbol{\alpha}_i$ 时在试题 j 上得 t 分及 t 分以上的概率；$P^*(Y_{ij} = t+1 \mid \boldsymbol{\alpha}_i)$ 表示学习者 i 的认知状态为 $\boldsymbol{\alpha}_i$ 时在试题 j 上得 $t+1$ 分及 $t+1$ 分以上的概率。

3. G-DINA 模型

G-DINA（general DINA）模型是在 DINA 模型的基础上发展而来的。也就是说，G-DINA 模型与 DINA 模型可以进行相互的转换。但与 DINA 模型不同的是，G-DINA 模型认为处于不同知识状态的被试答对项目的概率不完全相同，项目答对概率受属性的主效应及交互效应两者的共同影响。此外，G-DINA 模型的数学表达式不是固定的，而是随着所采用的连接函数不同而变化的。有研究者发现基于一致性连接函数的 G-DINA 模型更加饱和，其数学表达式为

$$P(Y_{ij} = 1 \mid \boldsymbol{\alpha}_{lk}^*) = \delta_{j0} + \sum_{k=1}^{K_j^*} \delta_{jk} \alpha_{lk} + \sum_{k'=k+1}^{K_j^*} \sum_{k=1}^{K_j^*-1} \delta_{jkk'} \alpha_{lk} \alpha_{lk'} + \cdots + \delta_{j12\cdots K_j^*} \prod_{k=1}^{K_j^*} \alpha_{lk} \tag{4.12}$$

式中，δ_{j0} 为被试未掌握项目测量的所有属性而答对项目的概率，$\delta_{j0} \geqslant 0$；K_j^* 为项目 j 所涉及的所有知识概念；δ_{jk} 为被试掌握属性 k 对于答对项目 j 的概率的贡献；$\delta_{jkk'}$ 为项目 j 所测量属性中属性 k 和 k' 的交互效应；$\delta_{j12\cdots K_j^*}$ 为项目 j 所有测量属性的交互效应。

G-DINA 简化模型即加性认知诊断模型（additive cognitive diagnostic model, A-CDM）假设被试答对项目的可能性与被试掌握的属性个数呈线性加和关系，即被试答对该项目的概率会随着掌握属性个数的增加而增加，因此 A-CDM 是一个典型的补偿型 CDM，其 IRF 为

$$P(Y_{ij} = 1 \mid \boldsymbol{\alpha}_i) = \beta_j + \sum_{k=1}^{K} \gamma_{jk} \alpha_{ik} q_{jk}$$

式中，β_j 为项目截距参数；γ_{jk} 为属性在项目上的斜率参数。

4.2.4　NIDA 模型

由 Maris[118]引入的噪声输入、确定性与门（NIDA）模型与 DINA 模型不同，它

定义了属性水平上的参数（即 s_k 和 g_k）。令 η_{ijk} 表示第 i 个考生在作答项目 j 时是否正确运用了第 k 个属性。失误和猜测参数的定义如下：

$$s_k = P(\eta_{ijk} = 0 \mid \alpha_{ik} = 1, q_{jk} = 1)$$

$$g_k = P(\eta_{ijk} = 1 \mid \alpha_{ik} = 0, q_{jk} = 1)$$

在 NIDA 模型中，如果所有 η_{ijk} 都等于 1，那么项目反应是正确的（即 $Y_{ij} = 1$），也就是说，$Y_{ij} = \prod_{k=1}^{K} \eta_{ijk}$。假设在给定 α_i 条件下，η_{ijk} 是独立的，其 IRF 有如下形式：

$$P(Y_{ij} = 1 \mid \boldsymbol{\alpha}_i, s, g) = \prod_{k=1}^{K} P(\eta_{ijk} = 1 \mid \alpha_{ik}, s_k, g_k) = \prod_{k=1}^{K} \left[(1 - s_k)^{\alpha_{ik}} g_k^{1 - \alpha_{ik}} \right]^{q_{jk}}$$

NIDA 模型是另一种简单的连接模型。每个技能有两个参数 s_k 和 g_k，s_k 代表被试 j 掌握了技能 k，但含有技能 k 的项目中错误应用技能 k 的概率，g_k 代表被试 j 没有掌握技能 k，但含有技能 k 的项目中正确应用技能 k 的概率。正确反应的概率是 $1 - s_k + g_k$，$1 - s_k$ 是掌握的技能，g_k 是未掌握的技能。如果 $s_k + g_k$ 控制为 0，那么高的正确反应概率表示掌握了该项目的技能。由此可知，不同属性的失误和猜测参数在项目上是一个常数。因此，NIDA 模型有一定的限制，并且对于共享相同属性的所有项目，其 IRF 保持不变。这意味着许多项目的难度水平将完全相同，但将其应用于实际数据集是不现实的。

NIDA 模型的一个直接扩展是广义 NIDA（the generalized NIDA，G-NIDA）模型，在该模型中，失误和猜测参数随项目的不同而变化。其 IRF 有如下形式：

$$P(Y_{ij} = 1 \mid \boldsymbol{\alpha}_i, s, g) = \prod_{k=1}^{K} \left[(1 - s_{jk})^{\alpha_{ik}} g_{jk}^{1 - \alpha_{ik}} \right]^{q_{jk}} = \prod_{k=1}^{K} g_{jk}^{q_{jk}} \prod_{k=1}^{K} \left(\frac{1 - s_{jk}}{g_{jk}} \right)^{\alpha_{ik} q_{jk}}$$

4.2.5 DINO模型

连接模型要求一组属性的交集。然而，非连接模型可以看作连接模型的对立面，它要求掌握项目所考察的至少一个属性。例如，Templin 和 Henson 引入了确定性输入、噪声或门（DINO）模型。DINO 模型的 IRF 表示为

$$P_j(\boldsymbol{\alpha}_i) = P(X_{ij} = 1 \mid \boldsymbol{\alpha}_i) = g_j^{1 - \eta_{ij}} (1 - s_j)^{\eta_{ij}}$$

式中，$\eta_{ij} = 1 - \prod_{k=1}^{K} (1 - \alpha_{ik})^{q_{jk}}$ 是理想反应模式（ideal response pattern，IRP），表示是否掌握了项目 j 考察的至少一个必须属性，因此是一个典型的补偿模型，同时，$g_j = P(X_{ij} = 1 \mid \eta_{ij} = 0)$ 表示试题 j 的猜测参数，$s_j = P(X_{ij} = 0 \mid \eta_{ij} = 1)$ 表示试题 j 的失误参数，与 DINA 模型保持一致。

4.3　非参数的静态认知诊断模型

目前，非参数认知诊断方法主要基于理想反应模式（IRP）和观察反应模式（observed response pattern，ORP）之间的偏离程度来诊断考生的知识结构，这个过程自然会涉及相似度测量方法，即当对一批连续性数据进行聚类分析时，其本质是通过距离方法来计算样本间的相似性。距离越大，相似度就越低；距离越小，相似度越高。目前，非参数认知诊断方法主要包括三类：模式识别分类方法、分级反应聚类诊断方法、距离判别法。

4.3.1　模式识别分类方法

Tatsuoka 的规则空间模型（RSM）是一种基于模式识别和分类技术的认知诊断方法。其基本原理是根据被试对项目的反应模式，将传统的单一分数转化为被试对项目中所涉及的认知过程与技能的掌握概率。模型假定，学习者解题时要使用一些知识和认知加工技能或策略，将这些知识、技能和策略定义为属性，不同属性的组合产生不同的属性模式。

1. Q 矩阵理论

Q 矩阵理论主要是确定测验项目所测的不可观察的认知属性，并把它转化为可观察的项目反应模式。

首先，确定理想掌握模式，即认知状态或认知结构；其次，建立所测项目与认知属性的关系，即构建 Q 矩阵；最后，确定理想反应模式，即每种理想掌握模式在测验上的理想反应模式。

2. 规则空间模型的构建

规则空间模型主要根据理想掌握模式所对应的项目理想反应模式计算出每种理想掌握模式的一组数对 $\{(\theta, \xi)\}$，θ 是项目反应理论中被试的潜在能力变量；ξ 是一个基于项目反应理论的警戒指标，它表示能力为 θ 的被试的实际测验项目反应模式偏离其能力水平相对应的项目反应模式的程度。

$$\xi_i = \frac{f(\theta_i)}{\sqrt{\mathrm{Var}f(\theta_i)}} \tag{4.13}$$

$$f(\theta_i) = \left[\boldsymbol{P}(\theta_i) - \boldsymbol{T}(\theta_i) \right]' \left[\boldsymbol{P}(\theta_i) - \boldsymbol{X}_i \right] \tag{4.14}$$

式中，$\boldsymbol{P}(\theta_i) = \left[P_1(\theta_i), P_2(\theta_i), \cdots, P_J(\theta_i) \right]'$ 为被试对 J 个项目的答对概率向量；

$$T(\theta_i) = \left[\frac{\sum_{j=1}^{J} P_j(\theta_i)}{J}, \frac{\sum_{j=1}^{J} P_j(\theta_i)}{J}, \cdots, \frac{\sum_{j=1}^{J} P_j(\theta_i)}{J} \right]'$$ 为项目答对概率的均值，其元素都相

等；X_i 为被试在项目上作答的反应向量。

$$\mathrm{Var}\, f(\theta_i) = \sum_{j=1}^{J} P_j(\theta_i)(1 - P_j(\theta_i))(P_j(\theta_i) - T_j(\theta_i))^2 \tag{4.15}$$

在规则空间模型中，一般将理想掌握模式所对应的理想项目反应模式与被试的作答数据一起进行 IRT 参数估计，估计被试的能力参数 θ，并在此基础上计算出 ξ，从而计算出每种理想掌握模式对应的一组数对 $\{(\theta, \xi)\}$，将 $\{(\theta, \xi)\}$ 构成的二维空间称为规则空间。所有理想反应模式估计出的 $\{(\theta, \xi)\}$ 称为该规则空间的纯规则点。

3. 规则空间模型对被试的判别分类

在计算理想掌握模式所对应的 $\{(\theta, \xi)\}$ 的同时，也需要估计并计算所有被试所对应的 $\{(\theta', \xi')\}$，被试的 $\{(\theta', \xi')\}$ 主要根据被试在测验上的作答数据进行计算。

根据被试的 $\{(\theta_1', \xi_1'), (\theta_2', \xi_2'), \cdots, (\theta_I', \xi_I')\}$ 与纯规则点 $\{(\theta_1, \xi_1), (\theta_2, \xi_2), \cdots, (\theta_L, \xi_L)\}$，按贝叶斯方法或马氏距离判别法将被试 $\{(\theta', \xi')\}$ 判别为上述纯规则点的某一个。

规则空间模型不仅能测算被试的能力，还能对学习者的属性掌握模式进行判别、诊断。这样，学习者、老师、家长都可以清楚地了解学习者掌握的知识点、没掌握的知识点及学习者的能力水平。根据这些诊断信息，教师可以有效地提出针对各类学习者的补救措施，真正做到因材施教。

在规则空间模型的基础上发展起来的属性层次模型（AHM）同样受到关注。Gierl[119]指出，AHM 虽然在概念上与 RSM 相关，但改变了分类的基本方式。AHM 通过计算观察反应模式相对于理想反应模式发生失误或猜测的概率，把观察反应模式归类到错误期望概率最大的理想反应模式中，也就是最可能发生该类错误的模式中。AHM 的优势在于，它能够提供更确切的基于 Q 矩阵与技能层面分类相关的理想反应模式。同时，Almond 等 [120]对 AHM 未来的发展方向做出展望，认为应关注人工神经网络（artificial neural network，ANN）训练，用人工神经网络的训练取代 RSM 的异常值是测量理论研究的一大进步。

AHM 试图使用不同的概率方法对受访者进行分类，并鼓励专家更精确地形式化属性之间的关系。AHM 的开发人员认为，尽管该方法具有处理这些依赖的技术能力，但 RSM 的许多应用程序忽略了这些依赖，AHM 将这些依赖更明确地放在前

台。AHM 顾名思义，该方法是专门为评估而设计的，在评估中可以指定关于属性依赖关系的理论预测。

当涉及对受访者进行分类时，AHM 探索了不同的统计程序，最新的方法是神经网络。我们将重点讨论原始的分类方法，因为寻找最优方法的工作仍在进行中，分类方法更容易说明 AHM 的算法性质。AHM 的原始分类方法的根源是 IRT 模型，就像 RSM 一样。然而，该模型以不同的方式使用。在 AHM 的第一步中，计算属性层次结构下每个属性可能产生的预期响应模式，然后简单地复制，以生成具有这些模式的更大的应答者样本。由于期望总得分对应于每个期望反应模式，因此产生了具有期望反应模式的应答者分布，使总得分遵循一定的分布，通常是单变量正态分布。

在第二步中，这个生成的数据样本随后被用作校准一维项目反应理论模型（如双参数逻辑模型）的数据。在此基础上，可以计算传统的项目反应理论项目参数。与 RSM 不同的是 AHM 的校准过程使用了 IRT 模型的预期响应数据，而不是观察到的响应数据。这导致了每个预期响应模式/属性的项目参数估计和潜在变量值与 RSM 的校准方式存在差异。

在第三步中，受访者使用几种不同的分类方法中的一个进行分类。第一种分类方法将每个观察到的响应模式与所有预期的响应模式进行比较，利用项目反应理论模型的滑动和猜测概率。第二种分类方法只使用从项目反应理论模型中滑动的概率。第三种分类方法仅使用从项目反应理论模型中滑动的概率，并结合属性配置文件的逻辑包含规则。需要进行比较的数量取决于受访者的数量、项目和数据集中出现的独特回答模式。例如，如果 1000 名受访者对 22 个项目进行了回答，那么就需要进行 22×1000 = 22000 个回答模式比较。如果一些受访者有相同的反应模式，那么这个数字自然会下降。

要更详细地理解这些比较是如何工作的，可以考虑一个观察到的响应模式和一个预期的响应模式，并与之进行比较。对于那些观察到的项目响应与预期项目响应相匹配的项目，没有计算错误概率，因为没有发生错误。对于出现错误的项目（即期望的项目响应为 1，观察到的项目响应为 0），该项目错误响应的概率是使用项目反应理论模型计算得到的，这是在与预期响应模式对应的潜在变量值上完成的。对于出现猜测错误的项目（即期望的项目响应为 0，观察到的项目响应为 1），在相同的潜在变量值下，使用项目反应理论模型计算该项目正确响应的概率。如上面所述，不同的分类方法要么使用这两种可能性中的一种，要么同时使用，或者使用一个额外的逻辑包含规则；然后将此预期响应模式的结果概率在所有项目中相乘，这个过程将生成此特定预期响应模式的可能性值。因此，对于每个观察到的响应模式，这种分类方法提供了尽可能多的可能性值，并将应答者分配到可能性值最大的属性配置中。

4.3.2　分级反应聚类诊断方法

分级反应聚类诊断方法（GRCDM）是由康春花等在 0-1 计分 K-means 聚类诊断法基础上拓展而成的。GRCDM 的核心思想是计算属性合分和能力向量。在多级计分项目中，被试的得分介于 0 ~ 满分值之间，由于属性之间具有层级关系，因此当被试得分不同时，在各属性合分上所累加的分数不同，其计算公式为

$$\boldsymbol{W}_i = (W_{i1}, W_{i2}, \cdots, W_{ik}), \quad W_{ik} = \sum_{j=1}^{J} y_{ij} \rho_{ijky} q_{jk}$$

式中，W_{ik} 为被试 i 在属性 k 上的合分；被试 i 在项目 j 上的得分 y_{ij}，介于 0 分 ~ 项目 j 的满分值之间；ρ_{ijky} 为被试 i 在项目 j 上得 y 分时，属性 k 的得分；q_{jk} 表示项目 j 是否测量了属性 k，$q_{jk} = 1$ 表示项目 j 测量了属性 k，$q_{jk} = 0$ 表示项目 j 未测量属性 k。被试能力向量中的各元素则是被试在这个属性上的合分除以这个属性的最高合分，即该属性考核次数。由此，多级计分下的能力向量 $\boldsymbol{B}_i = (B_{i1}, B_{i2}, \cdots, B_{ik})$，其中，$B_{ik} = \dfrac{W_{ik}}{\sum_{j=1}^{J} q_{jk}}$，$\sum_{j=1}^{J} q_{jk}$ 为属性 k 的考核次数。GRCDM 的聚类分析思路如下。

（1）根据 $\boldsymbol{R}$ 矩阵和 $\boldsymbol{Q}$ 矩阵，得到 IRP，计算各 IRP 对应的属性合分向量和能力向量，将能力向量作为初始聚类中心。

（2）根据被试 ORP 计算出被试能力向量，计算被试能力向量与各聚类中心的距离，把被试分配到最近的聚类中心。

（3）所有被试分配完成后，重新计算 K-means 聚类中心。

（4）基于步骤（3）得到的聚类中心，重新分配被试到距离最近的中心，重复该过程直到每个被试不再重新分配。

4.3.3　距离判别法

基于距离判别法，非参数距离判别法分别将汉明距离（Hamming distance，HD）、马氏距离等推广到了多级计分的认知诊断，主要包括欧氏距离判别法、简化的 GRCDM 和曼哈顿距离判别（Manhattan distance discrimination，MDD）法。距离判别法无须提前设定认知诊断模型，且不用复杂的算法进行项目参数的校准，进一步提升了操作空间。

1. HDD

Chiu 和 Douglas[121]将汉明距离应用至认知诊断评估中，基于汉明距离提出了一种简化的非参数方法——汉明距离判别（HDD）法，该方法通过找出 ORP 与所有 IRP 之间的最小距离来分类被试，具体表达式为

$$d(x_i, y_t) = \sum_{j=1}^{J} \left| x_{ij} - y_{jt} \right|$$

表示被试 i 的 ORP 到第 t 种 IRP 的汉明距离之和。

针对判别过程中容易诊断有误的问题（一个题目的观察反应可能与多个理想反应相符），Chiu 和 Douglas 提出了加权的汉明距离判别（weighted Hamming distance discrimination，WHDD）法，即

$$d(x_i, y_t) = \sum_{j=1}^{J} \frac{1}{\overline{p}(1 - \overline{p})} \left| x_{ij} - y_{jt} \right|$$

式中，$\overline{p}$ 是正确作答项目 j 的比例，模拟研究和实证研究也说明其与参数方法相比具有更高的判准率。可以看出 HDD 的计算过程中没有额外的参数，因此无须参数估计，形式简单，且更具推广性。紧接着罗照盛等[122]借鉴 $\boldsymbol{Q}$ 矩阵理论补充了 HDD，开发了一种无须参数估计的朴素的汉明距离判别法，并根据判别方法的不同，将其分为 R（random）方法和 B（Bayesian）方法。R 方法指当一个题目的 ORP 可能与多个 IRP 都有最短距离时，将其随机判给任意一种 IRP。B 方法要先将被试分为两种情况进行讨论，第一类被试是能够成功地找到唯一对应的 IRP，故可以直接判断；第二类被试是指一个 ORP 与多个 IRP 都有最小值，这时就采用 B 方法来判别。首先，计算第一类被试在各个知识状态（knowledge states，KS）中的人数比例；其次，找到第二类被试中各个 IRP 对应的 KS 人数，并计算各个 KS 在第一类被试中的占比情况，这里可以看出 B 方法充分地利用了被试作答的后验信息。康春花等[123]对 HDD 的影响因素进行了更为综合全面的探索，并发现 R 方法、B 方法与 W 方法结果并无差异。

2. MDD

康春花等[124]将曼哈顿距离（Manhattan distance，MD）推广至多级评分的认知诊断评估，构建了混合计分的曼哈顿距离判别法。具体而言，被试 i 的 ORP 与第 t 种 IRP 之间的曼哈顿距离等于它们在各个项目上得分差的绝对值之和，即

$$\mathrm{MD}(x_i, y_t) = \sum_{j=1}^{J} \left| x_{ij} - y_{jt} \right|$$

MD 法的计算简单，其值随元素差值的增大而增大。MDD 法将被试 i 分配到具有最短 MD 法的 IRP，并将 HDD 法的三种判别法（R 方法、B 方法和 W 方法）推广至此，从而形成 R-MDD 法、B-MDD 法和 W-MDD 法。需要注意的是，当项目是 0-1 计分时，MDD 法等价于 HDD 法；但当项目是多级计分情境时，MDD 法的诊断要比 HDD 法的诊断结果更合理，例如，假设被试 i 在 5 个题目上的 ORP 为 (2,3,3,4,5)，虽然 IRP₁(2,4,4,3,5) 和 IRP₂(3,3,3,3,2) 中不同的元素个数均为 3，但很明显 ORP 与 IRP₁ 距离更近。若按照 HDD 法，则很可能将被试错判，损害诊断精度，

而通过 MDD 法，可知 ORP 与 IRP_1 的距离为 3，ORP 与 IRP_2 的距离为 5，所以 ORP 与 IRP_1 的差异更小，遵循了认知诊断方法寻找两者差异最小的设计原则。因此 HDD 法只能计算不同元素的个数，而 MDD 法不仅可以计算不同元素的个数，还能计算与各个元素之间的距离。通过模拟研究和实证研究发现：三种新的判别方式结果不相上下，MDD 法的稳健性更佳。MDD 法的计算过程简单，不易受被试和测验长度的影响，这对非参数认知诊断方法的推广无疑起了至关重要的作用；该方法无须模型生成数据和参数估计，更不需要特殊算法来实现分类诊断，这也为新课改大背景下的一线工作者提供了便利。

综上所述，基于非参数人工智能的认知诊断方法，有以下优势：①为被试提供诊断报告，让被试清楚自己掌握了哪些技能（属性），未掌握哪些技能；②对属性与试题的数量要求不高，适用于课堂评估的小样本测试场景；③计算简单。不足之处有：①对属性本身的定义、属性间关系的确定很困难；②属性间只允许有单向的关系，而双向的关系无法解决；③属性只有掌握和未掌握两种，划分粗糙。

4.4　基于深度学习的静态认知诊断模型

随着计算机技术的发展，深度学习在挖掘非线性的交互关系方面、处理稀疏数据、预测学习者成绩等或许有不错的效果。因此，为了解决传统认知诊断模型对学习者与试题之间的复杂关系拟合能力弱的问题，研究者将深度学习技术逐步引入认知诊断模型的构建中，通过神经网络对学习者与试题间的交互函数进行训练（不同于传统认知诊断的人工设计），进而诊断学习者的知识状态。目前深度认知诊断模型有 NeuralCDM、教育情境感知认知诊断（educational context-aware cognitive diagnosis，ECD）模型、关系图驱动的认知诊断（relation map driven cognitive diagnosis，RCD）模型等。

4.4.1　NeuralCDM 框架

神经认知诊断（NeuralCDM）框架是一个新的通用和可扩展的深度认知诊断框架，该框架结合了神经网络和心理测量假设，以获得准确和可解释的诊断结果。其中，NeuralCDM 利用多维参数描述用户的认知状态和任务的特征（如难度），并结合神经网络从异构数据中学习用户和任务之间的复杂关系。为了保证参数的可解释性，这对认知诊断至关重要，本章采取了两个步骤。第一步是利用技能关联向量将用户认知状态向量的各个维度与特定技能进行对齐。第二步是对多层神经元进行单调性假设，使认知状态值的变化与用户成功完成任务的预测概率方向一致。受项目反应理论的启发，在此框架下实现的 NeuralCDM 如图 4.5 所示。

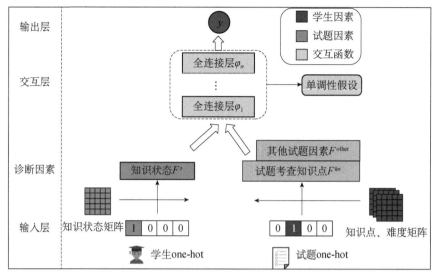

图 4.5　NeuralCDM

值得一提的是，NeuralCDM 是一个通用框架，它既可以从异构数据中学习，也可以涵盖许多传统的 CDM。例如，如图 4.6 所示，NeuralCDM 可以看作项目反应理论的推广：①表示从一维到多维的参数；②加入技能关联向量进行技能对齐；③将单个 Sigmoid 交互函数替换为多层神经网络。这些进展增强了拟合能力，同时保持了参数的良好可解释性。图中 $Q_{c,1}$、h^s、h^{diff} 和 h^{disc} 分别表示练习与技能的相关度、学习者的技能熟练度、技能难度和练习的区分度，IRT 和 NeuralCDM 的单调性分别通过 σ 函数和全连接神经网络层实现。

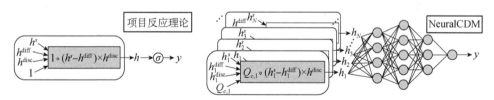

图 4.6　项目反应理论与神经认知诊断的建模方式对比

4.4.2　RCD模型

以往的研究大多认为认知诊断是一个层间交互（如用户任务交互或用户技能交互）建模问题，而内部结构关系，如不同知识概念之间的教育相互依赖关系仍未得到充分的研究。因此，Gao 等提出了一种关系图驱动的认知诊断（RCD），通过多层关系图统一捕获内层结构和层间相互作用，如图 4.7 所示。首先，将用户、任务和技能表示为层次布局中的单个节点。其次，该模型构建了三个局部地图，分别是用户-任务交互图、任务-技能相关图和技能依赖图，以全面建模复杂的用户-任务-技能（如教育中的学习者练习-概念）关系。节点可以递归地聚合来自相邻节点的信息。然后，设计了融合层，对每个节点进行节点级和地图级的聚合，并利用注意网络来平衡多层次的信息。最后，RCD 中的关系驱动的表征可以直接融合到现有的CDM 中，进一步提高其诊断性能。

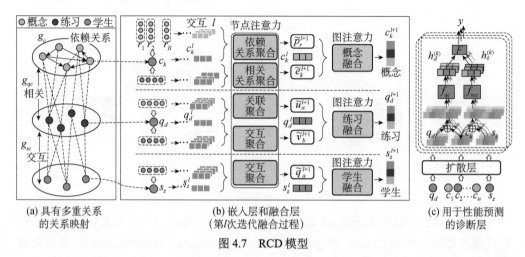

(a) 具有多重关系   (b) 嵌入层和融合层   (c) 用于性能预测
的关系映射   （第*l*次迭代融合过程）   的诊断层

图 4.7   RCD 模型

4.4.3 ECD 模型

用户的学校、家庭、地域等环境对用户的内隐认知状态有重要的影响。因此，用户的显式作答记录和隐式语境应该更能反映他们的知识概念熟练程度概况。Zhou 等[125]设计了一种新型的 ECD 模型，将丰富的教育情境特征纳入现有的 CDM 中。具体来说，由于教育上下文通常涉及不同类型的内容，首先，将不同的上下文划分为几个领域；其次，使用教育语境建模阶段，利用层次化的注意网络来代表各个领域语境的个性化影响，并生成语境所反映的学习者外部特征；然后，考虑到教育情境对学习者的影响应该是全面的，而不局限于特定的知识概念，设计了一个诊断增强阶段，将学习者的外在特征与内在特征（即历史学习记录所反映的认知状态）进行适应性整合。这一通用的 ECD 框架被很好地定义为促进大多数现有 CDM 的性能。实验结果还显示了关于不同国家和地区不同教育背景之间的差异等有趣发现。

4.5   本章小结

本章通过对认知诊断理论的内涵解释，阐述了认知诊断理论的作用效果及发展，对认知诊断模型的发展现状进行综述，主要在建模的方法上从概率建模和数据挖掘建模出发，介绍了一些具有代表性的模型。由基础的模型逐渐过渡到改进模型，直观地展现了认知诊断理论及其模型的发展史。

　　基于概率模型的认知诊断模型是基于认知心理学和教育测量学的计量模型，用于识别考生的属性模式或对一组由潜在变量描述的属性的掌握程度。潜在变量可能是一种认知技能（如数学成绩）、一种心理特征或一种态度。具体来说，认知诊断模型是一类离散的潜在变量模型，通过被试对一个项目的作答，它可以追溯到该考生对这个项目所涵盖的领域或潜在特征的掌握情况。认知诊断模型也不仅仅是简单地根据潜在特征对考生进行排名或定位，更重要的是它可以为考生提供关于自身优势和劣势的具体反馈。

　　随着计算机性能瓶颈的突破，教育研究者将人工神经网络与认知诊断模型进行融合。通过神经网络应用与教育认知诊断，提出了 NeuralCDM，它不仅利用了学习者得分矩阵和试题知识点关联矩阵，还通过神经网络挖掘试题的文本信息对试题知识点关联矩阵进行修正，借助神经网络对学习者、试题、学习者与试题的交互过程三者进行建模，提高了模型的学习能力。

　　综上所述，认知诊断理论经历了从传统认知诊断模型到深度认知诊断模型的转变，开始将认知心理学与神经网络技术进行深度融合，一方面，将认知模型应用于深度认知诊断模型，提升了深度学习的可解释性；另一方面，运用深度学习技术，可以挖掘试题与学习者的非线性交互关系，提升了认知诊断模型的拟合性能。

第三篇

动态认知诊断：学习认知的
表现预测

第 5 章　动态认知诊断理论概述

　　随着在线学习系统的快速兴起，网络在线学习得到普及。特别是，新型冠状病毒感染疫情引发了在线教育的暴发，这使得学习者和教师都能够在家学习和教学。由于新型冠状病毒感染疫情，通常会在学校学习的大约 16 亿学习者（根据联合国教育、科学及文化组织的数据，可能超过注册用户总数的 91%）被迫待在家里，191 个国家在最困难时关闭了全国范围的学校。在这种背景下，在线教育在最大限度地减少对教育的干扰方面发挥着不可或缺的作用，正以前所未有的规模发展，并逐渐成为一种时尚的学习方式。在线教育打破了物理教室的限制，能够随时随地实现灵活的教与学。与此同时，在线学习有潜力为每个学习者提供最佳和适应性的学习体验，从而带来巨大的教育效益。在线学习系统（如 Coursera、ASSISTment 和大量在线开放课程）已被证明比传统学习方式更有效，因为它们可以提供更智能的教育服务，例如，向学习者提供个性化学习路径的适应性建议。

　　为了给每个学习者提供这些智能服务，在线学习系统不断地记录大量关于学习者-系统交互的可用数据，这些数据可以被进一步挖掘以评估他们的知识水平和学习偏好。从教育研究的角度来看，现在可以使用在线学习平台记录和研究大量的学习数据，留下学习者详细的学习轨迹，以便提供更好的智能教育服务。然而，由于传统静态认知诊断只考虑单次测评的作答数据，认知诊断结果存在局限性，因此，在线学习系统中亟须融合连续多次的在线学习轨迹中学习者历史作答序列特征，以便在时间序列上追踪学习者的知识状态演变，帮助学习者选择合适的学习资源和学习路径。事实上，旨在监控学习者不断发展的知识状态的动态认知诊断，由于其过程体现了对知识状态变化过程的追踪，因此，其又被命名为知识追踪。具体来说，动态认知诊断理论通过对学习者的知识掌握水平等学习认知进行追踪评估，通过预测学习者未来的表现，得到的结果可以用于个性化学习方案的制定，达到对学习过程建模的目的。通过对学习者的认知状态进行建模，从而得到学习者对于知识的掌握情况，进而可以评估知识的掌握水平。因此，对学习者进行认知追踪最关键的问题，是如何建立一个高准确率且高效率的学习者模型。

　　在传统的习题设置中存在着大量重复性、同类型的题目，学习者花费大量时间浪费在已经掌握的知识练习中，导致学习效率低下。而在网络学习中，学习者虽然可以对习题进行选择性的练习，但对自身知识掌握水平的错误估测，也会导致错漏某些知识点, 学习效率不高。这种缺乏个性化推荐的题目练习, 无法得到学习者自身知识掌握水平的反馈, 导致题目设置中无法针对不同的学习者进行改进, 从而使得学习者不仅浪费自身的学习时间且最后的学习效果不佳。如何对学习者的知识状态进行实时的诊断与追踪, 评估当前学习者对知识的掌握水平, 从而个性化地推荐题目, 节约学习者的时间并提高学习效率, 实现针对学习者本身知识掌握水平的个性化教学, 是当前智能教学系统中关注的一个重点。

5.1 动态认知诊断的内涵

动态认知诊断是智能教育领域的研究热点, 其理论与技术的出现使得学习者个性化学习成为可能。动态认知诊断, 即对学习者的历史作答的时间序列数据进行建模, 追踪学习者在学习过程中的知识状态的变化, 故又称为知识追踪。

知识追踪最早由 Atkinson 于 1972 年提出, 并由 Corbett 和 Anderson 引入智能教育领域, 从诞生发展至今, 其定义与内涵也在不断发展和变化。Corbett 和 Anderson 认为, 知识追踪旨在对学习者在实践中不断变化的知识状态进行建模。Piech 等将知识追踪定义为一种模拟学习者与课程作业交互时的知识掌握水平的机制, 它的任务是随着时间推移对学习者知识进行建模, 以便能够准确地预测学习者在未来互动中的表现。Liu 等给出了知识追踪的定义, 即根据每个学习者的学习过程及学习者的所有历史试题, 跟踪学习者的知识状态变化, 并估计学习者从每一次学习中掌握了多少知识概念, 预测下一次学习者试题的回答情况。张暖和江波[126]从机器学习的角度给出了知识追踪的定义: 根据含噪声的观测数据 (正误序列) 估计隐含变量 (知识掌握), 是一类典型的预测问题。王志锋等[127]给出了智慧教育视域下知识追踪的概念界定: 知识追踪即通过跟踪学习者的历史学习轨迹, 对学习者与学习资源的学习交互过程进行建模, 深入分析、挖掘、追踪学习者的动态知识掌握水平与认知结构, 并准确地预测学习者未来的学习表现, 通过人机协同优化教学过程, 助力于学习者终身发展的智慧教育新模式。

因此, 知识追踪旨在根据学习者的历史学习轨迹自动追踪学习者的知识水平随时间变化的过程, 以便能够准确地预测学习者在未来学习中的表现。在根据学习者历史学习表现推测学习者知识状态的基础上, 还能借助知识追踪对学习者存在问题的知识提供相应的学习辅导。

在学习者学习的过程中, 知识空间 (knowledge space) 涵盖了学习者所有可能涉及的知识概念, 是一些概念的集合。学习者掌握概念集合中的一部分, 即构成该学习者掌握的知识集合。有教育学研究者认为, 试题会考查一组特定的、相关联的知识点, 学习者对于习题所考查知识点的掌握程度会影响其在习题上的表现, 即学习者掌握的知识集合。知识追踪利用一系列面向序列建模的机器学习方法，能够利用教育相关数据来监控学习者的动态知识状态。

图 5.1 呈现了知识追踪场景的一个实例，给出了知识追踪技术的简单示意图。当学习者完成试题时，学习系统会记录学习者的观察性学习数据，包括试题、试题中包含的知识概念及学习者的答案（即正确或不正确的回答）。受益于智能教育的发展和数据匿名化的方法，学习系统也记录了大量的附加信息，如反应时间和尝试次数等，更完整地反映了学习者的学习行为。由图 5.1 可知，学习者对四个知识概念的先验知识状态分别为 0.2、0.4、0.4 和 0.5。在完成试题的同时，学习者不断地吸收新的知识，这也可以通过雷达图中逐渐增加的表示学习者知识掌握程度的多边形面积来体现。经过一段时间的学习，学习者在相应的知识概念上的知识状态变成了 0.8、0.7、0.7、0.4，这说明知识掌握程度的增长还不错。知识追踪会参照学习者这段时间的学习数据，估计下一次学习者学习中四个知识概念的知识状态水平与学习者的试题表现（如回答正确或不正确）。总的来说，知识追踪（KT）模型旨在监控学习者知识状态变化的过程，以便为学习者提供智能服务，例如，推荐适合其能力水平的试题。

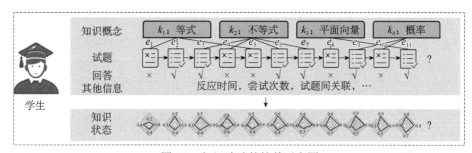

图 5.1　知识追踪的简单示意图

5.2　动态认知诊断方法的发展

早期的知识追踪相关研究可以追溯到 20 世纪 70 年代，其最早是由 Atkinson 于 1972 年提出的；早期的研究工作主要集中在掌握学习的有效性。在 1990 年之前，知识追踪并没有被教育领域的研究者所关注。直到 1995 年，Corbett 和 Anderson 首先将知识追踪概念引入智能教育领域，他们利用贝叶斯网络模拟学习者的学习过程，这种方法被称为贝叶斯知识追踪。随后，知识追踪的重要性被更广泛的人群所认识，越来越多的注意力被引导到与知识追踪相关的研究中。例如，许多逻辑模型已经应用于知识追踪，包括学习因素分析和绩效因素分析。近年来，深度学习促进了对知识追踪任务的研究，因为它具有强大的提取和表示特征的能力及发现复杂结构的能力。例如，深度知识追踪将循环神经网络（RNN）引入知识追踪任务中，并被发现明显地优于以前的方法。之后，通过考虑学习序列的各种特征，许多知识追踪方法已经将更多类型的神经网络引入知识追踪任务中。例如，基于图的知识追踪应用图神经网络对知识概念中的知识结构进行建模。一些基于注意力的知识追踪方法利用了注意力机制（attention mechanism）来捕捉学习交互之间的依赖性。而且由于特定应用的需求，很多知识追踪模型的变体也不断被开发出来，知识追踪已经成功地应用在很多教育场景中。

新颖的知识追踪模型及其大量变体和应用在不断地涌现，尤其是关于新兴的基于深度学习的知识追踪模型。更具体地说，如图 5.2 所示，首先，从技术角度提出现有知识追踪模型的新分类法，将它们分为两类：①概率模型；②深度学习模型。在这个新的分类法下，全面回顾了基本的知识追踪模型。然后，图 5.2 介绍了这些基本知识追踪模型的变体，它们在不同的学习阶段模拟了更完整的学习过程。此外，图 5.2 还介绍了知识追踪在不同场景下的几种典型应用。

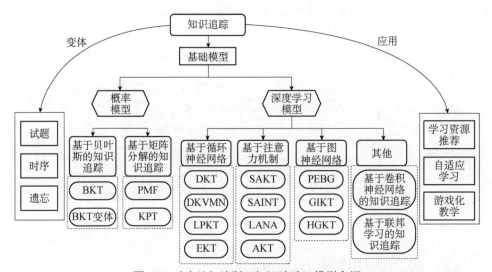

图 5.2　动态认知诊断（知识追踪）模型介绍

基于概率模型知识追踪主要分为基于贝叶斯的知识追踪和基于矩阵分解的知识追踪。前者，基于贝叶斯的知识追踪假设学习过程遵循马尔可夫过程，学习者的潜在知识状态可以通过观察到的学习成绩来估计。在后面的章节中，将介绍传统贝叶斯知识追踪（Bayesian knowledge tracing，BKT）模型。后者，基于矩阵分解的知识追踪是基于概率矩阵分解（probabilistic matrix factorization，PMF）[128]的一类模型，PMF 是推荐系统领域的经典算法之一，由于推荐领域与知识追踪建模的相似性，部分研究者将PMF 算法改进应用于知识追踪领域。在后面的章节中，将介绍原始 PMF 算法和改进PMF 算法及知识熟练度追踪（knowledge proficiency tracing，KPT）[129]方法。

与传统概率模型相对应的是基于深度学习的知识追踪方法。根据深度学习的不同技术和其发展轨迹，可以细分为基于 RNN 的知识追踪、基于注意力机制的知识追踪、基于图神经网络的知识追踪及其他类型的知识追踪，在后面的章节中，将介绍前三种深度学习知识追踪方法。

5.3 基于概率模型的动态认知诊断模型

基于概率的知识追踪主要包括基于贝叶斯的知识追踪和基于矩阵分解的知识追踪。BKT 方法通过隐马尔可夫模型（hidden Markov model，HMM）更新代表知识状态的二元变量；KPT 方法基于概率矩阵分解算法改进得来，是 PMF 算法在知识追踪领域的改进、应用。

5.3.1 传统贝叶斯知识追踪

BKT 模型[130]是模拟学习者知识的一个很重要的模型，由 Corbett 和 Anderson 于 1994 年引入智能教育领域，应用于智能教育系统（ITS）。在 ITS 中的一个重要问题是，什么时候能够判断某个学习者掌握了某个知识点。一个比较简单的处理方式是要求学习者连续对 N 个同一知识点相关的题目回答正确，虽然这种方式现在仍然被某些系统利用，但 BKT 方法能够用一种更加直观且容易理解的方式解决这个问题。

BKT 方法将学习者所需要学习的知识体系划分为若干个知识点。而学习者的知识状态则被表示为一组二元变量，每个二元变量表示其中一个知识点是否被掌握，即学习者处于"知道这个知识点"和"不知道这个知识点"两种状态之一。这是一种将学习者的知识状态作为一套隐含变量的表示方式，通过学习者回答问题的正确与否来更新隐含变量的概率分布，这种表示方法的不足在于每个知识概念是单独表示的，BKT 模型无法捕捉不同概念之间的相关性。观测变量与学习者的知识状态一样也是二元的。具体来说，BKT 假设对于知识存在 4 个参数：$P(L_0)$、$P(T)$、$P(G)$ 和 $P(S)$。$P(L_0)$ 和 $P(T)$ 是知识参数，主要用于表示学习者的学习状态。$P(L_0)$ 指的是学习者在尚未接触该学习系统时，某个知识点就已经被其掌握的概率；$P(T)$ 指的是学习效率，即经过了一些学习机会之后，对于该知识点从不懂到懂的转换概率。另外，BKT 方法假设学习者不会遗忘，也就是说，对于一个知识点从懂到不懂的转换概率为 0。而 $P(G)$ 和 $P(S)$ 为用户的表现参数。$P(G)$ 是猜对的概率，即学习者即使不知道某个知识点仍然正确回答的概率；$P(S)$ 是犯错的概率，即学习者知道该知识点，但是仍然不小心回答错误的概率。当 $P(G)$ 和 $P(S)$ 为 0 时，学习者回答问题的结果将会 100% 反映学习者掌握该知识点的情况，而当 $P(G)$ 和 $P(S)$ 为 0.5 时，学习者回答问题的结果所反映的知识状况具有最大程度的不确定性。

不同的知识点在难度和所需要的试题上有很大的差别，所以各个知识点需要分别训练这样的一组参数。根据以上对参数的定义，能够得到以下几个公式。

（1）学习者答对题目的概率被解释为在掌握知识点的情况下没有答错，以及在未掌握知识点的情况下猜对的概率之和，即

$$P(\text{Correct}_n) = P(L_n)P(\neg S) + P(\neg L_n)P(G) \qquad (5.1)$$

式中，$P(\neg S) = 1 - P(S)$。

（2）学习者不会遗忘，而按照 $P(T)$ 学习效率加强对知识点的理解，即

$$P(L_n) = P(L_{n-1} \mid \text{Evidence}_{n-1}) + (1 - P(L_{n-1} \mid \text{Evidence}_{n-1}))P(T) \qquad (5.2)$$

式中，Evidence_{n-1} 表示第 $n-1$ 次作答的结果（正确或错误）。

（3）在训练好参数之后，根据数据对知识状况进行推断。

当学习者答对题目时：

$$P(L_n \mid \text{Correct}_n) = P(L_n)P(\neg S) + P(\neg L_n)P(G) \qquad (5.3)$$

当学习者答错题目时：

$$P(L_n \mid \text{Incorrect}_n) = P(L_n)P(\neg S) + P(\neg L_n)P(\neg G) \qquad (5.4)$$

不难看出，贝叶斯知识追踪模型其实是一种特殊的 HMM，如图 5.3 所示。学习者在学习过程中的知识状态是随着时间变化的。

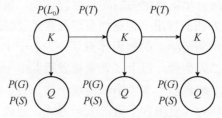

图 5.3　贝叶斯知识追踪模型

从 HMM 的角度来看，相应的矩阵如表 5.1～表 5.3 所示。

表 5.1　初始隐状态分布矩阵

未掌握知识点	$P(L_0)$
掌握知识点	$1 - P(L_0)$

表 5.2　隐状态转移矩阵

掌握状态	后来未掌握知识点	后来掌握知识点
原来未掌握知识点	$1 - P(T)$	$P(T)$
原来掌握知识点	0	1

表 5.3　观测矩阵

掌握状态	回答错误	回答正确
未掌握知识点	$1 - P(G)$	$P(G)$
掌握知识点	$P(S)$	$1 - P(S)$

5.3.2　原始概率矩阵分解算法

原始概率矩阵分解 PMF 算法由 Salakhutdinov 和 Mnih 于 2008 年提出，是一种经典的矩阵分解方法。PMF 与 BKT 一样，都是概率模型知识追踪的主要代表，两者都采用反馈式的用户交互建模；区别是 BKT 采用实时反馈的用户交互建模，PMF 采用阶段性反馈的用户交互建模。

PMF 针对学习者与答题情况建立 R 矩阵，R 矩阵中的元素由学习者的知识熟练度与题目涵盖知识点共同决定。R 矩阵中只有部分元素是已知的，且 R 矩阵通常比较稀疏，需要求出 R 矩阵中缺失的部分。PMF 的基本思路是采取 low-dimensional factor 模型（也称为 low rank 模型）来处理这个问题。其核心思想是矩阵元素间的关系可以由较少的几个因素的线性组合决定。

PMF 首先建立了一个 R 矩阵，其中，每个元素 R_{ij} 表示学习者 i 是否答对过题目 j，并假设 R_{ij} 是由学习者 i 的知识熟练度 U_i 与题目包含知识点向量 V_j 的内积决定的，即

$$R_{ij} = N(U_i^{\mathrm{T}} V_j, \sigma^2) \tag{5.5}$$

式中，N 为正态分布；σ^2 为正态分布的方差。

观察到 R 矩阵的条件概率为

$$P(R|U,V,\sigma) = \sum_{i=1}^{N} \sum_{j=1}^{M} N(U_i^{\mathrm{T}} V_j, \sigma^2)^{I_{ij}} \tag{5.6}$$

式中，$U = (U_1, \cdots, U_N), V = (V_1, \cdots, V_M)$，$N$ 表示学生数量，M 表示试题数量；I_{ij} 是指示函数，若观察到 R_{ij} 则值为 1，否则值为 0。PMF 进一步假设学习者知识熟练度向量与题目包含知识点向量也服从正态分布，如式（5.7）和式（5.8）所示：

$$P(U|\sigma_U) \sim \prod_{i=1}^{N} N(0, \sigma_U^2 I) \tag{5.7}$$

$$P(V|\sigma_V) \sim \prod_{i=1}^{N} N(0, \sigma_V^2 I) \tag{5.8}$$

式中，I 为单位矩阵。

根据对后验分布 $P(U,V | R, \sigma_U^2, \sigma_V^2, \sigma^2)$ 取对数，可以得到目标函数，如下：

$$\mathrm{loss} = -\frac{1}{2} \sum_{i=1}^{N} \sum_{j=1}^{M} I_{ij} (R_{ij} - U_i^{\mathrm{T}} V_j)^2 - \frac{\lambda_U}{2} \sum_{i=1}^{N} U_i^{\mathrm{T}} U_i - \frac{\lambda_V}{2} \sum_{j=1}^{M} V_j^{\mathrm{T}} V_j \tag{5.9}$$

式中，$\lambda_U = \dfrac{\sigma^2}{\sigma_U^2}$，$\lambda_V = \dfrac{\sigma^2}{\sigma_V^2}$；$\sigma_U^2$ 表示 U 服从正态分布的方差，σ_V^2 表示 V 服从正态分布的方差。最终采用随机梯度下降算法更新 U 和 V。

5.3.3 改进概率矩阵分解的知识熟练度追踪模型

改进概率矩阵分解的知识熟练度追踪（KPT）模型由 Chen 和 Liu 于 2017 年提出，通过用教育先验知识来追踪学术知识熟练程度。具体而言，KPT 首先将每个试题与知识向量相关联，其中，每一个元素代表一个显性的知识点。由教育专家提供的 Q 矩阵描绘了题目与知识点之间的关系，将其用于题目的嵌入。为了追踪学习者的知识熟练程度，每个学习者的相关信息被嵌入同一知识空间中，除此之外，KPT 将传统教育学理论中记忆曲线和遗忘曲线融入建模中，用以捕捉学习者知识熟练度随时间的变化。

知识熟练度追踪模型框架如图 5.4 所示，其采用阶段性反馈的用户交互建模，通过使用学习者的试题反馈日志和专家标注的 Q 矩阵，将每个学习者的潜在向量映射到知识空间中，而后根据记忆和遗忘曲线来解决知识追踪问题。在预测阶段，KPT 模型预测学习者 $T+1$ 时间窗口中的试题表现情况 R^{T+1} 和学习者 $T+1$ 时间窗口知识点掌握情况 U^{T+1}。

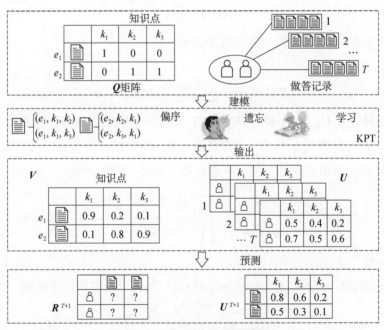

图 5.4　知识熟练度追踪模型框架

受到现有工作的启发，KPT 模型建模试题表现概率如下：

$$P(\boldsymbol{R}|\boldsymbol{U},\boldsymbol{V},b)=\prod_{t=1}^{T}\prod_{i=1}^{N}\prod_{j=1}^{M}[N(R_{ij}^{t}\,|\,\langle\boldsymbol{U}_{i}^{t},\boldsymbol{V}_{j}\rangle-b_{j},\sigma_{R}^{2})]^{I_{ij}^{t}} \qquad (5.10)$$

式中，N 表示正态分布；b_j 表示试题 j 的难度系数；σ_R^2 表示 $\boldsymbol{R}$ 服从的正态分布的方差；$\langle \boldsymbol{U}_i^t, \boldsymbol{V}_j \rangle$ 表示 $\boldsymbol{U}_i^t$ 和 $\boldsymbol{V}_j$ 的点积；I_{ij}^i 表示时间窗口学习者 i 是否做对题目 j（1 表示做对，0 表示未做对）。

对于 $\boldsymbol{V}$ 矩阵的计算方式如下：

$$
\begin{aligned}
\ln P(\boldsymbol{V} \,|\, D_T) &= \ln \prod_{(j,q,p)\in D_T} P(>_j^+ |\boldsymbol{V})P(\boldsymbol{V}) \\
&= \sum_{j=1}^{M} \sum_{q=1}^{K} \sum_{p=1}^{K} I(q >_j^+ P) \ln \frac{1}{1+\mathrm{e}^{-(V_{jq}-V_{jp})}} - \frac{1}{2\sigma_V^2} \|\boldsymbol{V}\|_{\mathrm{F}}^2
\end{aligned}
\tag{5.11}
$$

式中，$>_j^+$ 表示偏序，如 $q >_j^+ p$，if $Q_{jq}=1$ and $Q_{jp}=0$ 表示对于题目 j，如果一个知识点 q 被标记为 1，那么我们假设 q 与练习 j 的相关性比所有其他标记为 0 的知识点更相关；D_T 是通过 $\boldsymbol{Q}$ 矩阵获得的一组集合，集合中的每一组元素 (j,q,p) 表示题目 j 包含知识点 q 但是未包含知识点 p，D_T 可由下面公式计算得到

$$
D_T = \left\{ (j,q,p) \,\middle|\, q >_j^+ p \right\}
\tag{5.12}
$$

式中，$q >_j^+ p$，满足 $Q_{jq}=1$ 且 $Q_{jp}=0$。

基于记忆与遗忘曲线理论，KPT 提出了两个假设，首先，如果学习者对于某个知识点的试题学习得越多，那么学习者对于该知识点的掌握越牢固；其次，随着时间的流逝，学习者会渐渐遗忘知识点，基于这两个假设 KPT 对于 $\boldsymbol{U}$ 矩阵建模方式如下：

$$
P(U_i^t) = N(\boldsymbol{U}_i^t \,|\, \bar{\boldsymbol{U}}_i^t, \sigma_U^2 \boldsymbol{I})
\tag{5.13}
$$

$$
\bar{\boldsymbol{U}}_i^t = \left\{ \bar{U}_{i1}^t, \bar{U}_{i2}^t, \cdots, \bar{U}_{iK}^t \right\}
\tag{5.14}
$$

$$
\bar{U}_{ik}^t = \alpha_i l^t(*) + (1-\alpha_i) f^t(*)
\tag{5.15}
$$

式中，$l^t(*)$ 表示学习者在 t 时间窗口进行若干试题后的记忆因素，用于不断的练习，记录学习者对于知识掌握的提升情况；$f^t(*)$ 表示 t 时间窗口的遗忘因素；α_i 用于平衡遗忘因素与记忆因素，同时捕获到学习者的学习能力，也表示知识熟练度随着时间递增的衰减情况。l^t 和 f^t 的具体表示如下：

$$
l^t(*) = U_{ik}^{t-1} \frac{D \cdot f_k^t}{f_k^t + r}
\tag{5.16}
$$

$$
f^t(*) = U_{ik}^{t-1} \mathrm{e}^{-\frac{t}{s}}
\tag{5.17}
$$

式中，f_k^t 为学习者在时间窗口 t 对于知识点 k 的练习频率；r 和 D 为两个超参数，用于控制知识掌握提升的规模；t 为当前时刻与 $t-1$ 时间窗口的时间间隔；S 为用于表示记忆强度的超参数。

由于在 $t=1$ 时间窗口并不知道学习者的初始知识水平，所以 KPT 模型假设其服从零均值高斯分布，最终表示用户知识掌握程度矩阵 $\boldsymbol{U}$ 可由下面公式计算得到：

$$P(\boldsymbol{U}|\ \sigma_U^2, \sigma_{U_1}^2) = \prod_{i=1}^{N} N(\boldsymbol{U}_i^1|0, \sigma_{U_1}^2 \boldsymbol{I}) \prod_{t=2}^{T} N(\boldsymbol{U}_i^t|\bar{\boldsymbol{U}}_i^t, \sigma_U^2 \boldsymbol{I}) \tag{5.18}$$

KPT 模型的优化目标如下：

$$\begin{aligned}
\min_{\Phi} \varepsilon(\Phi) = &\frac{1}{2} \sum_{t=1}^{T} \sum_{i=1}^{N} \sum_{j=1}^{M} I_{ij}^t \left(\hat{R}_{ij}^t - R_{ij}^t \right)^2 - \lambda_P \sum_{j=1}^{M} \sum_{q=1}^{K} \sum_{p=1}^{K} I(q >_j^+ p) \ln \frac{1}{1 + e^{-(V_{jq} - V_{jp})}} \\
&+ \frac{\lambda_V}{2} \sum_{i=1}^{M} \|\boldsymbol{V}_i\|_F^2 \frac{\lambda_U}{2} \sum_{t=2}^{T} \sum_{i=1}^{N} \|\bar{\boldsymbol{U}}_i^t - \boldsymbol{U}_i^t\|_F^2 \frac{\lambda_1}{2} \sum_{i=1}^{N} \|\boldsymbol{U}_i^1\|_F^2
\end{aligned} \tag{5.19}$$

式中，$\lambda_U = \dfrac{\sigma^2}{\sigma_U^2}$，$\lambda_V = \dfrac{\sigma^2}{\sigma_V^2}$；$\sigma_U^2$ 表示 $\boldsymbol{U}$ 服从正态分布的方差，σ_V^2 表示 $\boldsymbol{V}$ 服从正态分布的方差。

基于概率模型的知识追踪方法主要分为基于贝叶斯的知识追踪和基于矩阵分解的知识追踪。基于概率模型的知识追踪方法模型结构简洁，且能够较好地结合学习中的认知加工原理，具有较强的可解释性，但此类模型无法抽象出未定义的知识点，同时模型的简单性使得它无法很好地模拟出知识点状态更新的过程，当遇到数据量大的场景时，其表现效果不佳。

5.4　本章小结

本章对知识追踪的内涵、方法的发展以及几种基于概念模型的知识追踪模型进行了系统的介绍和深入分析。首先，我们详细阐述了知识追踪的定义和基本概念，强调了其在教育中的重要性和广泛应用场景。知识追踪通过跟踪学生在学习过程中的知识状态变化，能够为个性化教学提供精准的数据支持，有助于提高教学效率和学生的学习效果。

接着，我们回顾了知识追踪方法的发展历程。从传统的贝叶斯知识追踪模型到现代的概率矩阵分解算法，再到结合机器学习和深度学习的新型方法，知识追踪技术在不断演进和创新。我们特别强调了计算技术的发展对知识追踪方法的推动作用，使得模型能够处理更复杂的数据，提供更精确的预测。

在基于概念模型的知识追踪模型部分，我们详细介绍了几种重要的模型。传统贝叶斯知识追踪模型通过概率图方法建模学生的知识状态，具有良好的可解释性，但在处理高维数据时存在局限。原始概率矩阵分解算法通过矩阵分解技术，能够捕捉学生与题目之间的潜在关系，提高了模型的预测性能。然而，原始算法在应对复杂的知识结构时仍有改进空间。为此，我们讨论了几种改进的概率矩阵分解算法，这些改进方法通过引入更多的先验知识和优化算法，提高了知识状态建模的准确性和鲁棒性。

　　综上所述，本章全面介绍了知识追踪的基本概念、方法发展及其应用模型。知识追踪作为教育数据挖掘的重要工具，在建模学生学习轨迹上发挥了关键作用，能够帮助教育者精准识别学生的学习需求和薄弱环节，从而制定更加有效的教学策略和个性化的学习方案。随着计算技术和数据挖掘方法的进一步发展，知识追踪技术将在提高教育效果和学生学习体验方面发挥越来越重要的作用。

第 6 章　深度动态认知诊断

6.1　基于循环神经网络的动态认知诊断方法

伴随深度学习在图像识别、自然语言处理等领域的突破性进展，越来越多学者开始采用机器学习与深度学习技术来解决教育领域的问题。基于概率的传统动态认知诊断方法在处理大数据时表现效果不佳，促使学者开始尝试新的深度学习技术来解决以上问题。而 Piech 等首次将循环神经网络（RNN）方法引入以知识追踪为代表的动态认知诊断模型，创新性地将学习者的试题与反应拼接在一起，通过 RNN 来追踪学习者的知识状态。随后，又有很多学者基于 RNN 提出多种模型变体。接下来，我们将介绍深度知识追踪（DKT）、动态键-值记忆网络（dynamic key-value memory networks，DKVMN）、遗忘行为增强知识追踪（DKT+forget）模型、练习感知的知识追踪（EKT）、学习过程一致性知识追踪（learning process consistent knowledge tracing，LPKT）[131]五种模型。

6.1.1　深度知识追踪

随着深度学习技术的进步，Piech 等将 RNN 方法引入知识追踪模型，提出了 DKT。DKT 使用的是基于 RNN 的深度模型，其表现效果明显地优于概率模型。DKT 也同样是根据学习者历史的试题答题情况，对学习者知识状态进行建模，追踪学习者对知识点的掌握情况。模型的输入是学习者的历史答题情况，输出是学习者对接下来所有题目答对答错的概率，即预测学习者对所有知识点的掌握程度。

具体来说，DKT 采用学习者的试题与反应形成二元组 $x_t = \{q_t, r_t\}$，将两个变量合并为一个变量，然后使用 RNN 中的 LSTM [132]方法来追踪其隐藏状态（代表学习者的知识状态）随着时间变化的过程，并用向量来表示学习者的知识状态。DKT 模型可以根据学习者的历史序列，即较长时间之前的学习者反应，来综合判断学习者当前时刻的知识掌握水平，LSTM 方法中的遗忘门被用来模拟学习者的遗忘规律，即学习者的知识掌握程度随着时间的推移而逐渐降低，如图 6.1 所示。

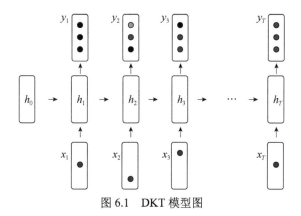

图 6.1　DKT 模型图

　　总而言之，DKT 是将以 RNN 为代表的深度学习技术引入知识追踪模型的开创性方法。DKT 在学习者知识状态表征及学习者表现预测方面都优于基于概率模型的知识追踪，打破了知识之间的独立性，在隐藏空间中建模了学习者对多个知识点的综合状态，不局限于一阶马尔可夫的性质，可以对学习者的学习过程进行长期的时序建模。但 DKT 模型采用知识点来表示试题，无法捕捉包含相同知识点的试题之间的差异性，同时，DKT 模型需要大量学习者反应数据来训练模型，其可解释性不佳。

6.1.2　动态键-值记忆网络

　　DKT 及其变体等模型用的是 RNN 对学习者的知识状态进行建模，这种建模方式用高维连续的向量空间表示来模拟知识状态，其非线性转换使得 DKT 的表达能力比贝叶斯知识追踪（BKT）强，但这种建模方式仅使用一个隐藏向量来表示其知识掌握程度，导致了 DKT 模型无法输出学习者对具体概念的掌握情况。为了解决上述问题，本节提出了 DKVMN，其模型如图 6.2 所示。DKVMN 是受到记忆增强神经网络（MANN）[133]启发而提出的，该模型采用一个静态矩阵存储所有的知识概念，同时用一个动态矩阵存储及更新学习者对于概念的掌握程度，因此 DKVMN 模型在追踪不同概念的掌握状态的同时能够捕捉不同概念之间的关系。其贡献包括：基于MANN 提出一种新的具有一个静态值矩阵和一个动态值矩阵的 DKVMN 模型，DKVMN 能够更好地模拟学习者的学习过程，还能自动地发现概念。DKVMN 在一个合成数据集与三个真实数据集上验证了其性能优于 BKT 和 DKT。

　　（1）相关权重 $w_t(i)$。首先将输入的试题 q_t 乘以嵌入矩阵 A（大小为 $Q \times d_v$），得到维数为 d_v 的连续嵌入向量 k_t；然后通过取 k_t 与 $M^k(i)$ 之间的内积，用 Softmax 函数激活：

$$w_t(i) = \mathrm{Softmax}(k_t^\mathrm{T} M^k(i)) \tag{6.1}$$

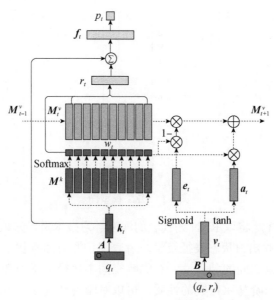

图 6.2　DKVMN 模型图

（2）读取信息过程。首先是计算学习者对试题的掌握水平 r_t，r_t 是动态矩阵中所有 $M_t^v(i)$ 的加权和：

$$r_t = \sum_{i=1}^{N} w_t(i) M_t^v(i) \tag{6.2}$$

考虑到每个试题都有其难度，将 r_t 与 k_t 联合，并通过一个全连接层，采用 tanh 激活函数来获得向量 f_t，f_t 包含学习者的掌握水平和试题的难度：

$$f_t = \tanh(W_1^T [r_t, k_t] + b_1) \tag{6.3}$$

式中，b_1 表示偏差。然后，f_t 经过一个全连接层采用 Sigmoid 激活函数来预测学习者的作答表现：

$$p_t = \text{Sigmoid}(W_2^T f_t + b_2) \tag{6.4}$$

（3）写入信息过程。学习者回答问题 q_t 后，模型将根据学习者回答的正确性更新动态矩阵。将元组 (q_t, r_t) 嵌入大小为 $2Q \times d_v$ 的嵌入矩阵 B，以获得学习者在完成试题后的知识增长 v_t。当将学习者的知识增长写入值矩阵时，首先删除内存，然后再添加新信息。擦除向量 e_t 由 v_t 计算得到

$$e_t = \text{Sigmoid}(E^T v_t + b_e) \tag{6.5}$$

式中，变换矩阵 E 的大小为 $d_v \times d_v$；e_t 是列向量，列中的大小为 0～1。前一时刻值组件中的记忆向量被修改为

$$\tilde{M}_t^v(i) = M_{t-1}^v(i)(1 - w_t(i) e_t) \tag{6.6}$$

擦除之后，用长度为 d_v 的向量 $\boldsymbol{a}_t$ 来更新每一个记忆插槽：

$$\boldsymbol{a}_t = \tanh(\boldsymbol{D}^{\mathrm{T}}\boldsymbol{v}_t + \boldsymbol{b}_a)^{\mathrm{T}} \tag{6.7}$$

式中，变换矩阵 $\boldsymbol{D}$ 的大小为 $d_v \times d_v$；$\boldsymbol{a}_t$ 为一个行向量，在每一次 t 时刻，值记忆被更新：

$$\boldsymbol{M}_t^v(i) = \tilde{\boldsymbol{M}}_{t-1}^v(i) + w_t(i)\boldsymbol{a}_t \tag{6.8}$$

（4）计算损失。在训练过程中，通过 p_t 和实际标记 r_t 采用标准交叉熵损失来学习嵌入矩阵 $\boldsymbol{A}$ 和 $\boldsymbol{B}$ 及其他参数 $\boldsymbol{M}^k$ 和 $\boldsymbol{M}^v$ 的初始值：

$$\mathcal{L} = -\sum_t (r_t \ln(p_t) + (1-r_t)\ln(1-p_t)) \tag{6.9}$$

基于 DKVMN 的知识追踪能够随着时间的推移来追踪学习者在多个隐性概念上的掌握情况，解决了 DKT 模型中只用一维隐藏向量来表示知识状态存在的局限性问题。同时，DKVMN 模型可以用于挖掘试题与概念之间的关联，以此来追踪学习者对不同隐性概念的掌握状态。而且，在真实数据中广泛的实验结果表明，DKVMN 的性能优于标准的 MANN 模型和 DKT 模型，且其可以在参数较少的情况下产生更好的结果。

6.1.3 遗忘行为增强知识追踪模型

虽然一些研究在对学习者的知识建模时考虑了学习者的遗忘[134, 135]规律，但这些模型要么只考虑了遗忘的部分信息，要么考虑了遗忘的多个特征但忽略了学习者的学习序列。因此，知识追踪任务中亟须通过充分地考虑学习者的遗忘行为来对他们的知识进行建模和预测[136]。

基于此问题，Nagatani 等提出了基于遗忘行为增强知识追踪（DKT+forget）模型，它在 DKT 模型的基础上，通过使用多个遗忘特征显式地建模遗忘行为，使得知识跟踪模型能够同时考虑学习序列和遗忘行为。具体来说，通过使用多个与遗忘有关的特征对遗忘行为进行显式建模，扩展了 DKT 模型，同时考虑了学习序列和遗忘行为。通过结合与遗忘相关的多种类型的信息来考虑遗忘从而扩展了 DKT 模型。

遗忘行为增强知识追踪模型结构图如图 6.3 所示。三种遗忘特征如图 6.4 所示，通过将与遗忘相关的信息加入模型的两个空间：RNN 的输入和输出空间，从而扩展了 DKT。

1. 与遗忘相关的特征

早期的研究表明，学习者的遗忘与学习者上次学习所间隔的时间及学习者学习的次数有关。因此，遗忘行为增强知识追踪模型考虑了以下三个遗忘特征。

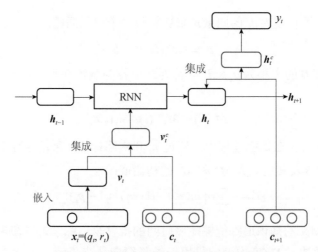

图 6.3　遗忘行为增强知识追踪模型结构图

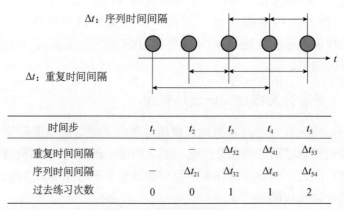

时间步	t_1	t_2	t_3	t_4	t_5
重复时间间隔	−	−	Δt_{32}	Δt_{41}	Δt_{53}
序列时间间隔	−	Δt_{21}	Δt_{32}	Δt_{43}	Δt_{54}
过去练习次数	0	0	1	1	2

图 6.4　三种遗忘特征

（1）重复时间间隔：距离用户上次学习该知识点的时间间隔。

（2）序列时间间隔：用户上次学习的时间间隔，与交互的技能序号无关。

（3）过去练习次数：学习者回答具有相同技能序号的问题的次数。

2. 建模

为了模拟学习者的知识过程，该模型使用一个可训练的嵌入矩阵 A 来计算交互向量 x_t 的嵌入向量 v_t。此外，该模型通过将遗忘的三个特征表示为 one-hot 向量并拼接起来，从而引入与遗忘有关的信息 c_t。在进入 RNN 之前，将嵌入向量 v_t 和遗忘特征向量 c_t 进行集成：

$$v_t^c = \theta^{\text{in}}(v_t, c_t) \tag{6.10}$$

式中，θ^{in} 为输入集成函数，它将遗忘信息集成到学习者的知识状态中。然后，学习者

的知识状态向量 $\boldsymbol{h}_t$ 用集成输入 $\boldsymbol{v}_t^c$ 和学习者先前知识状态 $\boldsymbol{h}_{t-1}$ 进行更新：

$$\boldsymbol{h}_t = \phi\left(\boldsymbol{v}_t^c, \boldsymbol{h}_{t-1}\right) \tag{6.11}$$

式中，ϕ 表示更新函数。

同样，在预测学习者成绩的过程中，该模型将下一个时间步 $t+1$ 时的遗忘信息 $\boldsymbol{c}_{t+1}$ 与更新后的学习者的知识状态向量 $\boldsymbol{h}_t$ 进行集成：

$$\boldsymbol{h}_t^c = \theta^{\text{out}}\left(\boldsymbol{h}_t, \boldsymbol{c}_{t+1}\right) \tag{6.12}$$

式中，θ^{out} 为输出集成函数，它将遗忘信息引入预测过程中。随后，该模型基于更新后的学习者的知识状态 $\boldsymbol{h}_t^c$ 预测正确回答所有技能 $\boldsymbol{y}_t \in \mathbf{R}^Q$ 的概率：

$$\boldsymbol{y}_t = \sigma\left(\boldsymbol{b}^{\text{out}} + \boldsymbol{W}^{\text{out}}\boldsymbol{h}_t^c\right) \tag{6.13}$$

式中，$\boldsymbol{W}^{\text{out}}$ 表示输出层的权重；$\boldsymbol{b}^{\text{out}}$ 表示输出层的残差系数。

3. 集成方式

本节使用了以下四种集成方法。

（1）拼接：

$$\theta^{\text{in}}(\boldsymbol{v}_t, \boldsymbol{c}_t) = [\boldsymbol{v}_t; \boldsymbol{c}_t]$$

（2）矩阵乘：

$$\theta^{\text{in}}(\boldsymbol{v}_t, \boldsymbol{c}) = \boldsymbol{v}_t \odot \boldsymbol{C}\boldsymbol{c}_t$$

式中，$\boldsymbol{C}$ 表示可训练的变换矩阵，$\odot$ 表示逐元素乘法。

（3）拼接+矩阵乘：

$$\theta^{\text{in}}(\boldsymbol{v}_t, \boldsymbol{c}_t) = [\boldsymbol{v}_t \odot \boldsymbol{C}\boldsymbol{c}_t; \boldsymbol{c}_t]$$

（4）双向交互编码：

$$\theta^{\text{in}}(\boldsymbol{v}_t, \boldsymbol{c}_t) = \sum_i \sum_{j \neq i} \boldsymbol{z}_i \odot \boldsymbol{z}_j, \quad \boldsymbol{z}_i \in \left\{\boldsymbol{v}_t, \boldsymbol{C}_i \boldsymbol{c}_t^i \mid \boldsymbol{c}_t^i \neq 0\right\}$$

4. 模型训练

通过计算正确回答下一个问题 q_{t+1} 的预测概率和真实标签 a_{t+1} 之间的标准交叉熵损失来学习模型参数：

$$\mathcal{L} = -\sum \left(a_{t+1}\ln(\boldsymbol{y}_t^{\text{T}}\delta(q_{t+1})) + (1-a_{t+1})\ln(1 - \boldsymbol{y}_t^{\text{T}}\delta(q_{t+1}))\right) \tag{6.14}$$

式中，$\delta(q_{t+1})$ 为时间步 $t+1$ 时所回答问题的 one-hot 向量。

该方法对 DKT 模型进行了扩展，将与学习者遗忘相关的信息纳入模型中。与 DKT 模型相比，该方法在两个真实数据集上获得了更好的预测性能，实验结果发现，融合遗忘信息的模型预测性能会更好。

6.1.4　练习感知的知识追踪

传统知识追踪方法只能利用学习者的试题记录来预测学习者在未来试题上的反

应。为了更精确的预测学习者表现并获取知识状态的可解释性，提取试题内容材料中的丰富信息（如知识概念、试题内容）仍有待探索。图 6.5 呈现了知识追踪场景的一个实例，左侧展示了一个学习者在 $e_1 \sim e_4$ 四道题目上的做题情况；右侧分别展示了每一道题涉及的知识点，分别是函数（function）、概率（probability）、不等式（inequality）等。给定一个学习者 s_1 的做题序列：（e_1, e_2, e_3, e_4），将其作为输入，预测学习者在下一道题 e_5 上的做题表现。知识追踪只知道 e_1 和 e_3 两道题都做对了，但是可以从图 6.5 右侧看出习题 e_3 的难度明显地高于习题 e_1，这就造成了一种信息丢失（information loss），即无法充分地利用试题材料及其内容。

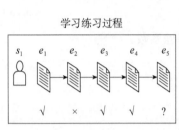

学习练习过程

练习	练习内容	知识概念
e_1	若函数 $f(x)=x^2-2x+2$ 且 $x \in [0,3]$，则 $f(x)$ 的取值范围是多少？	函数
e_2	若从集合 $\{1,2,3,4\}$ 中随机且不重复地选取 4 个数字，则 4 个数按升序被选取的概率是多少？	概率
e_3	关于方程 $y=2\times|4\times x-4|-10$ 的图像在 y 轴上的截距是多少？	函数
e_4	不等式 $\dfrac{2x-1}{x+2} \leq 3$ 的解集是？	不等式
e_5	已知函数 $f(x)=2x-2$，且 $\dfrac{2x-1}{3x+2} \leq 4$，求 $f(x)$ 的取值范围	函数，不等式

图 6.5 学习者练习过程

基于此问题，Liu 等根据学习者的试题记录及相应试题的文本内容，提出了 EKT 框架，设计了一个双向 LSTM，用 RNN 来跟踪学习者状态向量，并且在此基础上设计了两种实现，即具有马尔可夫性质的神经网络（EKT with Markov property，EKTM）和具有注意机制的神经网络（EKT with attention mechanism，EKTA）。EKT 的主要创新点如下：EKT 采用了一种统一的方式从语义的角度自动理解和表示试题的特征；EKT 考虑到学习者未来的表现在很大程度上取决于他们长期的历史学习，尤其是他们的重要知识状态，因此 EKT 跟踪了学习者的历史重点信息；EKT 还解决了学习者成绩预测的任务通常会遇到的冷启动问题。

EKT 设计的框架及其两种实现需要完成的两个任务如下所示。

（1）预测学习者下一个习题 e_{T+1} 的答题成绩 r_{T+1}。

（2）跟踪学习者的知识状态的变化，估计学习者从第 1 步到第 T 步的所有 K 个知识概念的掌握程度。

学习者练习过程记录为

$$s = \{(e_1, r_1), (e_2, r_2), \cdots, (e_T, r_T)\} \tag{6.15}$$

$$e = \{w_1, w_1, \cdots, w_M\} \tag{6.16}$$

$$s = \{(k_1, e_1, r_1), (k_2, e_2, r_2), \cdots, (k_T, e_T, r_T)\} \tag{6.17}$$

图 6.6 为试题增强的知识追踪框架图。

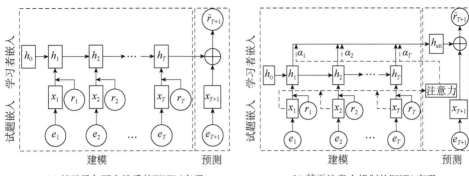

(a) 基于马尔可夫性质的EKTM实现　　　　(b) 基于注意力机制的EKTA实现

图 6.6　试题增强的知识追踪框架图

图 6.6（a）为基于马尔可夫性质的 EKTM 实现，图 6.6（b）为基于注意力机制的 EKTA 实现。

1. 试题嵌入

该部分是图 6.7 中 e_i 到 x_i 部分的嵌入。

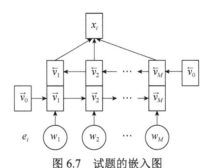

图 6.7　试题的嵌入图

EKT 在试题嵌入部分采用的是双向 LSTM，因为传统单向的 LSTM 只能通过单向网络学习每个单词的表示，只能利用某嵌入单词之前的信息，并不能充分地利用未来在试题中进行嵌入的单词信息，所以为了充分地利用每个试题的上下文词汇信息，构建了此双向 LSTM。嵌入过程采用 Word2Vec 将试题 e_i 中每个单词 w_M 转化为预训练的单词向量，初始化后，根据前一个隐藏状态 v_{m-1} 更新当前单词 w_M 的隐藏状态 v_M。

嵌入过程公式：

$$i_m = \sigma(\boldsymbol{Z}_{wi}^E w_m + \boldsymbol{Z}_{vi}^E v_{m-1} + \boldsymbol{b}_i^E) \tag{6.18}$$

$$f_m = \sigma(\boldsymbol{Z}_{wf}^E w_m + \boldsymbol{Z}_{vf}^E v_{m-1} + \boldsymbol{b}_f^E) \tag{6.19}$$

$$o_m = \sigma(\boldsymbol{Z}_{wo}^E w_m + \boldsymbol{Z}_{vo}^E v_{m-1} + \boldsymbol{b}_o^E) \tag{6.20}$$

$$c_m = f_m \cdot c_{m-1} + i_m \cdot \tanh(\boldsymbol{Z}_{wc}^E w_m + \boldsymbol{Z}_{vc}^E v_{m-1} + \boldsymbol{b}_c^E) \tag{6.21}$$

$$v_m = o_m \cdot \tanh(c_m) \tag{6.22}$$

和传统的 LSTM 公式基本类似，i 为输入门（input），f 为 forget 忘记门，o 为输出门（output），c 为 cell 记忆细胞，可以根据以上嵌入过程公式更新 v_m。特别说明：当 w_2 单词进行嵌入时，v_2 隐藏层正向的更新依赖于 w_2 的嵌入及前一个隐藏层正向 v_1。同样地，当 w_2 单词进行嵌入时，v_2 隐藏层反向的更新依赖于 w_2 的嵌入及后一个隐藏层反向 v_3。所以总体 v_m 计算方式为

$$v_m = \text{Concat}\,(\vec{v}_m, \overleftarrow{v}_m) \tag{6.23}$$

式中，Concat 表示将两个矩阵拼接在一起；$\vec{v}_m$、$\overleftarrow{v}_m$ 分别表示正向和反向。最后对 x_i 进行计算后嵌入网络当中：

$$x_i = \max\,(v_1, v_2, \cdots, v_M) \tag{6.24}$$

以上就完成了一次试题嵌入。

2. 学习者嵌入

该部分是图 6.7 中 x_i 加上 r_i 得到 $\tilde{x}_t$ 的过程。学习者嵌入输入为 $s = \{(x_1, r_1), (x_2, r_2), \cdots, (x_T, r_T)\}$，学习者对于该题目的做题结果是已知的并且将其输入到这个 EKT 网络当中。通常，学习者做对了这道题，即 $r_T = 1$，做错了，即 $r_T = 0$。$\tilde{x}_t$ 为上一步试题嵌入后拿到的 x_i 与本试题的作答情况 r_T 加和。至此完成了一次学习者嵌入，如下：

$$\tilde{x}_t = \begin{cases} [x_t \oplus \mathbf{0}], & r_t = 1 \\ [\mathbf{0} \oplus x_t], & r_t = 0 \end{cases} \tag{6.25}$$

隐藏层学习者状态的计算方式为

$$h_t = \text{RNN}(\tilde{x}_t, h_{t-1}; \theta_h) \tag{6.26}$$

式中，h_{t-1} 为前一时刻知识状态；θ_h 为 RNN 中可学习的参数。具体计算公式为

$$i_t = \sigma(\mathbf{Z}_{\tilde{x}i}^S \tilde{x}_t + \mathbf{Z}_{hi}^S h_{t-1} + \mathbf{b}_i^S) \tag{6.27}$$

$$f_t = \sigma(\mathbf{Z}_{\tilde{x}f}^S \tilde{x}_t + \mathbf{Z}_{hf}^S h_{t-1} + \mathbf{b}_f^S) \tag{6.28}$$

$$o_t = \sigma(\mathbf{Z}_{\tilde{x}o}^S \tilde{x}_t + \mathbf{Z}_{ho}^S h_{t-1} + \mathbf{b}_o^S) \tag{6.29}$$

$$c_t = f_t \cdot c_{t-1} + i_t \cdot \tanh(\mathbf{Z}_{\tilde{x}c}^S \tilde{x}_t + \mathbf{Z}_{hc}^S h_{t-1} + \mathbf{b}_c^S) \tag{6.30}$$

$$h_t = o_t \cdot \tanh c_t \tag{6.31}$$

式中，$\mathbf{Z}$ 矩阵为权重矩阵，特别地，当学习者做对这道题时，将 $\mathbf{Z}$ 矩阵定义为正（positive）权重矩阵并进行计算；相反，当学习者做错这道题时，将 $\mathbf{Z}$ 矩阵定义为负（negative）权重矩阵并进行计算。该公式与传统 LSTM 中公式一致。

3. 成绩预测过程

当进行试题嵌入与学习者嵌入后，更新每一步的隐藏层中的学习者状态 h_t。当

一个新的习题 e_{T+1} 到来时，对这道题的做题情况进行预测，并计算该题得分 $\tilde{r}_{T+1}$：

$$y_{T+1} = \text{ReLU}(\boldsymbol{W}_1 \cdot [h_T \oplus x_{T+1}] + \boldsymbol{b}_1) \tag{6.32}$$

$$\tilde{r}_{T+1} = \sigma(\boldsymbol{W}_2 \cdot y_{T+1} + \boldsymbol{b}_2) \tag{6.33}$$

式中，$\boldsymbol{W}$ 为权重。激活函数为

$$\sigma(x) = \frac{1}{1 + \text{e}^{-x}} \tag{6.34}$$

但是，对当前习题 e_{T+1} 进行预测时，仅仅基于上一个隐藏层学习者状态的影响，往往会忽略历史试题中某道重要习题的影响。基于此，本节提出了基于注意力机制的 EKTA 实现，用余弦相似性衡量每一项试题重要性的注意力分数 α_j，并用学习者注意状态向量 h_{att} 替换掉 EKTM 中的 h_T。

其计算公式为

$$h_{\text{att}} = \sum_{j=1}^{T} \alpha_j h_j, \quad \alpha_j = \cos(x_{T+1}, x_j) \tag{6.35}$$

基于注意力机制的 EKTA 实现进行成绩预测的公式与 EKTM 一致，唯一不同的是 EKTA 用 h_{att} 替换掉 EKTM 中的 h_T 进行计算。EKT 网络中需要更新的参数包括：试题嵌入、学习者嵌入、预测输出各模块中需要更新的参数，分别为 $\{Z_w^E, Z_v^E, b_*^E\}$、$\{Z_x^S, Z_h^S, b_*^S\}$、$\{W_*, b_*\}$。

损失函数为

$$\mathcal{L} = -\sum_{j=1}^{T} (r_t \ln \tilde{r}_t + (1 - r_t) \ln(1 - \tilde{r}_t)) \tag{6.36}$$

通过试题嵌入，注意力分数 α_j 不仅从句法角度衡量试题之间的相似性，而且从语义角度捕捉相关性（如难度相关性）。

EKT 在完成知识追踪两项任务的过程中，纳入了每个试题中存在的知识概念信息，既能有效地处理学习者在未来练习中的表现问题，也解决了无法跟踪学习者在多个明确概念上的知识状态的问题。EKT 设计了具有马尔可夫性质的 EKTM 和具有注意机制的 EKTA。相对而言，EKTA 可以跟踪学习者历史上的重点信息进行预测，这比 EKTM 要好。最后，EKT 在一个大规模的真实世界数据集上进行了广泛的实验，结果证明了 EKT 结果的有效性和可解释性。

6.1.5　学习过程一致性知识追踪

现有的知识追踪方法大多追求学习者成绩预测的高准确性，而忽视了学习者知识状态的变化与学习过程的一致性。在 DKT 模型中，一旦学习者回答错了，便会认为其对相应知识概念的知识状态就会下降。但这并不符合认知理论，因为即使学习者答错了，他们也能获得知识。以往的研究指出，错误被视为学习过程中的自然因素，学习者可以从错误中学习，并通过良好的错误氛围促进学习进步。因此，需

要在知识追踪中保持学习者学习过程的一致性，对正确和错误的学习交互给予同等重视。基于此问题，Liu 等提出了学习过程一致性知识追踪（LPKT）方法，通过建模学习者的学习过程来评估学习者的知识状态。LPKT 主要贡献为将学习过程中的基本学习单元定义为一个元组（试题-答题时间-答题），相邻单元之间用间隔时间分隔，使得学习单元更能反映完整的学习过程。LPKT 设计了一个学习门来控制学习者对知识的吸收能力，还针对学习过程中普遍存在的遗忘现象，设计了一个遗忘门，以确定知识状态随时间的减少，从而实现了通过模拟学习者的学习过程来评估学习者知识状态。

LPKT 模型结构如图 6.8 所示，在每个学习步骤中其由三个模块组成：①学习模块；②遗忘模块；③预测模块。在学习者回答了一个试题后，学习模块将学习者的学习收获与之前的学习互动进行建模。遗忘模块用来测量随着时间的推移会遗忘多少知识，然后利用学习所得和遗忘的知识来更新学习者之前的知识状态，达到最新的知识状态。最后，预测模块根据学习者的最新知识状态，预测学习者在下一题中的表现。

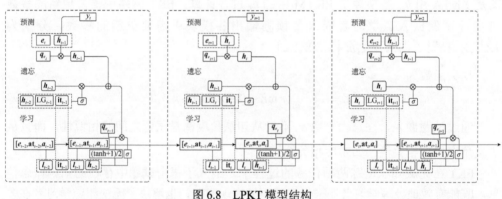

图 6.8　LPKT 模型结构

1. 学习模块

在 LPKT 中，通过连接学习者之前的学习嵌入 l_{t-1} 来实现学习收获的建模，并将学习嵌入 l_t 作为 LPKT 的基本输入元素。学习嵌入 l_t 通过采用一个多层感知器（multilayer perceptron，MLP）对试题嵌入 e_t、作答时间 $\mathbf{at}_t$、答案嵌入 a_t 进行深度融合：

$$l_t = W_1^{\mathrm{T}}(e_t \oplus \mathbf{at}_t \oplus a_t) + b_1$$

同时，将两个影响学习增益的因素（学习间隔时间 $\mathbf{it}_t$ 和学习者之前的知识状态 $\tilde{h}_{t-1}$）纳入 LPKT 中。对于之前时刻的知识状态，需要将重点放在和当前试题相关的知识点的知识状态上：

$$\tilde{\boldsymbol{h}}_{t-1} = \tilde{\boldsymbol{q}}_{e_t} \cdot \boldsymbol{h}_{t-1}$$

共同将学习收益 $\lg_t$ 建模为

$$\lg_t = \tanh(\boldsymbol{W}_2^{\mathrm{T}}(\boldsymbol{l}_{t-1} \oplus \mathbf{it}_t \oplus \boldsymbol{l}_t \oplus \tilde{\boldsymbol{h}}_{t-1}) + \boldsymbol{b}_2)$$

由于并不是所有的学习收益都能完全转化为学习者知识的增长，所以设计学习门来控制学习者对知识的吸收能力：

$$\varGamma_t^l = \sigma(\boldsymbol{W}_3^{\mathrm{T}}(\boldsymbol{l}_{t-1} \oplus \mathbf{it}_t \oplus \boldsymbol{l}_t \oplus \tilde{\boldsymbol{h}}_{t-1}) + \boldsymbol{b}_3)$$

然后，将这些值相乘，以获得第 t 次学习交互中实际学习的收益 LG_t。同样，计算试题 q_{e_t} 相关知识概念的学习收获，得到相关学习收获 $\widetilde{\mathrm{LG}}_t$：

$$\mathrm{LG}_t = \varGamma_t^l \cdot ((\lg_t + 1) / 2)$$

$$\widetilde{\mathrm{LG}}_t = \boldsymbol{q}_{e_t} \cdot \mathrm{LG}_t$$

应用一个线性变换 $((\lg_t + 1) / 2)$ 保证学习收获总是大于 0，符合学习者可以在每个学习交互中不断地获取知识的假设。

2. 遗忘模块

根据遗忘曲线理论[137]，被记住的学习材料的数量会随着时间呈指数衰减。基于三个因素：学习者的先前知识状态 $\boldsymbol{h}_{t-1}$、学习者目前的学习收益 LG_t 和间隔时间 $\mathbf{it}_t$ 来设计遗忘门。

$$\varGamma_t^f = \sigma(\boldsymbol{W}_4^{\mathrm{T}}(\boldsymbol{h}_{t-1} \oplus \mathrm{LG}_t \oplus \mathbf{it}_t) + \boldsymbol{b}_4)$$

然后，通过将遗忘门 $\varGamma_t^f$ 乘以 $\boldsymbol{h}_{t-1}$ 来消除遗忘的影响，学习者完成第 t 次学习交互后的知识状态 $\boldsymbol{h}_t$ 将更新为

$$\boldsymbol{h}_t = \widetilde{\mathrm{LG}}_t + \varGamma_t^f \cdot \boldsymbol{h}_{t-1}$$

3. 预测模块

通过得到的学习者学习互动后的知识状态，使用 $\tilde{\boldsymbol{h}}_t$ 来预测学习者在下一个试题 e_{t+1} 中的表现。

$$y_{t+1} = \sigma(\boldsymbol{W}_5^{\mathrm{T}}(\boldsymbol{e}_{t+1} \oplus \tilde{\boldsymbol{h}}_t) + \boldsymbol{b}_5)$$

输出 y_{t+1} 取值范围为 $(0,1)$，表示该学习者在下一个试题 e_{t+1} 中的预期成绩。进一步设置一个阈值来判断该学习者是否能正确回答 e_{t+1}，即当 y_{t+1} 大于阈值时，该学习者能正确回答 e_{t+1}，否则，为错误答案。

4. 目标函数

为了学习 LPKT 中的所有参数，选择预测与实际答案之间的交叉熵对数损失作为目标函数：

$$L(\theta)= -\sum_{t=1}^{T}(a_t \lg y_t + (1-a_t)\lg(1-y_t)) + \lambda_\theta \|\theta\|^2$$

式中，θ 为 LPKT 的所有参数；λ_θ 为正则化超参数。使用 Adam 优化器[138]使目标函数最小化。

LPKT 首先将学习过程形式化为基本的学习单元和学习间隔时间，其中学习单元包括了答题时间。通过捕捉两个连续学习单元的差异来模拟学习过程中的学习增益。学习收获的多样性由学习者的相关知识状态和间隔时间来衡量。设计一个学习门来区分学习者对知识的吸收能力。针对常见的遗忘现象，设计遗忘门以确定学习者的知识随着时间的推移而减少。因此，LPKT 可以得到更合理的与学习者认知过程一致的知识状态，揭示了一个潜在的未来研究方向，通过模拟学习者的学习过程，实现了模型的可解释性和高准确性。

6.1.6　小结

深度知识追踪的诞生得益于深度学习技术的发展，自 Piech 等提出将 RNN 方法引入知识追踪模型后，逐步得到了学者的关注，国际上关于深度知识追踪的论文呈现爆发式增长的趋势。伴随着深度知识追踪研究的深入，有诸多深度学习的技术被引入知识追踪中。本节详细地介绍了基于 RNN 的知识追踪方法及其变体方法，从 DKT 到 DKVMN、DKT+forget，再到 EKT、LPKT，基于神经网络技术，挖掘试题与学习者在做题过程中的不同特征来对方法进行改进，在提高其方法的预测性能以外，进一步提高模型的可解释性。基于 RNN 的知识追踪方法应用促进了深度学习技术在知识追踪领域的应用和快速发展。

6.2　基于注意力机制的动态认知诊断方法

注意力机制被广泛地使用在自然语言处理、图像识别及语音识别等各种不同类型的深度学习任务中，是深度学习技术中最值得关注与深入了解的核心技术之一。基于注意力机制的追踪模型，旨在采用注意力机制对学习者的知识状态和试题进行编码解码，预测学习者在未来的表现。Pandey 等最早提出自注意力知识追踪模型，通过注意力机制捕捉试题与作答反应之间的相互依赖并赋予不同注意力权重来跟踪学习者的知识状态。随后，将详细地介绍自注意力知识追踪（self attentive knowledge tracing, SAKT）模型[139]；在 SAKT 的基础上，又提出了诸多基于注意力机制的知识追踪模型，如分离自注意力神经知识追踪（separated self-attentive neural knowledge tracing, SAINT）模型[140]、SAINT+模型[141]、分层注意力知识追踪（leveled attentive knowledge tracing, LANA）[142]和上下文感知的注意力知识追踪（context-aware attentive knowledge tracing，AKT）[143]模型。

6.2.1 自注意力知识追踪

现存 DKT 及其变体等模型使用 RNN 对学习者的知识状态进行建模，这种建模方式仅利用一个概括的隐藏向量来表示其知识掌握程度，导致 DKT 模型面临参数无法解释的问题。因此，DKVMN 受到 MANN 启发，使用知识概念表示矩阵和知识状态表示矩阵分别学习习题与底层知识概念和学习者知识状态之间的关系。因此 DKVMN 比 DKT 更具有可解释性，其两个矩阵的值可以分别表示试题与知识概念和知识状态的关系。然而，这些基于 RNN 的深度学习模型在处理稀疏数据时往往面临泛化能力不佳的问题。为了解决这个问题，本节提出一种基于自注意力机制的知识追踪方法——SAKT。SAKT 基于自注意机制，使其能够从过去的互动中识别出相关的知识概念，并根据学习者在这些知识概念上的表现来预测学习者的知识掌握情况。其贡献可以概括为以下内容：①由于预测基于相对较少的过去试题记录，它能够更好地处理数据稀疏性问题；②SAKT 为前面回答的试题分配权重，同时预测学习者在特定试题中的表现，因此更易于解释；③注意力机制使得 SAKT 具备并行性，在计算速度上比基于 RNN 的模型快了一个数量级。

SAKT 模型包括特征嵌入、自注意力、前向传播、残差连接、层归一化（layer normalization）、表现预测和目标函数七个步骤。如图 6.9 所示，在每个时间步，仅对前面的每个元素计算注意力权重。键（key）、值（value）和查询（query）是从如图 6.10 所示的嵌入层中提取的。当第 j 个元素是 query 且第 i 个元素是 key 时，注意力权重则为 a_{ij}。

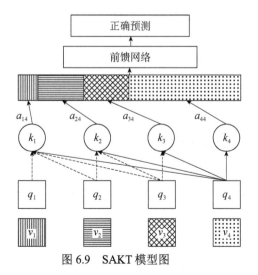

图 6.9 SAKT 模型图

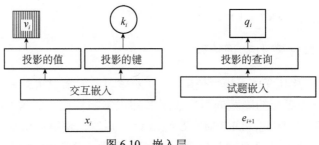

图 6.10　嵌入层

（1）特征嵌入。首先，训练一个交互嵌入矩阵 $M \in \mathbf{R}^{2E \times d}$，其中，$E$ 是试题的总数，d 是潜在的维度。该矩阵用于获得序列中每个元素 s_i 的嵌入 M_{s_i}。其次，训练试题嵌入矩阵 $E \in \mathbf{R}^{E \times d}$，使集合 e_i 中的每个试题都被嵌入到第 e_i 行。同时进行位置编码训练，得到位置嵌入矩阵 $P \in \mathbf{R}^{n \times d}$。然后，位置嵌入矩阵的第 i 行被添加到交互序列的第 i 元素的交互嵌入向量中，获得最终的交互输入嵌入矩阵 $\hat{M}$ 和试题嵌入矩阵 $\hat{E}$：

$$\hat{M} = \begin{bmatrix} M_{s_1} + P_1 \\ M_{s_2} + P_2 \\ \vdots \\ M_{s_n} + P_n \end{bmatrix}, \quad \hat{E} = \begin{bmatrix} E_{s_1} \\ E_{s_2} \\ \vdots \\ E_{s_n} \end{bmatrix} \tag{6.37}$$

式中，P_i 表示第 i 行的位置嵌入，E_{s_i} 表示第 i 行的试题嵌入。

（2）自注意力。采用了缩放点积注意力（scaled dot product attention）机制，这一层找出与每个先前求解的试题相对应的相对权重，以预测当前试题的正确性。

$$Q = \hat{E}W^Q, \quad K = \hat{M}W^K, \quad V = \hat{M}W^V \tag{6.38}$$

$$\text{Attention}(Q, K, V) = \text{Softmax}\left(\frac{QK^{\mathrm{T}}}{\sqrt{d}}\right)V \tag{6.39}$$

式中，W^Q、W^K、W^V 是查询、键和值的投影矩阵。并且采用多头注意力机制获取来自不同子空间的信息。

$$\text{Multihead}(\hat{M}, \hat{E}) = \text{Concat}(\text{head}_1, \cdots, \text{head}_h)W^O \tag{6.40}$$

式中，Concat 表示矩阵拼接；$\text{head}_i = \text{Attention}(\hat{E}W_t^a, \hat{M}W_t^K, \hat{M}W_t^V)$。

对于一个查询 Q_i，不应该考虑 $j > i$ 的键 K_j。因此使用因果关系层（causality）来掩盖从未来的交互键中学习到的权重。

（3）前向传播。为了在模型中加入非线性，并考虑不同潜在维度之间的相互作用，模型使用了前馈网络（feed forward network，FFN）。

$$F = \mathrm{FFN}(S) = \mathrm{ReLU}(SW^{(1)} + b^{(1)})W^{(2)} + b^{(2)} \tag{6.41}$$

式中，$S=\mathrm{Multihead}(\hat{M}, \hat{E})$；$W^{(1)}$ 和 $b^{(1)}$ 是可学习的参数。

（4）残差连接。残差连接可以将最近求解试题的嵌入传播到最后一层，使得模型更容易利用底层信息。在自注意层和前馈层之后都应用了残差连接。

（5）层归一化。出于稳定和加速神经网络的目的，SAKT 模型使用层归一化对不同特征的输入进行归一化。层归一化也被应用在自注意层和前馈层。

（6）表现预测。将上面获得的 F 通过 Sigmoid 激活函数的全连接网络来预测学习者的成绩。

（7）目标函数。通过最小化 p_t 和 r_t 之间的交叉熵损失来学习参数。

$$\mathcal{L} = -\sum_t (r_t \ln(p_t) + (1 - r_t)\ln(1 - p_t)) \tag{6.42}$$

综上所述，SAKT 模型可以不使用任何 RNN 模拟一个学习者的互动历史，而是通过考虑学习者过去互动的相关试题来预测学习者在下一个试题中的表现。SAKT 模型能够更好地处理数据稀疏性及具备更好的可解释性，其在各种真实世界的数据集上进行的广泛实验表明，SAKT 模型可以超越 DKT、DKVMN 等经典模型，并且比基于 RNN 的模型快一个数量级。

6.2.2　Transformer 结构的知识追踪模型

Pandey 等于 2019 年提出的 SAKT 模型，其使用了典型的多头注意力结构及位置编码等，在预测学习者回答特定问题正确率的曲线下面积（area under curve，AUC）指标上取得了较好的结果，并且该模型的训练速度要远快于基于 RNN 的深度知识追踪。之后，又有一些使用自注意力机制的更加复杂的模型被提出，例如，采用编码器-解码器架构的 SAINT 模型和其改进版 SAINT+等。可以认为，基于 Transformer 的方法已经逐渐成为知识追踪建模的主要研究方向之一。

1. SAINT 模型

先前基于自注意力机制的 SAKT 模型存在两个限制：①传统模型无法使用深度自注意机制来捕捉试题和作答反应之间随时间变化的复杂关系；②知识追踪采用自注意力机制，即构建查询、键和值的特征还没有被完全发掘。为了解决这两个问题，提出了基于 Transformer 技术的 SAINT 模型，即将试题与反应分离的自注意力感知的知识追踪。其中，编码器将自注意力应用于试题嵌入序列，解码器将自注意力层和编码器-解码器注意力层交替应用于反应嵌入序列，以此来高效地捕捉试题和作答反应之间的复杂关系。这种输入的分离允许多次叠加注意力层，从而提高了模型的性能。

SAINT 模型包括模型输入、深度自注意力编码-解码器（多头注意力机制、前馈网络、编码器、解码器）两大部分，SAINT 模型结构如图 6.11 所示。

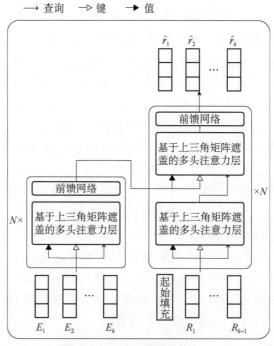

图 6.11　SAINT 模型结构

（1）模型输入。SAINT 模型将试题信息序列 $E_1,\cdots,E_k$ 和反应信息序列 $R_1,\cdots,R_{k-1}$ 作为输入，然后预测第 k 个用户的反应 r_k。SAINT 模型的嵌入层把每一个 E_i 和 R_i 映射成隐空间向量，产生一个试题序列 $E_1^e,\cdots,E_k^e$ 及反应序列 $R_1^e,\cdots,R_{k-1}^e$。最终的嵌入表示 E_i^e 或者 R_i^e，是包含了所有信息在内的总和。

（2）深度自注意力编码-解码器。SAINT 模型采用了 Transformer 结构，具备经典的编码-解码结构。编码器（Encoder）使用试题序列嵌入编码 $\boldsymbol{E}^e=\left[E_1^e,\cdots,E_k^e\right]$ 作为输入，然后将处理后的结果输出 $\boldsymbol{O}=[O_1,\cdots,O_k]$ 传递给解码器（Decoder）。解码器将 $\boldsymbol{O}$ 及反应序列嵌入 $\boldsymbol{R}^e=\left[S,R_1^e,\cdots,R_{k-1}^e\right]$ 作为输入，其中，将 S 作为序列开始的标记，产生最终的预测输出 $\hat{\boldsymbol{r}}=[\hat{r}_1,\cdots,\hat{r}_k]$：

$$\boldsymbol{O}=\mathrm{Encoder}(\boldsymbol{E}^e) \tag{6.43}$$

$$\hat{\boldsymbol{r}}=\mathrm{Decoder}(\boldsymbol{O},\boldsymbol{R}^e) \tag{6.44}$$

编码器和解码器是多头注意力网络的组合，多头注意网络是 SAINT 模型的核心组成部分，其次是前馈网络。与原始的 Transformer 架构不同，SAINT 模型为所有多头注意力网络屏蔽来自未来信息的输入，以防止无效的参与。这确保了 $\hat{r}_k$ 的计算只依赖于前面的试题序列 $E_1,\cdots,E_k$ 及反应序列 $R_1,\cdots,R_{k-1}$。

多头注意力网络分别以 Q_{in}、K_{in} 和 V_{in} 表示查询、键和值的序列。多头注意力网

络就是对具有不同投影矩阵的同一输入序列应用 h 次的注意力网络计算。注意力层首先通过矩阵 W_i^Q、W_i^K 和 W_i^V 将每个 Q_{in}、K_{in} 和 V_{in} 投射到一个潜在空间中。

$$\boldsymbol{Q}_i = \left[q_1^i, \cdots, q_k^i \right] = Q_{in} W_i^Q \tag{6.45}$$

$$\boldsymbol{K}_i = \left[k_1^i, \cdots, k_k^i \right] = K_{in} W_i^K \tag{6.46}$$

$$\boldsymbol{V}_i = \left[v_1^i, \cdots, v_k^i \right] = V_{in} W_i^V \tag{6.47}$$

式中，q、k 和 v 分别为投影的查询、键和值。每个值与给定查询的相关性由查询与值对应的键之间的点积决定。SAINT 模型的注意力网络需要一种屏蔽机制，阻止当前位置关注后续位置。掩蔽机制（MASK）将矩阵 $\boldsymbol{Q}_i \boldsymbol{K}_i^T$ 的上三角部分替换为 $-\infty$ 的点积，经过 Softmax 运算后，具有消零后续位置注意力权值的效果。注意力头（$head_i$）是 $\boldsymbol{V}_i$ 乘以掩蔽的注意力权重得到的。

$$head_i = \text{Softmax} \left(\text{Mask} \left(\frac{\boldsymbol{Q}_i \boldsymbol{K}_i^T}{\sqrt{d}} \right) \right) \boldsymbol{V}_i \tag{6.48}$$

h 个注意力头的合并是通过乘以可学习的权重矩阵（$\boldsymbol{W}^O$）来聚合不同注意头的输出。这个连接张量是多头注意网络的最终输出。

$$\text{Multihead}(Q_{in}, K_{in}, V_{in}) = \text{Concat}(head_1, \cdots, head_h) \boldsymbol{W}^O \tag{6.49}$$

将位置前馈网络（FFN）应用于多头注意输出，以增加模型的非线性：

$$F = (F_1, \cdots, F_k) = \text{FFN}(\boldsymbol{M}) \tag{6.50}$$

$$F_i = \text{ReLU}(M_i W_1^{FF} + b_1^{FF}) W_2^{FF} + b_2^{FF} \tag{6.51}$$

式中，$\boldsymbol{M} = \left[M_1, \cdots, M_k \right] = \text{Multihead}(Q_{in}, K_{in}, V_{in})$；$W_1^{FF}$、$W_2^{FF}$、$b_1^{FF}$ 及 b_2^{FF} 为不同的 M_i 共享的权重。

编码器由 N 层堆叠而成，这些层分别是前馈网络（FFN）和多头注意力网络（Multihead）。每个相同层，用以下公式表示

$$\boldsymbol{M} = \text{SkipConct}(\text{Multihead}(\text{LayerNorm}(Q_{in}, K_{in}, V_{in}))) \tag{6.52}$$

$$\boldsymbol{O} = \text{SkipConct}(\text{FFN}(\text{LayerNorm}(\boldsymbol{M}))) \tag{6.53}$$

式中，$\boldsymbol{O}$ 为编码器的最终输出；每个子层应用残差连接（SkipConct）和层归一化（LayerNorm）。需要注意的是，第一层的 Q_{in}、K_{in} 和 V_{in} 为 $\boldsymbol{E}^e$，是试题嵌入的顺序，后续层的输入是前一层的输出。

解码器也是由 N 个相同层组成的堆栈，由多头注意力网络和前馈网络组成。与编码器类似，每个子层采用残差连接和层归一化。每个相同的层用以下公式表示：

$$M_1 = \text{SkipConct}(\text{Multihead}(\text{LayerNorm}(Q_{in}, K_{in}, V_{in}))) \tag{6.54}$$

$$M_2 = \text{SkipConct}(\text{Multihead}(\text{LayerNorm}(M_1, \boldsymbol{O}, \boldsymbol{O}))) \tag{6.55}$$

$$L = \text{SkipConct}(\text{FFN}(\text{LayerNorm}(M_2))) \qquad (6.56)$$

式中，解码器第一层的 Q_{in}、K_{in} 和 V_{in} 均为 R^e，即包含有起始标志嵌入的反应序列，后一层输入为前一层的输出。

最后，对最后一层的输出应用预测层，该层由线性变换层和一个 Sigmoid 操作组成，使解码器输出为一系列概率值。

综上所述，基于 Transformer 的 SAINT 知识跟踪模型，分别将试题与作答反应输入编码器和解码器，用作注意力网络的查询、键和值，通过广泛实验证明这种做法是知识追踪任务的理想选择。此外，通过研究 SAINT 模型的注意力权重，发现编码器和解码器的自注意结果呈现出不同的模式，这表明输入中试题和作答反应的分离使模型能够找到特别适合于各自输入值的注意机制。

2. SAINT+模型

SAINT+模型是 SAINT 模型的拓展，也是基于 Transformer 的知识追踪模型，分别处理试题信息和学习者反应信息。遵循 SAINT 模型的架构，SAINT+模型具有编码器-解码器结构，其中编码器将自注意力层应用于试题嵌入，解码器交替地将自注意力层和编码器-解码器注意力层应用于反应嵌入和编码器输出。此外，SAINT+在反应嵌入中融合了两个时间特征：花费时间（elapsed time）和滞后时间（lag time），以此来增强其特征的表现。

SAINT+模型结构如图 6.12 所示。由于 SAINT+模型在结构上与 SAINT 模型几乎一致，重复部分将不会在此再次描述。该部分主要对花费时间和滞后时间进行介绍，花费时间和滞后时间如图 6.13 所示。

（1）花费时间指学习者做一道试题所花费的时间。如图 6.13 所示，et_1 代表了作答试题 1 所花费的时间，即 $t_2 - t_1$。如果一个学习者没有足够的知识和技能，那么他就没有办法在指定的时间内完成一道题目。同时花费时间为学习者对知识、技能、相关概念的理解程度提供一些有力的证据和表示。目前，花费时间的嵌入有两种方式：连续嵌入法和绝对嵌入法。在连续嵌入法中，嵌入向量的计算方式为 $v_{et} = et \cdot w_{elapsed\_time}$，其中，$w_{elapsed\_time}$ 是一个可以学习的向量。在绝对嵌入法中，每一个完整的时间都被分配了一个唯一的向量表示且一旦分配不再改变。

（2）滞后时间是指上一次反应结束到下一次练习出现的时间间隔，是一个学习者学习过程中非常主要的影响因素。具体来说，学习者往往会忘记他们所学过的东西，而且时间越长越容易忘记过去学过的知识、技能和概念，反映在练习过程中会体现为即使是同一道曾经答对的试题也依然会做错。另外，学习者也需要时间更新自己的知识和技能，有时休息一定时间，他们的大脑会达到一个很好的状态去进行下一个学习任务。如图 6.13 所示，试题 2 处的滞后时间的计算方法为 $lt_2 = t_3 - t_2$。

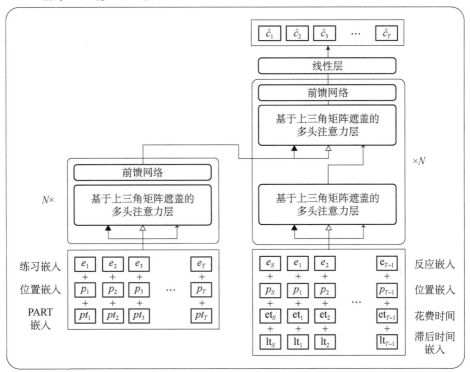

图 6.12 SAINT+模型结构

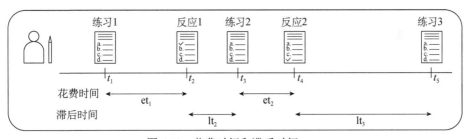

图 6.13 花费时间和滞后时间

综上所述，基于 Transformer 的知识跟踪模型——SAINT+模型，在 SAINT 模型的基础上进行了改进。SAINT+模型分别处理试题信息和学习者的反应信息，并将两个时间特征（花费时间和滞后时间）嵌入到作答反应中。基于 Transformer 结构的知识追踪本质上依然属于深度神经网络模型，其优点在于可以完全取代 RNN，同时充分地利用多头注意力机制，利用试题之间的关系信息更好地提取特征。Transformer 结构具备并行计算的特点，在性能上也会优于基于 RNN 的模型。在未来不仅可以将先前在 RNN 做的工作迁移到 Transformer 上，也可以在 SAINT 模型和 SAINT+模型基础上丰富更多的特征，如知识点先决关系信息、学习者能力分类信息等。

6.2.3 分层注意力知识追踪

由于神经网络的高灵活性，DKT 及其变体比传统基于概率模型的知识追踪方法更高效。然而，DKT 往往忽略了学习者之间的内在差异（如记忆能力、推理能力等），平均所有学习者的表现，导致缺乏个性化，因此被认为不足以适应个性化的学习。为了解决这一问题，研究学者提出了分层注意力知识追踪（LANA）方法，该方法首先利用一种新的学习者相关特征提取器（student related features extractor, SRFE）从学习者各自的交互序列中提取其独特的内在属性。其次，利用枢轴模块对提取的内在属性进行动态重构，并通过注意力解码器区分出不同学习者在不同时间的表现差异。此外，受项目反应理论（IRT）的启发，LANA 采用 Rasch 模型对学习者的能力水平进行聚类，以便为不同能力的学习者群体分配相应的编码器，从而实现分层学习。通过枢轴模块重构了针对学习者个人的解码器和针对群体的分层学习专用编码器，实现了个性化的深度知识追踪。具体来说，LANA 通过提出一种新颖的 SRFE 方法，从各自的交互序列中提取学习者相关特征的方案，极大地降低了实现个性化知识追踪的难度。同时，LANA 通过提炼出独特的学习者特征，利用新颖的枢轴模块和分层学习，使整个模型可以在不同阶段对不同的学习者进行转换，对 DKT 领域具有较强的适应性。

LANA 方法由一个 LANA 模型和一个训练机制组成。LANA 模型的总体架构如图 6.14 所示，图中架构的左边部分是编码器 SRFE，而右边部分是解码器。编码器的目的是从模型的输入嵌入中检索任何有用的信息，然后 SRFE 进一步提取这些信息以获得与学习者相关的特征。最后，解码器利用从 SRFE 和编码器收集到的信息进行预测。

LANA 模型和 SAINT+模型一样，是基于 Transformer 的知识追踪模型。但与 SAINT+模型不同的是，LANA 模型主要有 3 点改进：首先，LANA 模型考虑了知识追踪的特性，因此对基本的 Transformer 模型进行了修改，如将嵌入位置信息直接馈送至注意模块。其次，LANA 模型利用一种新的 SRFE 从输入序列中提取必要的与学习者相关的特征。最后，LANA 模型利用枢轴模块，提取与学习者相关的特征，针对不同的学习者动态构造不同的解码器。利用重构的解码器、检索到的知识状态和其他上下文信息对未来的试题进行相应的个性化反应预测。而枢轴模块可以帮助 LANA 模型根据学习者的固有属性对解码器进行转换，另外，编码器是训练后为所有学习者固定的。

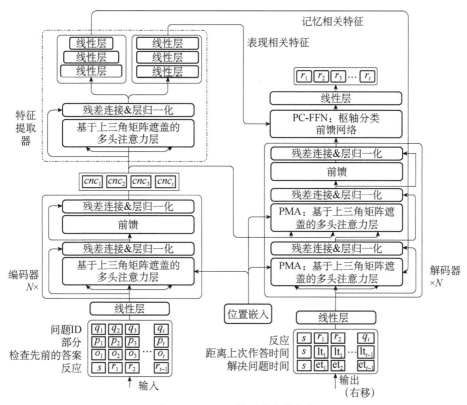

图 6.14　LANA 模型的总体架构

（1）学习者相关特征提取器。为了在 DKT 中实现自适应学习，模型需要适应不同阶段的学习者（即学习者相关特征）。也就是说，当模型进行个性化预测时，它必须知道哪个学习者正在被预测，以及这个学习者目前具有什么特征。对每个学习者的主动性行为序列进行观察，发现其主动性行为实际上反映了他的一些内在属性，受此启发，可以认为：第一，不同学习者在同一时期的互动序列是可区分的（独特的）；第二，交互序列相同的学习者在不同的时间段也是可以区分的，只要满足交互足够充分、交互序列的长度足够大和时间间隔相同的学习者的序列足够长的条件。据此，可以利用学习者的互动序列来识别自己的互动序列，并总结出与学习者相关的特征。

SRFE 模型图如图 6.15 所示。

SRFE 从交互序列中总结了学习者的固有属性。具体来说，SRFE 包含一个注意层和几个线性层，其中，注意层被用来从编码器提供的信息中提取与学习者相关的特征，线性层被用来细化和重塑这些特征。值得注意的是，在 LANA 模型中，主要有两个 SRFE: Memory-SRFE 和 Performance-SRFE，前者用于推导枢轴记忆注意（pivot memory attention，PMA）模块的学习者记忆相关特征，后者致力于提取学习者的表现特征（即逻辑思维能力、推理能力、整合能力等）并用于枢轴分类前馈网络（pivot classification feed forward network，PC-FFN）模块。在图 6.15 中绘制了 bs、n_{heads}、seq 和 d_{piv}，分别表示模型的批处理大小、注意头的数量、输入序列的长度和性能相关特征的维度。学习者对不同技能的记忆能力存在差异，因此采用多头注意力机制，使得每个注意力头可以专注于特定的方面。

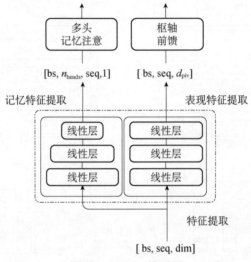

图 6.15　SRFE 模型图

（2）枢轴模块（pivot module）。在 LANA 模型中，主要有两个枢轴模块：PMA 模块和 PC-FFN 模块。

PC-FFN 模块是一个需要学习生成的模块，其提供了一个普通的输入 x、一个与学习者相关的特征 p 和一个目标输出 y，枢轴模块根据 p 学习如何将 x 投影到 y 的过程，而不是简单地学习将 x 投影到 y，其计算公式如下：

$$\text{PC-FFN}(x, p) = x + \text{PivotLinear}(\text{PivotLinear}(x, p), p) \tag{6.57}$$

$$y = (\boldsymbol{W}p)x + b = \text{PivotLinear}(x, p) \tag{6.58}$$

式中，$\text{PivotLinear}(x, p) = (f(p))(x)$，$f(\cdot)$ 是枢轴模块学习的函数；$\boldsymbol{W} \in \mathbf{R}^{D_y \times D_x \times D_p}$；$b \in \mathbf{R}^{D_y}$。

PC-FFN 模块的内部结构图如图 6.16 所示。

PMA 模块考虑到遗忘的因素，将学习者的记忆相关的特征输入多头注意力机制中，对注意力机制进行了一定的改进，对学习者的知识状态的预测起到一定的提升效果。计算题目的遗忘因子的公式如下：

$$\alpha_{j,k,m} = \frac{e^{-(\theta+m)\cdot\text{dis}(j,k)} \cdot \text{sim}(j,k)}{\sum_{k'} \text{sim}(j,k')} \tag{6.59}$$

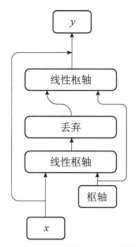

图 6.16　PC-FFN 模块的内部结构图

式中，m 为学习者与内存相关的特征；θ 为一个可学习的常数，用来描述所有学习者在 PMA 中的平均记忆能力；$\mathrm{dis}(j,k)$ 计算项目 j 和项目 k 之间的时间距离（如项目 j 在 $\mathrm{dis}(j,k)$ 分钟后完成项目 k）。使用两个可学习参数表示记忆技能是为了减少模型收敛的难度，因为 m 比 θ 具有更长的反向传播路径。当引入 θ 来拟合所有学习者的平均记忆技能时，m 的分布变成了高斯分布，使得模型更容易学习。

（3）分层学习。分层学习利用可解释的 Rasch 模型分析学习者的整体能力水平，然后将学习者聚类为多个层次，每个层次分别通过自己的训练数据对 LANA 模型进行微调。每次微调的模型都是首先利用所有学习者数据训练出来的 LANA 模型；然后通过 Rasch 模型，根据学习者能力水平将其分成不同的类别，提取到不同学习者的特征，因此就会对学习者特征提取的部分有所修改，进而影响枢轴模块参数的学习，从而实现 LANA 模型微调，生成针对不同能力水平学习者的 LANA 模型，达到个性化的效果。

综上所述，LANA 模型受到 BKT 和 IRT 的启发，通过在不同阶段为不同的学习者提供不同的模型参数来实现适应性。针对每个学习者单独训练大量独特的模型难以实现，LANA 模型提出了新颖的 SRFE 模块，以便从每个学习者的交互序列中提取其固有属性。为了利用提取的学习者固有属性来重新参数化模型，LANA 模型提出了创新的枢轴模块来产生自适应解码器。此外，为了减少输入序列的模糊性，捕捉学习者个体的长期特征，LANA 采用可解释 Rasch 模型捕捉学习者能力，并提出分层学习训练机制，根据能力对学习者进行聚类。这不仅提高了编码器的专业性，增强了学习者潜在特征的重要性，而且节省了大量的训练时间。在教育领域两个最大的真实数据集上的大量实验有力地证明了 LANA 模型的可行性和有效性。

然而，LANA 模型也存在一些缺点。在 LANA 模型的 SRFE 模块中，注意层被用来从编码器提供的信息中提取与学习者相关的特征，线性层被用来细化和重塑这些特征，其中对线性层的不同处理就可以获得学习者不同方面能力的特征。虽然 SRFE 模块的实验效果好，但是缺乏一定的可解释性，需要提出一种更系统的方法来量化学习者的特征。在分层学习中方差的配置也需要大量的人力，需要有一个自动的工作流程来设置这些参数。需要提出一种更系统的方法来量化学习者的特征。

LANA 模型中提取的学习者特征可以可视化，可以体现出学习者能力薄弱的方面，所以在 LANA 模型中提取的学习者特征可以被用于学习阶段迁移或者学习路径的推荐。但 LANA 仅独立地处理每个知识点，忽略了知识点间的关联关系，如果将知识点间的关系转化为图结构，并结合图神经网络进行处理，也许能够获得更优秀的结果。

6.2.4　上下文感知的自注意力知识追踪

早期的知识追踪（KT）方法[144,145]表现出很好的可解释性，但在学习者的未来成绩预测方面不够理想。最近基于深度学习[146]的知识追踪方法在这方面表现出色，但提供的解释力有限。这些 KT 方法并不能完全满足个性化学习的需要，个性化学习不仅需要准确的成绩预测，还需要能够提供自动化的、可解释的反馈和可操作的建议，以帮助学习者获得更好的学习结果。为了解决上述问题，本节提出了 AKT，它将灵活的基于注意力的神经网络模型与一系列受认知和心理测量模型启发的新颖的、可解释的模型组件相结合。AKT 使用了一种新的单调注意力机制，将学习者未来对评估问题的反应与他们过去的反应联系起来；除了问题之间的相似性，还使用指数衰减和上下文感知的相对距离度量来计算注意力权重。此外，AKT 使用了 Rasch 模型来规则化概念和问题嵌入，这些嵌入能够在不使用过多参数的情况下捕捉同一概念上问题之间的个体差异。由几个案例研究可知，AKT 表现出极好的可解释性，因此在现实世界的教育环境中具有自动反馈和个性化的潜力。AKT 的主要贡献总结为：①与现有的使用原始问题和答案嵌入的注意方法不同，AKT 将原始嵌入放在上下文中，并通过考虑学习者的整个试题历史来使用针对过去问题和答案的上下文感知表示。②受认知科学关于遗忘机制研究的启发，AKT 提出了一种新的单调注意机制，该机制使用指数衰减曲线来降低问题在遥远过去的重要性。此外还开发了一种上下文感知措施来表征学习者过去回答过的问题之间的时间距离。③AKT 利用 Rasch 模型，在不引入过多模型参数的情况下，使用一系列基于 Rasch 模型的嵌入来捕捉问题之间的个体差异。

AKT 模型由四个组件组成：两个自注意编码器（分别用于学习问题和知识的上下文感知表示）、一个基于注意力的知识检索器，以及一个前馈反应预测模型。图 6.17 为 AKT 模型框架。

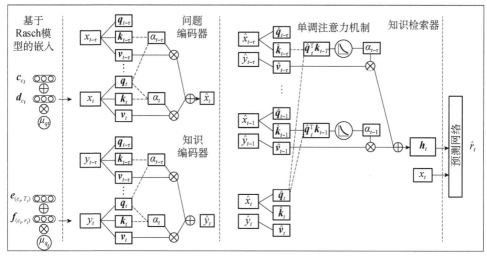

图 6.17　AKT 模型框架

（1）问题、知识编码器和知识检索器。AKT 模型使用了两个编码器，分别是问题编码器和知识编码器。问题编码器采用原始问题嵌入 $\{x_1,\cdots,x_t\}$ 作为输入，并输出使用单调注意机制的上下文感知问题嵌入序列 $\{\hat{x}_1,\cdots,\hat{x}_t\}$。每个问题的上下文感知嵌入既取决于其本身，也取决于过去的问题，即 $\hat{x}_t = f_{\text{enc}_1}(x_1,\cdots,x_t)$。同样，知识编码器将原始问题-答案嵌入 $\{y_1,\cdots,y_{t-1}\}$ 作为输入，并输出使用相同的单调注意机制所获取的实际知识序列 $\{\hat{y}_1,\cdots,\hat{y}_{t-1}\}$。所获取知识的上下文感知嵌入取决于学习者对当前问题和过去问题的回答，即 $\hat{y}_{t-1} = f_{\text{enc}_2}(y_1,\cdots,y_{t-1})$。

知识检索器将上下文感知问题 $\hat{x}_{1:t}$ 和问题-回答对嵌入 $\hat{y}_{1:t-1}$ 作为输入，并输出检索到的当前问题的知识状态 $\boldsymbol{h}_t$。在 AKT 模型中，学习者的当前知识状态是上下文感知的，因为其取决于学习者正在回答的当前问题；这与包括 DKT 模型在内的大多数现有方法不同。此外，知识检索器只能使用有关过去问题的信息、学习者对过去这些问题的反应及当前问题的表示，而不能使用学习者对当前问题的反应，即 $\boldsymbol{h}_t = f_{\text{kr}}(\hat{x}_1,\cdots,\hat{x}_t,\hat{y}_1,\cdots,\hat{y}_{t-1})$。反应预测模型使用检索到的知识来预测当前反应。

（2）单调注意力机制。对于编码器和知识检索器，AKT 使用一种改进的、单调版本的缩放点积注意机制。一般缩放点积注意机制计算公式为

$$\alpha_{t,\tau} = \text{Softmax}\left(\frac{\boldsymbol{q}_t^{\text{T}}\boldsymbol{k}_\tau}{\sqrt{D_k}}\right) = \frac{\exp\left(\dfrac{\boldsymbol{q}_t^{\text{T}}\boldsymbol{k}_\tau}{\sqrt{D_k}}\right)}{\sum_{\tau'}\exp\left(\dfrac{\boldsymbol{q}_t^{\text{T}}\boldsymbol{s}_\tau}{\sqrt{D_k}}\right)} \in [0,1] \qquad (6.60)$$

式中，τ' 表示所有可能的 τ ；D_k 是嵌入维度；q_t 为 t 时刻的试题。

然而根据艾宾豪斯（Ebbinghaus）遗忘曲线理论可知：记忆会周期性衰退。因此，AKT 模型将乘法指数衰减项添加到注意力得分中，从而避免考虑不相关和长时间、长距离的问题：

$$\alpha_{t,r} = \frac{\exp(s_{t,\tau})}{\sum_{\tau'}\exp(s_{t,\tau'})}, \quad s_{t,\tau} = \frac{\exp(-\theta \cdot d(t,\tau)) \cdot q_t^{\mathrm{T}} k_\tau}{\sqrt{D_k}} \tag{6.61}$$

式中，AKT 模型使用下述公式来测量上下文感知的时间步长 $d(t,\tau)$ 与 $\tau \leqslant t$ 之间的距离：

$$d(t,\tau) = |t-\tau| \cdot \sum_{t'=\tau+1}^{t} \gamma_{t,t'} \tag{6.62}$$

$$\gamma_{t,t'} = \frac{\exp\left(\dfrac{q_t^{\mathrm{T}} k_{t'}}{\sqrt{D_k}}\right)}{\sum_{1 \leqslant \tau' \leqslant t}\exp\left(\dfrac{q_t^{\mathrm{T}} k_{\tau'}}{\sqrt{D_k}}\right)}, \quad \forall t' \leqslant t \tag{6.63}$$

AKT 模型还加入了多头注意力机制（考虑不同时空中的特征信息），以及层归一化、随机失活（dropout）、全连接前馈层（fully-connected feed forward layer）、残差连接层（residual connection layer）。

（3）反应预测。预测模型的输入是前面知识检索器所检索到的知识 h_t 与当前交互嵌入 x_t 的拼接向量；该输入通过全连接网络和 Sigmoid 函数得到最终结果。通过最小化反应 r_t 的二进制交叉熵损失，以端到端的方式训练 AKT 模型的相关参数。

$$\mathcal{L} = \sum_i \sum_t -(r_t^i \lg \hat{r}_t^i + (1-r_t^i)\lg(1-\hat{r}_t^i)) \tag{6.64}$$

式中，$\hat{r}_t$ 表示预测的反应。

（4）基于 Rasch 模型的嵌入。现有的 KT 方法使用概念来索引问题，即设置 $q_t = c_t$。然而，这种设置忽略了覆盖同一概念的问题之间的个体差异，从而限制了 KT 方法的灵活性和它们的个性化潜力。AKT 模型则使用心理测量学中的 Rasch 模型（也称为 1PL IRT 模型）来构建原始问题和知识嵌入。Rasch 模型使用两个标量来描述学习者正确回答问题的概率：问题的难度和学习者的能力。尽管它很简单，但在正式评估中，当知识是静态时，它在学习者表现预测上取得了与更复杂的模型相当的性能。具体地说，AKT 模型将属于概念 c_t 的问题 q_t 在时间步 t 时的嵌入构造为

$$x_t = c_{c_t} + \mu_{q_t} \cdot d_{c_t} \tag{6.65}$$

式中，$c_{c_t} \in \mathbf{R}^D$ 是本问题所属概念的嵌入；$d_{c_t} \in \mathbf{R}^D$ 是总结涉及此概念的问题变化的

向量；$\mu_{q_t} \in \mathbf{R}$ 是控制此问题与其涵盖的概念的偏离程度的标量难度参数。使用该难度参数对每个概念 c_t 中的问题-回答对 (q_t, r_t) 进行类似的扩展：

$$\boldsymbol{y}_t = \boldsymbol{e}_{(c_t, r_t)} + \mu_{q_t} \cdot \boldsymbol{f}_{(c_t, r_t)} \tag{6.66}$$

式中，$\boldsymbol{e}_{(c_t, r_t)} \in \mathbf{R}^D$ 与 $\boldsymbol{f}_{(c_t, r_t)} \in \mathbf{R}^D$ 是概念反应嵌入和变异向量。这些基于 Rasch 模型的嵌入使得在对单个问题的差异建模和避免过度参数化之间取得了适当的平衡。

综上所述，本节提出了一种新的基于注意力神经网络的知识追踪模型，即 AKT 模型。AKT 模型改进了现有的知识追踪方法，通过建立问题和回答的上下文感知表示，使用单调的注意机制来总结过去学习者在正确的时间尺度上的表现，并使用 Rasch 模型来捕捉覆盖相同概念的问题之间的个体差异。

6.3　基于图神经网络的动态认知诊断方法

近年来，基于图神经网络的知识追踪研究逐渐兴起，虽然在这种不规则的域上操作数据，对现有的机器学习方法提出了挑战，但各种泛化框架和重要操作在多个研究中也取得了比较好的结果。这种将关于数据的图结构性质的先验知识引入模型的方法，能够提高知识追踪模型的性能和可解释性。接下来，将详细介绍应用二分图预训练嵌入（pre-training embeddings via bipartite graph，PEBG）模型[147]、基于图的知识追踪交互模型（graph-based interaction model for knowledge tracing，GIKT）[148]、基于分层试题图的知识追踪（hierarchical graph knowledge tracing，HGKT）模型[149]。

6.3.1　应用二分图预训练嵌入改进知识追踪模型

之前的许多研究仅仅利用题目所包含的知识点信息来预测学习者的作答情况，但题目本身的信息（如题目的文本信息、题目的难度信息）和题目与知识点之间的关联信息没有被很好地提取出来。DKVMN 使用键-值（key-value）矩阵来模拟学习者的记忆情况，其中，键（key）矩阵保存知识点与学习者的记忆点之间的关联，值（value）矩阵保存学习者的记忆信息。图神经网络 GKT 构建了一个只包含知识点的图，通过每个节点（知识点）的特征预测学习者的作答情况，并不断地更新图中的节点。

PEBG 首先在题目与知识点的边信息上对每个问题进行预训练嵌入，然后在所获得的嵌入上训练深度 KT 模型。具体来说，边信息包括问题难度和包含在问题和技能之间的二分图中的三种关系。为了预训练问题嵌入，PEBG 使用神经网络来利用边信息。

PEBG 将题目及其对应的知识点表示为一个二部图（bipartite graph，也称为二分图、偶图），一般来说，二部图包括两种关系：显式关系（即观察到的链接）和隐式关系（即未观察到但可传递的链接）。在如图 6.18 所示的 知识追踪（KT） 场景中，除了显式的问题-技能关系，PEBG 还考虑了隐式的技能相似性和问题相似性，这些在之前的工作中没有得到很好的利用。

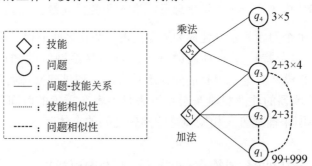

图 6.18　问题技巧二部图

综合考虑各种因素，PEBG 提出了一种预训练方法，利用二分图中所有有用的边信息学习每个问题的嵌入。具体来说，附带信息包括问题难度及三种关系：显性问题技能关系、隐性问题相似性和技能相似性。为了有效地提取边信息中包含的知识，研究采用产品层融合问题顶点特征、技能顶点特征和属性特征来产生最终的问题嵌入。这样，学习的问题嵌入将保留问题难度信息及问题和技能之间的关系。PEBG 模型如图 6.19 所示。

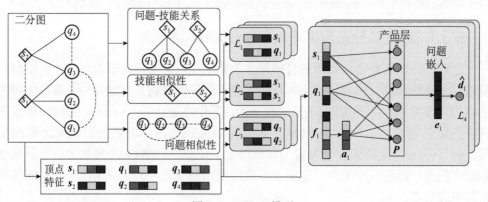

图 6.19　PEBG 模型

1. 输入特征

为了预训练问题嵌入，PEBG 模型使用了如下三种特征。需要注意的是，顶点特征是随机初始化的，并将在预处理阶段进行更新，这相当于学习单热点编码到连续特征的线性映射。

（1）技能顶点特征：由特征矩阵 $S \in \mathbf{R}^{|S| \times d_v}$ 表示，其中，d_v 是特征的维数。对于一个技能 s_i，顶点特征表示为 s_i，这是矩阵 S 的第 i 行。

（2）问题顶点特征：由特征矩阵 $Q \in \mathbf{R}^{|Q| \times d_v}$ 表示，特征矩阵与技能顶点特征具有相同的维数 d_v。对于一个问题 q_j，顶点特征被表示为 q_j，这是矩阵 Q 的第 j 行。

（3）属性特征：是与问题难度相关的特征，如平均反应时间、问题类型等。对于问题 q_i，PEBG 模型将特征连接为 $f_i = [f_{i1}; \cdots; f_{im}]$，$m$ 是特征的数量。如果第 j 个特征是分类的（如问题类型），那么 f_{ij} 是一个 one-hot 向量。如果第 j 个特征是数字的（如平均反应时间），那么 f_{ij} 是标量值。

2. 二分图约束

技能和问题顶点特征通过二分图约束进行更新。由于图中存在不同的关系，所以 PEBG 模型设计了不同类型的约束，以便顶点特征可以保留这些关系。

（1）明显的问题技能关系。在问题-技能二部图中，问题顶点和技能顶点之间存在边，这是一个明确的信号。类似于 LINE（large-scale information network embedding）模型中的一阶邻近性建模，通过考虑技能和问题顶点之间的局部邻近性来建模显式关系。具体来说，本书使用内积来估计嵌入空间中问题和技能顶点之间的局部接近度，公式如下：

$$\hat{r}_{ij} = \sigma(q_i^{\mathrm{T}} s_j), \ i \in [1, \cdots, |Q|], \ j \in [1, \cdots, |S|] \tag{6.67}$$

式中，$\sigma(x) = 1/(1 + \mathrm{e}^{-x})$ 为激活函数；T 表示向量转置。式（6.67）将关系值转换成概率。

为了保持显式关系，通过交叉熵损失函数强制局部接近度接近二分图中的技能问题关系：

$$\mathcal{L}_1(Q, S) = \sum_{i=1}^{|Q|} \sum_{j=1}^{|S|} -(r_{ij} \ln \hat{r}_{ij} + (1 - r_{ij}) \ln(1 - \hat{r}_{ij})) \tag{6.68}$$

（2）隐含相似性。PEBG 中使用的隐含相似性表示二分图中邻域之间的相似性。具体来说，存在两种相似性：技能相似性和问题相似性。此处使用隐含的相似性来同时更新顶点特征。

首先定义问题 q_i 的邻居问题集 $\Gamma_Q(i) = \{s_j | \ r_{ij} = 1\}$ 和邻居技能集 s_j，$\Gamma_s(j) = \{q_i | \ r_{ij} = 1\}$，然后将问题相似度矩阵 $R^Q = [r_{ij}^q] \in \{0, 1\}^{|Q| \times |Q|}$ 定义为

$$r_{ij}^q = \begin{cases} 1, \Gamma_Q(i) \bigcap \Gamma_Q(j) \neq \varnothing \\ 0, 其他 \end{cases}, \ i, j \in [1, \cdots, |Q|] \tag{6.69}$$

同样，研究定义了技能相似矩阵 $\boldsymbol{R}^S = \left[r_{ij}^s \right] \in \{0,1\}^{|S| \times |S|}$，如下：

$$r_{ij}^s = \begin{cases} 1, \Gamma_S(i) \bigcap \Gamma_S(j) \neq \varnothing \\ 0, 其他 \end{cases}, \quad i, j \in \left[1, \cdots, |S| \right] \tag{6.70}$$

同时使用内积来估计顶点特征空间中问题和技能之间的隐含关系：

$$\hat{r}_{ij}^q = \sigma(\boldsymbol{q}_i^{\mathrm{T}} \boldsymbol{q}_j), \quad i, j \in \left[1, \cdots, |Q| \right] \tag{6.71}$$

$$\hat{r}_{ij}^s = \sigma(\boldsymbol{s}_i^{\mathrm{T}} \boldsymbol{s}_j), \quad i, j \in \left[1, \cdots, |S| \right] \tag{6.72}$$

并最小化交叉熵以使顶点特征保持隐含关系：

$$\mathcal{L}_2(\boldsymbol{Q}) = \sum_{i=1}^{|Q|} \sum_{j=1}^{|Q|} - (r_{ij}^q \lg \hat{r}_{ij}^q + (1 - r_{ij}^q) \lg(1 - \hat{r}_{ij}^q)) \tag{6.73}$$

$$\mathcal{L}_3(\boldsymbol{S}) = \sum_{i=1}^{|S|} \sum_{j=1}^{|S|} - (r_{ij}^s \lg \hat{r}_{ij}^s + (1 - r_{ij}^s) \lg(1 - \hat{r}_{ij}^s)) \tag{6.74}$$

3. 难度特征

对于一个问题 q（为了清楚起见省略了它的下标），我们有它的问题顶点特征 $\boldsymbol{q}$ 和它的属性特征 $\boldsymbol{f}$。为了通过产品层使属性特征与顶点特征相互作用，PEBG 首先使用由 w_z 参数化的线性层将属性特征 $\boldsymbol{f}$ 映射到低维特征表示，该低维特征被表示为 $\boldsymbol{a} \in \mathbf{R}^{d_v}$。假设与问题 q 相关的技能集合为 $C = \left\{ s_j \right\}_{j=1}^{|C|}$，PEBG 模型将 C 中所有技能顶点特征的平均表示作为 q 的相关技能特征，表示为 $\boldsymbol{s}'$，数学上可以表示为

$$\boldsymbol{s}' = \frac{1}{|C|} \sum_{s_j \in C} s_j \tag{6.75}$$

研究使用顶点特征 $\boldsymbol{q}$、平均技能特征 $\boldsymbol{s}'$ 和属性特征 $\boldsymbol{a}$ 来生成问题 q 的线性信息 $\boldsymbol{Z}$ 与二次信息 $\boldsymbol{P}$。具体公式如下：

$$\boldsymbol{Z} = (z_1, z_2, z_3) \triangleq (\boldsymbol{q}, \boldsymbol{s}', \boldsymbol{a}) \tag{6.76}$$

$$\boldsymbol{P} = \left[p_{ij} \right] \in \mathbf{R}^{3 \times 3} \tag{6.77}$$

式中，$p_{ij} = g(z_i, z_j)$ 被定义为特征交互，并且 g 有不同的实现，本书中将 g 定义为向量内积，$g(z_i, z_j) = \left\langle z_i, z_j \right\rangle$。

然后引入一个乘积层，它可以将这两个信息矩阵转换为信号向量 $\boldsymbol{l}_z$ 和 $\boldsymbol{l}_p$，转换方程如下：

$$l_z^{(k)} = W_z^{(k)} \odot Z = \sum_{i=1}^{3} \sum_{j=1}^{d_v} (w_z^{(k)})_{ij} z_{ij} \tag{6.78}$$

$$l_p^{(k)} = W_p^{(k)} \odot P = \sum_{i=1}^{3} \sum_{j=1}^{3} (w_p^{(k)})_{ij} p_{ij} \tag{6.79}$$

式中，$\odot$ 表示首先对两个矩阵进行元素乘法，然后将乘法结果求和，其结果为一个标量；$k \in [1, \cdots, d_v]$，d_v 为 l_z 和 l_p 的变换维数；$W_z^{(k)}$ 和 $W_p^{(k)}$ 为产品层中的权重。

根据 P 的定义和向量内积中的交换律，P 和 $W_p^{(k)}$ 应该是对称的，因此可以利用矩阵分解来降低复杂度。通过引入 $W_p^{(k)} = \theta^{(k)} \theta^{(k)T'}$ 和 $\theta^{(k)} \in \mathbf{R}^3$ 的假设，可以将 $l_p^{(k)}$ 的公式简化为

$$W_p^{(k)} \odot P = \sum_{i=1}^{3} \sum_{j=1}^{3} \theta_i^{(k)} \theta_j^{(k)} \langle z_i, z_j \rangle \tag{6.80}$$

然后，可以计算问题 q 的嵌入，其可以表示为

$$e = \mathrm{ReLU}(l_z + l_p + b) \tag{6.81}$$

式中，l_z、l_p 和偏差向量 $b \in \mathbf{R}^d$，$l_z = (l_z^{(1)}, l_z^{(2)}, \cdots, l_z^{(d)})$，$l_p = (l_p^{(1)}, l_p^{(2)}, \cdots, l_p^{(d)})$。激活函数为修正线性单位（ReLU），定义为 $\mathrm{ReLU}(x) = \max(0, x)$。

为了有效地保留难度信息，对于一个问题 q_i，PEBG 模型使用线性层将 e 映射为 $\hat{d}_i = w_d^{\mathrm{T}} e_i + b_d$，其中，$w_d$ 和 b_d 是网络参数。并且使用问题难度作为辅助目标，并设计了以下损失函数 $\mathcal{L}_4$ 来度量难度近似误差：

$$\mathcal{L}_4(Q, S, \theta) = \sum_{i=1}^{|Q|} (d_i - \hat{d}_i)^2 \tag{6.82}$$

式中，θ 表示网络中的所有参数。

4. 联合优化

为了同时生成保留显式关系、隐式相似性和问题困难信息的问题嵌入，将所有损失函数结合起来形成一个联合优化框架，即求解：

$$\min_{Q,S,\theta} (\lambda(\mathcal{L}_1(Q,S) + \mathcal{L}_2(Q) + \mathcal{L}_3(S)) + (1-\lambda)\mathcal{L}_4(Q,S,\theta)) \tag{6.83}$$

式中，λ 为控制二分图约束和难度约束之间折中的系数。

一旦联合优化完成，可以获得问题嵌入 e，它可以作为现有的基于深度学习技术的 KT 模型的输入，如 DKT 和 DKVMN。

本节提出了一种新的预训练模型—— PEBG，它首先将问题-技能关系表示为一个二分图，并引入一个产品层来学习低维的问题嵌入分叉知识。在真实数据集上的实验表明，PEBG 模型显著地提高了现有深度 KT 模型的性能。此外，可视化研究显示了 PEBG 捕获问题嵌入的有效性，为其高性能提供了直观的解释。

6.3.2 基于图的知识追踪交互模型

现有的知识追踪方法通常基于问题考查的技能来构建预测模型，忽略了问题本身的信息。在 KT 任务中，存在几个技能和许多问题，其中一个技能与许多问题相关，一个问题可能对应于一个以上的技能，这可以用关系图来表示，如图 6.20 所示的例子。由于假设技能掌握程度可以在一定程度上反映学习者是否能够正确地回答相关问题，所以像以前的 KT 模型一样基于技能进行预测是一种可行的选择。

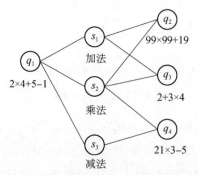

图 6.20　一个问题技巧关系图的简单图例

GIKT 模型首先研究如何有效地提取问题-技能关系图中包含的高阶关系信息。受图神经网络（GNN）通过聚集来自邻居的信息来提取图形表示的强大功能的激励，GIKT 利用图卷积网络（graph convolutional network，GCN）从高阶关系中学习问题和技能的嵌入。一旦问题和技能嵌入被聚合，GIKT 可以直接地将问题嵌入和相应的答案嵌入一起作为 KT 模型的输入。为了提高长期依赖捕获和更好地建模学习者的掌握程度，受序列键-值记忆网络（sequential key-value memory networks，SKVMN）和 EKT 的启发，GIKT 引入了一个历史回顾模块，以降噪为目的，根据注意力权重选择几个最相关的隐藏试题。新问题包括本身信息和其考查的相关技能，交互模块通过聚合问题嵌入与技能嵌入来交互相关试题和当前隐藏状态。广义交互模块可以更好地模拟学习者对问题和技能的掌握程度。此外，注意力机制被应用于每个交互以做出最终的预测，其自动加权所有交互的预测效用。GIKT 提出了一个端到端的知识追踪深度框架，即基于图的知识追踪交互，GIKT 模型如图 6.21所示。

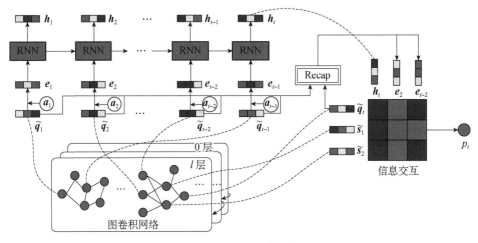

图 6.21　GIKT 模型

GIKT 的主要创新点如下：①通过利用图卷积网络来聚合问题嵌入和技能嵌入，GIKT 模型能够利用高阶问题-技能关系，这解决了数据稀疏问题和多技能关联的问题；②通过引入历史回顾（Recap）模块和交互模块，GIKT 模型可以以一致的方式更好地模拟学习者对新问题及其相关技能的掌握程度；③该方法在三个基准数据集上进行了广泛的实验，结果表明 GIKT 模型大大优于最先进的基线模型。

1. 嵌入表示

GIKT 方法使用嵌入来表示问题、技能和答案。三个嵌入矩阵 $E_s \in \mathbf{R}^{|S| \times d}$、$E_q \in \mathbf{R}^{|Q| \times d}$、$E_a \in \mathbf{R}^{2 \times d}$ 表示查找操作，其中，$|S|$ 表示技能的总数，$|Q|$ 表示问题的总数，d 代表嵌入大小。E_s 和 E_q 中的每一行对应一项技能或一个问题。E_a 中的两行分别表示不正确和正确的答案。对于矩阵中的第 i 行向量，分别用 s_i、q_i 和 a_i 来表示。在 GIKT 框架中，不预处理这些嵌入，它们是通过以端到端的方式优化最终目标来训练的。

2. 嵌入传播

在 GIKT 模型中，加入问题-技能关系图 G 来解决稀疏性问题，并利用先验相关性来获得更好的问题表示。

考虑到问题-技能关系图是二部图，一个问题的第 1 跳邻居应该是其对应的技能，第 2 跳邻居应该是具有相同技能的其他问题。为了提取高阶信息，GIKT 模型利用 GCN 将相关技能与问题编码为问题嵌入和技能嵌入。

GCN 堆叠多个图卷积层来编码高阶邻域信息，在每一层中，节点表示可以通过嵌入自身和邻域节点来更新。图中节点 i 的表示为 x_i（x_i 可以表示技能嵌入 s_i 或者

问题嵌入 q_i），其相邻节点的集合表示为 $\mathcal{N}_i$，则第 i 个 GCN 层的公式可以表示为

$$x_i^l = \sigma\left(\frac{1}{|\mathcal{N}_i|}\sum_{j \in \mathcal{N}_i \cup \{i\}} w^l x_j^{l-1} + b^l\right) \tag{6.84}$$

式中，w^l 与 b^l 为在第 l 个 GCN 层中要学习的总权重和偏差；σ 为非线性变换，如 ReLU。

学习者状态演变。对于每个历史时间 t，GIKT 连接问答嵌入，并通过非线性变换投影到 d 维，作为试题表示：

$$e_t = \text{ReLU}(W_1([\tilde{q}_t, a_t]) + b_1) \tag{6.85}$$

式中，GIKT 使用[,]来表示向量连接。

不同试题之间可能存在依赖关系，需要对整个练习过程建模，以捕捉学习者状态的变化，了解试题之间的潜在关系。为了模拟学习者做试题的顺序行为，使用 LSTM 从输入试题表示中学习学习者状态，公式如下：

$$i_t = \sigma(W_i[e_t, h_{t-1}, c_{t-1}] + b_i) \tag{6.86}$$

$$f_t = \sigma(W_f[e_t, h_{t-1}, c_{t-1}] + b_f) \tag{6.87}$$

$$o_t = \sigma(W_o[e_t, h_{t-1}, c_{t-1}] + b_o) \tag{6.88}$$

$$c_t = f_t c_{t-1} + i_t \tanh(W_c[e_t, h_{t-1}] + b_c) \tag{6.89}$$

$$h_t = o_t \tanh(c_t) \tag{6.90}$$

式中，h_t、c_t、i_t、f_t、o_t 分别代表隐藏状态、单元状态、输入门、遗忘门、输出门。值得一提的是，这一层对于捕获粗粒度的依赖很重要，如技能之间的潜在关系，所以只是学习一个隐藏状态 $h_t \in \mathbf{R}^d$ 当前的学习者状态，其中，包含粗粒度的技能掌握状态。

3. 历史回顾模块

在学习者的试题历史中，相关技能的问题很可能分散在漫长的历史中。从另一个角度来看，连续的试题可能不会遵循一个连贯的主题。这些现象对传统 KT 方法中的 LSTM 序列建模提出了挑战：①众所周知，LSTM 很难捕捉到长序列中的长期相关性，这意味着当前学习者状态可能会忘记与新目标问题 q_t 相关的历史试题；②当前的学习者状态会更多地考虑最近的试题，这些试题可能包含新目标问题 q_t 的嘈杂信息。当学习者回答一个新问题时，他/她可能会迅速地回忆起他/她以前做过的类似问题，以帮助他/她理解这个新问题。受此行为启发，GIKT 模型通过在历史作答记录中选择与当前新问题相关的记录来挖掘学习者在特定问题上的能力，称为历史回顾模块。

GIKT 模型开发了两种方法来寻找相关的历史试题。一种方法是硬选择，即只考虑与新问题有相同技巧的试题：

$$I_e = \left\{ e_i \mid \mathcal{N}_{q_i} = \mathcal{N}_{q_t}, \ i \in [1, \cdots, t-1] \right\} \tag{6.91}$$

另一种方法是软选择，即通过注意力网络学习目标问题与历史状态的相关性，选择注意力得分最高的 top-k 状态：

$$I_e = \left\{ e_i \mid R_{i,t} \leqslant k, \ V_{i,t} \geqslant v, \ i \in [1, \cdots, t-1] \right\} \tag{6.92}$$

式中，$R_{i,t}$ 为注意力函数 $f(\boldsymbol{q}_i, \boldsymbol{q}_t)$ 的排序，类似余弦相似度；$V_{i,t}$ 为注意力值，v 为过滤不太相关的试题的相似度下限。

4. 交互模块

以往的 KT 方法主要根据学习者状态 $\boldsymbol{h}_t$ 和问题表征 $\boldsymbol{q}_t$（即 $\langle \boldsymbol{h}_t, \boldsymbol{q}_t \rangle$）之间的相互作用来预测学习者的成绩。从以下几个方面来概括这种相互作用：①使用 $\langle \boldsymbol{h}_t, \tilde{\boldsymbol{q}}_t \rangle$ 表示学习者对问题 q_t 的掌握程度，用 $\langle \boldsymbol{h}_t, \tilde{\boldsymbol{s}}_j \rangle$ 表示学习者对相应技能 $\boldsymbol{s}_j \in \mathcal{N}_{q_t}$ 的掌握程度；②把当前学习者状态上的交互归纳为历史试题，它反映了相关的历史掌握情况，即 $\langle \boldsymbol{e}_i, \tilde{\boldsymbol{q}}_t \rangle$ 和 $\langle \boldsymbol{e}_i, \tilde{\boldsymbol{s}}_j \rangle$，$\boldsymbol{e}_i \in \mathcal{I}_e$ 相当于让学习者在历史时间步长内回答目标问题。

然后考虑上述所有的相互作用并进行预测，定义了广义的相互作用模块。为了鼓励相关交互并降低噪声，使用注意力网络来学习所有交互项的双注意力权重，并将计算加权和作为预测：

$$\alpha_{i,j} = \text{Softmax}_{i,\,j} \left(\boldsymbol{W}^{\mathrm{T}} \left[\boldsymbol{f}_i, \boldsymbol{f}_j \right] + b \right) \tag{6.93}$$

$$p_t = \sum_{\boldsymbol{f}_i \in I_e \cup \{\boldsymbol{h}_t\}} \sum_{\boldsymbol{f}_j \in \mathcal{N}_{q_t} \cup \{\tilde{\boldsymbol{q}}_t\}} \alpha_{i,j} g(\boldsymbol{f}_i, \boldsymbol{f}_j) \tag{6.94}$$

式中，p_t 为正确回答新问题的预测概率；$\tilde{\mathcal{N}}_{q_t}$ 为聚合 q_t 的邻居技能嵌入，同时使用内积来实现函数 g。类似于关系图中邻居的选择，从这两个集合中设置固定数量的 I_e 和 $\tilde{\mathcal{N}}_{q_t}$ 采样。

5. 优化

为了优化模型，通过最小化正确回答的预测概率和学习者答案的真实标签之间的交叉熵损失，使用梯度下降来更新模型中的参数：

$$\mathcal{L} = -\sum \left(a_t \lg p_t + (1 - a_t) \ln(1 - p_t) \right) \tag{6.95}$$

本节介绍了一种更加优秀的 GIKT。该 GIKT 将高阶问题-技能关系图应用于知识追踪。此外，为了模拟学习者对问题和相关技能的掌握程度，GIKT 设计了一个回顾模块，以选择与当前问题和技能相关的历史状态来代表学习者的知识水平。然后，GIKT研究扩展了一个广义的交互模块，以一致的方式表示学习者对新问题和相关技能的掌握程度。为了区分相关的相互作用，本节研究使用一种注意力机制进行预测。

6.3.3 基于分层试题图的知识追踪模型

解决 KT 问题的方法可以分为两个轨道：基于传统知识的轨道和基于试题的轨道。传统的基于知识的方法将学习者的试题序列转换成知识序列，而不考虑试题的文本信息。最流行的是 BKT，它通过隐马尔可夫模型更新学习者的知识状态。像 DKT 这样的深度学习方法将学习过程建模为RNN。DKVMN通过引入两个存储矩阵来分别表示知识和学习者对每个知识的掌握程度，从而增强了 RNN 的能力。GKT 结合了知识追踪和图神经网络，它将学习者的隐藏知识状态编码作为图节点的嵌入，并更新知识图中的状态。这些模型已经被证明是有效的，但是仍然有局限性。大多数现有的方法都面临着试题表征丢失的问题，因为它们没有考虑试题的文本。对于基于试题的轨迹，据我们所知，EKT 是第一个将试题文本的特征纳入知识追踪模型的方法。然而，EKT 通过将试题的文本直接馈送到双向 LSTM 网络中来提取文本的特征，该网络没有考虑到试题的潜在层次图性质，并且从文本嵌入中引入了额外的噪声。

通过充分地探索试题之间潜在的层次图关系，能够在一定程度上解决知识追踪中的试题表征和诊断不足的问题。同时，在试题之间加入层次关系不仅可以提高学习者成绩预测的准确性，还可以增强知识追踪的可解释性。因此本节提出一种基于分层试题图的知识追踪（HGKT），图 6.22 清楚地说明了层次关系如何影响知识诊断结果，以及 HGKT 方法与传统知识追踪方法相比的优势。研究人员已经证明了在

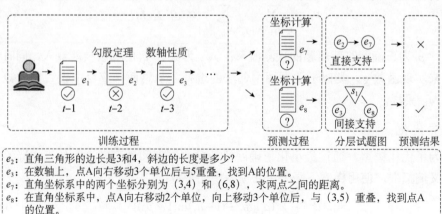

e_2：直角三角形的边长是3和4，斜边的长度是多少？
e_3：在数轴上，点A向右移动3个单位后与5重叠，找到A的位置。
e_7：直角坐标系中的两个坐标分别为 (3,4) 和 (6,8)，求两点之间的距离。
e_8：在直角坐标系中，点A向右移动2个单位，向上移动3个单位后，与 (3,5) 重叠，找到点A的位置。
s_1（问题模式）：给定移动方法，找到原始位置。

附录

图 6.22　知识追踪一个图例

KT 中先决关系的有效性，本研究将试题之间的层次图关系分解为直接支持关系和间接支持关系。HGKT 引入了问题模式的概念来总结一组具有相似解决方案的相似试题。只有当两个试题属于同一个问题模式时，它们之间的关系才是间接支持。值得一提的是，HGKT 假设每个试题只有一个主知识和一个问题模式。考虑到属于不同知识的试题可能有相似的解决方案，而具有相同知识的试题由于难度差异也可能属于不同的问题模式，假设知识和问题模式之间的关系是多对多（图 6.23）。

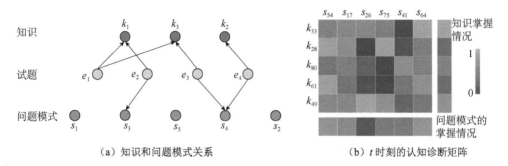

（a）知识和问题模式关系　　　　　　（b）t 时刻的认知诊断矩阵

图 6.23　知识和问题模式之间的多对多关系

上述分析显示了将先前试题支持关系引入 KT 任务的前景。然而，它也可能带来以下问题。首先，试题之间的直接支持关系可以用多种方式来定义，但是哪种最适合 KT 任务仍然是未知的；其次，问题模式和间接支持关系的定义要求从语义角度理解试题，而如何自动理解和表示信息仍然是一个挑战；然后，层次化的习题关系包含不同层次的习题特征，如何将这些不同层次的特征有机地结合起来仍然值得探索；最后，在对层次关系的信息进行编码后，希望模型在当前预测时能够始终借鉴过去的关键信息。如图 6.22 所示，在对 e_7 进行预测的过程中，模型需要轻松地回顾重要的历史信息，例如，学习者的错误答案 e_2 或者 e_2 和 e_7 之间的关系。

为了应对上述挑战，本节提出 HGKT，该框架结合了分层图神经网络和递归序列模型的优点，注重提高知识追踪的性能。

HGKT 的主要创新点如下。

（1）引入了分级试题图的概念，它由试题之间的直接和间接支持关系组成，可以作为知识追踪任务的学习约束。HGKT 提出了几种数据驱动的直接支持关系建模方法，并介绍了一种间接支持关系的语义建模方法。

（2）为试题提出了问题模式的概念，并探索了一种称为层次图神经网络的新方法来学习问题模式的精确表示。

（3）HGKT 提出了两种注意力机制，可以突出学习者的重要状态，并充分地利用在分层练习图（hierarchical exercise graph，HEG）中学到的信息。

（4）为了使诊断结果详细而有说服力，HGKT 提出了一个知识&模式（K&S）

诊断矩阵，它可以同时追踪知识和问题模式的掌握情况（图 6.23），这也有助于解决诊断不足的问题。

HGKT 模型如图 6.24 所示。

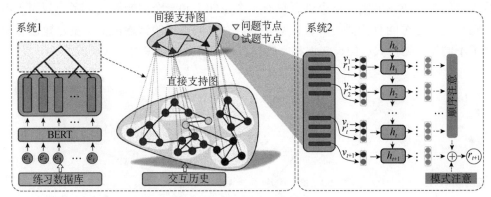

图 6.24　HGKT 模型

1. 直接支持图构建

为了将先前的联系关系建模为约束，首先定义以下关于练习之间直接支持关系的属性。

属性 1：使用 $\mathrm{Sup}(e_1 \to e_2)$ 来表示两个试题 e_1 和 e_2 的支持度。R_{e_i} 和 W_{e_i} 是一个事件，对于一个学习者 e_i 给出正确或错误的答案。$\mathrm{Sup}(e_1 \to e_2)$ 越大，表明了 e_1 到 e_2 的解决方案的支持度很高，这意味着如果知道一个学习者做了 e_1，那么他很有可能做了 e_2。此外，如果已知学习者做对过 e_2，那么他做正确 e_1 的概率也很高。公式可以表示如下：

如果 $\mathrm{Sup}(e_1 \to e_2) > 0$，那么

$$P(R_{e_1} \mid R_{e_2}) > P(R_{e_1} \mid R_{e_2}, W_{e_2}), \ P(W_{e_2} \mid W_{e_1}) > P(W_{e_2} \mid R_{e_1}, W_{e_1}) \qquad (6.96)$$

属性 2：相反，如果 $\mathrm{Sup}(e_1 \to e_2)$ 很小，那么意味着这两个试题的内容和解决方案之间没有优先支持关系。换句话说，学习者对于这两个试题的表现是两个不相关的事件。因此，HGKT 可以执行以下公式：

如果 $\mathrm{Sup}(e_1 \to e_2) = 0$，那么

$$P(R_{e_1} \mid R_{e_2}) = P(R_{e_1} \mid R_{e_2}, W_{e_2}), \ P(W_{e_2} \mid W_{e_1}) = P(W_{e_2} \mid R_{e_1}, W_{e_1}) \qquad (6.97)$$

基于以上推理，本节构建试题之间的支持值。此处，$\mathrm{Count}((e_i, e_j) = (r_i, r_j))$ 计算在用答案 r_j 回复 e_j 之前用答案 r_i 回复 e_i 的练习序列的数量。此外，为了防止分母过小，在等式中引入了拉普拉斯平滑参数 $\lambda_p = 0.01$。

$$P(R_{e_1} \mid R_{e_2}) = \frac{\text{Count}((e_2, e_1) = (1,1)) + \lambda_p}{\sum_{r_1=0}^{1} \text{Count}((e_2, e_1) = (1, r_1)) + \lambda_p} \tag{6.98}$$

$$P(R_{e_1} \mid R_{e_2}, W_{e_2}) = \frac{\sum_{r_2=0}^{1} \text{Count}((e_2, e_1) = (r_2, 1)) + \lambda_p}{\sum_{r_2=0}^{1} \sum_{r_1=0}^{1} \text{Count}((e_2, e_1) = (r_2, r_1)) + \lambda_p} \tag{6.99}$$

同样，也可以估计 $P(W_{e_2} \mid W_{e_1})$ 和 $P(W_{e_2} \mid R_{e_1}, W_{e_1})$。支持值定义为以下两个组成部分的总和。在这里，max 函数被用来保证支持值的非负。

$$\text{Sup}(e_1 \rightarrow e_2) = \max\left(0, \ln \frac{P(R_{e_1} \mid R_{e_2})}{P(R_{e_1} \mid R_{e_2}, W_{e_2})}\right) + \max\left(0, \ln \frac{P(W_{e_2} \mid W_{e_1})}{P(W_{e_2} \mid R_{e_1}, W_{e_1})}\right) \tag{6.100}$$

基于以上约束，本节提出了几种基于相似性规则的图结构。

（1）基于知识的方法：生成一个密集连接的图，其中，如果两个不同的试题 e_1 和 e_2 有相同的知识，那么邻接矩阵元素 $A_{i,j}$ 为 1；否则为 0。

（2）余弦相似方法：通过两个试题的 BERT（bidirectional encoder representations from transformers）嵌入的余弦相似度生成一个图，其中，如果两个不同试题 e_1 和 e_2 之间的相似度大于超参数 ω，那么 $A_{i,j}$ 为 1；否则为 0。

（3）试题转移方法：生成邻接矩阵是转移概率矩阵的图，其中，如果 $\frac{n_{i,j}}{\sum_{k=1}^{|\mathcal{E}|} n_{i,k}} > \omega$，那么 $A_{i,j}$ 为 0；否则为 0。在这里 $n_{i,j}$ 代表在回答了试题 i 之后，立即回答试题 j 的次数。

（4）试题支持方法：通过贝叶斯统计推断生成图形，其中，如果 $\text{Sup}(e_i, e_j) > \omega$，那么 $A_{i,j}$ 为 1；否则为 0。

2. 问题模式表征学习

首先，HGKT 构建了两个名为 GNN$_{\text{exer}}$ 和 GNN$_{\text{sche}}$ 的 GNN，其参数用于相应地更新试题嵌入和问题模式嵌入。前 k 层的节点特征矩阵是每个试题 F 和直接支持图 A_e 的一个 one-hot 嵌入。在这里，H_e 与 H_s 对应于试题和问题模式的嵌入。注意 $H^0 = F$。在第 k 层，如式（6.102）所示，利用池操作来直接支持图，以获得更小的间接支持图 A_s。式（6.103）中引入的线性变换将试题表示聚合为相应的问题模式表示。最后，GNN$_{\text{sche}}$ 更新问题模式的表示，并将该模式表示发送到 HGKT 的序列处理阶段。

$$H_e^{(l+1)} = \text{GNN}_{\text{exer}}(A_e, H_e^{(l)}), \quad l < k \tag{6.101}$$

$$A_s = S_\lambda^T A_e S_\lambda, \quad l = k \tag{6.102}$$

$$H_s^{(l+1)} = S_\lambda^T H_e^{(l)}, \quad l = k \tag{6.103}$$

$$H_s^{(l+1)} = \text{GNN}_{\text{sche}}(A_s, H_s^{(l)}), \quad l > k \tag{6.104}$$

3. 序列建模过程

序列建模主要用于融合问题模式和学习者作答的序列信息，包括序列传播、注意力机制和模型训练三部分。

（1）序列传播。

序列处理部分的总输入是试题交互序列。每个试题互动包含三个部分：知识 v_t、试题结果 r_t、问题模式 s_t。在这里，v_t 是 K 个不同的知识点的 one-hot 嵌入；r_t 是一个二进制值，表示学习者是否正确回答了一个试题；s_t 为 HEG 模块中获得的问题模式。在每个时间步骤 t，为了区分不同试题对隐藏知识状态的贡献，序列模型输入 x_t 是 (v_t, r_t, s_t)。在传播阶段，HGKT 处理 x_{t+1} 和先前的隐藏状态 h_t，通过使用 RNN，以获得当前学习者的隐藏状态 h_{t+1}，如式（6.105）所示。这里使用 LSTM 作为 RNN 的变体，因为它可以更好地保持试题序列中的长期依赖性。式（6.106）显示了在 $t+1$ 时刻对每个问题模式的掌握程度 $m_{t+1}^{\text{cur}} \in \mathbf{R}^{|S|}$ 的预测，$\{W_1, b_1\}$ 是参数。

$$h_{t+1}, c_{t+1} = \text{LSTM}(x_{t+1}, h_t, c_t; \theta_{t+1}) \tag{6.105}$$

$$m_{t+1}^{\text{cur}} = \text{ReLU}(W_1 \cdot h_{t+1} + b_1) \tag{6.106}$$

（2）注意力机制。

HGKT 模型利用两种注意机制（顺序注意和模式注意）来增强建模历史上典型状态的效果。学习者可能会用相同的问题模式去作答相似的试题，因此使用式（6.107）所示的序列注意来参考以前类似练习的结果。这里，HGKT 假设历史问题模式的注意力 m_{t+1}^{att} 是先前掌握状态的加权和集合。然而，与其他研究中使用的注意力不同，在 HGKT 设置了一个注意力窗口 λ_β，原因有以下两个：①如果序列注意力的长度不受限制，那么当试题序列非常长时，计算成本会很高；②实验证明，最近记忆对知识追踪结果的影响大于长期过去记忆，这与教育心理学是一致的，因为学习者随着时间推移开始失去对所学知识的记忆。

$$m_{t+1}^{\text{att}} = \sum_{i=\max(t-\lambda_\beta, 0)}^{t} \beta_i m_i^{\text{cur}}, \quad \beta_i = \cos(s_{t+1}, s_i) \tag{6.107}$$

模式注意旨在将学习者的注意力集中在具有 $\alpha_t \in \mathbf{R}^{|S|}$ 的给定问题模式上，这与其他问题图式相似。如式（6.108）所示，HGKT 提出了一个外部记忆存储矩阵

$M_{sc} \in \mathbf{R}^{k|S|}$ 。 M_{sc} 的每一栏都嵌入了问题图式。这里，k 是 HEG 中的嵌入维数。由式（6.109）可以看出，试题的答案与具有相似问题模式的试题相关，因此将注意力集中在某个问题模式上。请注意，在训练过程中，M_{sc} 的值随着时间的推移而变化。

$$m_{t+1}^f = \alpha_{t+1}^{\mathrm{T}} m_{t+1}^{\mathrm{cur}}, \quad \alpha_{t+1} = \mathrm{Softmax}(s_{t+1}^{\mathrm{T}} M_{sc}) \tag{6.108}$$

总而言之，预测学习者在时间 $t+1$ 的表现的状态由三部分组成：当前知识掌握 m_{t+1}^{cur}、历史相关知识掌握 m_{t+1}^{att} 和聚焦问题图式掌握 m_{t+1}^f。如式（6.109）所示，这些状态被连接在一起以预测最终的结果，$\{W_2, b_2\}$ 是参数。

$$\tilde{r}_{t+1} = \sigma(W_2 \cdot \left[m_{t+1}^{\mathrm{att}}, m_{t+1}^{\mathrm{cur}}, m_{t+1}^f \right] + b_2) \tag{6.109}$$

（3）模型训练。

在训练期间，更新两个参数，即参数 $\mathrm{GNN}_{\mathrm{exer}}$ 和 $\mathrm{GNN}_{\mathrm{sche}}$。同时更新在序列传播中的参数 $\{W_1, b_1, W_2, b_2\}$。学习者的损失如式（6.110）所示。具体来说，训练的损失被定义为真实的试题在时间 t 答题结果 r_t 和预测分数 $\tilde{r}_t$ 之间的交叉熵。使用 Adam 优化使目标函数最小化。

$$\mathrm{loss} = -\sum_t (r_t \ln r_t + (1 - r_t) \ln(1 - \tilde{r}_t)) \tag{6.110}$$

HGKT 模型证明了试题之间的等级关系对于 KT 任务的重要性。HGKT 模型利用了分层试题图、试题中的文本信息和序列模型的优点，增强了解决知识追踪问题的能力。此外，本节 HGKT 提出了 K&S 诊断矩阵的概念，它可以跟踪知识和问题模式的掌握情况，这在工业应用中被证明比传统的知识追踪方法更有效和有用。

6.4　本章小结

动态认知诊断是智能教育领域的研究热点，动态认知诊断理论与技术的出现使得学习者个性化学习成为可能。知识追踪发展至今，其定义与内涵也在不断发展、变化。总的来说，知识追踪旨在根据学习者的历史学习轨迹自动追踪学习者的知识水平随时间变化的过程，以便能够准确地预测学习者在未来学习中的表现，进而为学习者提供智能服务。

知识追踪自被引入智能教育领域后，其重要性逐渐得到关注，越来越多的注意力被应用到与知识追踪相关的研究中，因此新颖的知识追踪模型及其大量变体和应用不断地涌现出来。本章依据提出的 KT 模型分类，对现有 KT 模型做了详细的介绍。

基于概率模型知识追踪主要分为基于贝叶斯的知识追踪和基于矩阵分解的知识追踪。基于概率模型的知识追踪从一定程度上解决了测评学习者学习过程中能力水平、知识水平、认知水平的问题，在其发展过程中也使预测精准性得到了一定的提升。基于概率模型的知识追踪方法模型结构简洁，且能够较好地结合教与学的原理，因此具有较强的可解释性。但它无法抽象出未定义的知识点，同时模型的简单性使得它无法很好地模拟出知识点状态更新的过程，当应对数据量较多的情况时表现会变得极差。

由于传统概率模型的知识追踪方法中存在的问题越来越显著，而基于深度学习的知识追踪方法因为其强大的提取和表示特征的能力及发现复杂结构的能力，促进了对 KT 任务的研究，受到了广泛的关注与重视。根据深度学习的不同技术和其发展轨迹，可以细分为基于 RNN 的知识追踪、基于注意力的知识追踪、基于图神经网络的知识追踪及其他类型的知识追踪。基于深度学习的知识追踪方法，其结果预测表现效果相较于概率模型知识追踪得到了显著的提升，体现了人工智能技术对教育测评的深刻影响。

综上所述，随着知识追踪在理论与实践层面的不断深入，实现了经典分数论向能力论的转变，从结果性测评向过程性测量的转变，从静态单维诊断向动态多维追踪的转变，从经验主义和数据驱动向人工智能时代数据决策的精准测量的转变。

第四篇

时空认知诊断：学习认知的时空演变

第 7 章　时空认知诊断理论

伴随数据分析方法的发展与进步，认知诊断模型（CDM）领域逐渐发展壮大。CDM 的本质是通过学习者对项目的作答反应，对学习者的内部认知规律进行建模，实现对学习者的认知状态的跟踪与测评，并能预测学习者未来的表现。根据不同方法，如概率统计方法或基于深度学习方法，CDM 已有不同的变体。基于概率统计的认知诊断方法，通常要基于已有变量设计概率函数，根据概率函数进行参数估计；然后通过真实数据集或者模拟数据集来验证其模型的精准性。而基于深度学习的认知诊断方法，通常可以采用多种深度学习的方法来对学习者的测评过程进行建模，通过神经网络来模拟学习者的知识变化过程；此类方法假设神经网络的隐藏单元即为学习者的知识状态，通过神经网络反向传输来调整神经网络中的参数，最后预测学习者未来的表现。随着技术的发展，研究者也发现传统 CDM 亟须与时序化的知识追踪模型相结合，从试题、学习者和时间三个维度来构建面向时空的认知诊断理论和模型。

7.1　时空认知诊断内涵

空间无限，时间无痕；前者无界永在，后者无尽永前。我们生活的世界瞬息万变，人们一直通过不同的方式与方法对时间和空间问题进行探索，这种探索从未停止过。从古至今，空间和时间早已成为人类认知最基本、最永恒的两个主题。教育测量学是对教育现象及其属性进行数量化研究的过程，在狭义上讲，即寻求在特定的空间和时间上学习者的学习效果的一门学科。因此，时间和空间对教育测量理论有着深远的影响。

随着信息技术的不断发展，学习者的学习过程数据的采集也越来越全面，教育测量理论的时空特性也逐渐成为研究的热点话题。一方面，空间因素在学习者的学习过程有着重要的因素，从广义角度看，学习者的学习离不开空间的支撑，如物理空间、网络空间等；从狭义角度看，学习者的学习受到学习者内部认知空间的影响，如学习者习得的能力、学到的知识、技能等，尤其是新一代教育测量理论——认知诊断理论的发展，使得测验的焦点由唯分数论的结果逐步向学习者的认知状态转变。另一方面，时间特性对于学习者学习成效的影响是不可忽视的，学习者的学习不是静态的，而是动态的，在不同的时间点，学习者的认知会发生相应的变化，如学习者在一年级和五年级对于圆的认知是不同的。因此，面向时空的认知诊断理论的研究是亟待解决的问题。

随着互联网技术的发展和普及，教育领域积累了海量的、同时具有时间和空间维度的时空数据。时空认知诊断是针对学习者的学习过程，根据学习者在不同的时间与空间维度上的表现，基于历史积累的时空数据，运用认知诊断技术分析和挖掘蕴含于数据之中的学习者的学习规律，实现对学习者在时空数据的当前认知状态的诊断与未来发展状态的精准预测，有助于学习者的个性化学习与老师的精准教学。

7.2 时空认知理论

本节通过对知识空间理论和教育测量理论的深度剖析，结合教育学理论中的教育目标分类，以及学习理论中认知加工过程的客观规律，着重对学习者在时间与空间维度的知识构建、认知发展等方面的认知规律进行建模。

7.2.1 知识空间及扩展知识空间

Doignon 和 Falmagne[150]提出的知识空间理论（KST）提供了一种表达知识结构的方法，是一种测试学习者知识状态、知识结构的心理学理论。在该理论中，知识状态是由被试能够回答的问题（试题）集合表示的。知识空间理论将一个知识域的知识属性以多种粒度状态进行分化，按照所分知识属性间的前驱后继关系组织在一起。以知识空间为基础对学习者进行考查，可以根据学习者对测试题目的作答情况计算出其对知识属性的掌握状态。知识空间理论中有几个重要的概念，分别是知识空间、知识状态、知识结构、试题之间的前提关系（premise relation）及蕴含关系（implication relation）。

定义 7.1（知识空间） 知识域 Q 是试题的有限集，称为知识结构的域，$\mathcal{K}$ 是由 Q 的子集组成的集合，$\mathcal{K}$ 称为知识空间，当且仅当：

（1）$\mathcal{K}$ 包含空集 $\varnothing$ 和试题的全集 Q；

（2）对于任何试题的子集 $K_1, K_2 \in \mathcal{K}$，有 $K_1 \bigcup K_2 \in \mathcal{K}$。

定义 7.2（知识状态） 对于知识空间 $\mathcal{K}$，子集 $K \in \mathcal{K}$ 称为知识状态，当且仅当 $K = \{q_1 | q_1, q_2 \in Q, q_1 \leq q_2 \text{且} q_2 \in K\}$，其中，$\leq$ 关系为前提关系或猜测关系，即 q_1 为 q_2 的前提。也就是说不与试题间的前提关系发生冲突的试题集合即为知识状态。

定义 7.3（知识结构） $(Q, \mathcal{K})$ 表示知识结构，其中，Q 是由一系列试题组成的非空集合，而 $\mathcal{K}$ 是知识状态 K 组成的集合，且 $\mathcal{K}$ 至少包括 Q 及空集 $\varnothing$。如果域 Q 是有限的，那么知识结构 $(Q, \mathcal{K})$ 也是有限的。

定义 7.4（试题之间的前提关系）　$(Q,\mathcal{K})$ 为一个知识结构，$\le$ 是定义在 Q 上的关系：$r \le q \Leftrightarrow K_r \supseteq K_q$，其中，$r$、$q \in Q$，$K_r, K_q \in \mathcal{K}$ 分别表示包含 r、q 的知识状态的集合。

例 7.1　知识域 $Q = \{a,b,c,d,e\}$ 包含 5 个试题，一个试题对应一个知识点，这些试题间存在以下三个前提关系。

（1）如果能答对试题 a，那么能答对试题 b 或 c 中的一个，表示为 $b \lor c \le a$。

（2）如果能答对试题 b，那么能答对试题 d，表示为 $d \le b$。

（3）如果能答对试题 c，那么能答对试题 d 和 e，表示为 $d \le c$，$e \le c$。

试题间的前提关系，可以用试题前提关系与或图来表示，如图 7.1 所示。

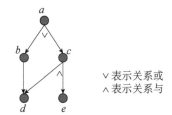

图 7.1　前提关系与或图

根据试题之间的前提关系，可以得到知识域 Q 中的所有的知识状态，这些知识状态与空集 $\varnothing$、全集 Q 一起组成了知识域 Q 上的知识空间，可以表示为 $K = \{ \varnothing, \{d\}, \{e\}, \{b,d\}, \{d,e\}, \{a,b,d\}, \{b,d,e\}, \{c,d,e\}, \{a,b,d,e\}, \{b,c,d,e\}, \{a,c,d,e\}, Q \}$。例 7.1 中试题的集合 $\{a,b\}$ 就不是一个知识状态，因为它包含了试题 b，却没有包含试题 b 的前提试题 d，与第二条前提关系相冲突。集合 $\{a,c\}$ 也不是一个知识状态，因为它包含了试题 c，却没有包含试题 c 的前提试题 d 和试题 e，与第三条前提关系相冲突。

随着知识空间理论的不断发展，人们开始关注知识空间理论和技能集合之间的关系，提出了技能与试题之间的映射关系，在教育测量理论中，此处的技能就是学习者某个特定领域的知识和能力，进一步提出了扩展知识空间理论（extended knowledge space theory）[151]。

扩展知识空间中的技能映射是一个三元组 (Q,S,τ)，其中，Q 是非空的试题集合，S 是非空的技能集合，τ 是 $Q \to 2^S \setminus \varnothing$ 的映射，对于 $\forall q \in Q$，$\tau(q)$ 代表解决试题 q 需要的技能集合。

（1）映射关系 s（技能函数）：和每个问题相关，是技能子集的集合。每个技能子集分别包含解决每个问题所需的所有技能。如果一个问题对应于两个以上的技能子集，那么表示主体可以采用不同的策略来解决该问题。

（2）映射关系 p（试题函数）：和每个技能子集相关，是问题的集合。定义了一个知识结构，因为相关的技能子集也就是可能的知识状态。

（3）学习前提函数 $r(l)$：表示主体要学习学习者 i 所必备的技能集合。

（4）学习结果函数 $t(l)$：表示主体学习完成后学习者 i 所具备的技能集合。技能函数和问题函数是等价的，若给定技能函数，则问题函数就可以被唯一地确定。若已知其中的一个函数，则建立问题和技能各自的知识状态。我们将通过一个具体的实例来阐述技能函数和问题函数之间的关系。

7.2.2　时空认知模型

在教育领域中，学习认知理论是基于教育心理学、信息加工理论、学习科学等基础理论，旨在探索学习者学习过程的认知机制，特别是学习者的信息处理机制。时空认知模型通过学习者与试题在时空维度的外在交互信息，构建学习者的内在认知加工模型，挖掘学习者在时空维度上的认知规律，定位学习者的潜在高阶能力水平，其框架如图 7.2 所示。以"为学习而测评"的目标，从外在交互特征逐步深入内部认知分析，通过对学习者的内在认知能力进行评估，以此来构建学习者认知过程的分层建模。通过探索外在知识、内部认知规律和综合能力间的关联，构建了融合外在特征和内在认知的双层认知模型，为认知诊断方法的研究提供理论支撑。

由图 7.2 可知，时空认知模型是一个涵盖学习者在不同时间与空间维度上的交互模型，它由内在（不可观测）与外在（可观测）特征之间相互作用的机制构成。一方面，外在特征层表示在参与测评的过程中，当学习者与试题发生交互时，直接产生的一系列可观测特征；另一方面，认知规律层描述了学习者在这一过程中的认知模式和规律。根据教育心理学理论，学习者在学习与测评过程中的表现会受到速度、学习和遗忘等内部认知规律的影响。同时，通过内部认知规律来刻画学习者在未来某试题上的潜在综合能力，实现隐性能力的显性化表示。一方面，学习者的外在行为特征是由内在认知特征决定的；另一方面，学习者的内在认知特征是由外在特征体现的。最后，根据认知规律的建模来预测学习者在未来试题上的表现，并以此来推测学习者可能的知识技能的掌握程度。

1. 从现象到本质的认知模型

当前主流认知诊断模型大多基于单次测试结果数据对学习者知识水平进行静态评估，各阶段测评结果相对独立，仅实现对学习者当前知识水平的结果性评价，因此需要重视学习者测评过程中认知结构随时间的变化过程[152]及知识技能水平不断提升的规律。通过对以时间序列分析为核心的知识追踪模型的发展史的深度对比分析，现有模型能够深度挖掘学习者知识状态在长周期时间序列上的演变规律。根据

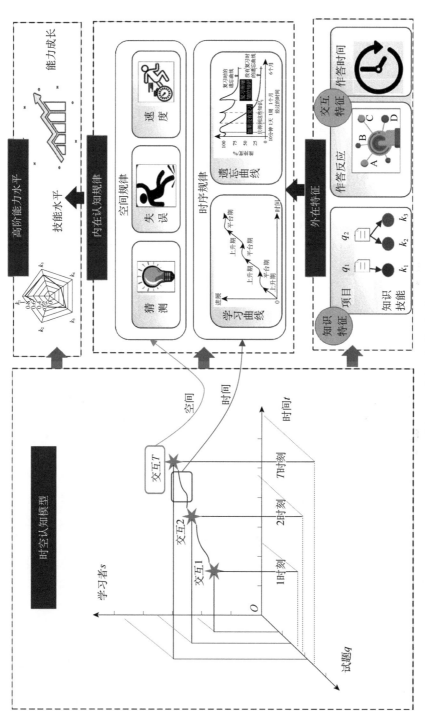

图 7.2 时空认知模型框架

认知加工理论，学习者在参与测评过程中，会受到速度、学习和遗忘等内部认知因素的影响。学习者的反应速度能体现学习者对知识的掌握熟练度，是认知心理变化重要的衡量指标[153]。而学习者在学习过程中的记忆会因为遗忘而减弱，会因为学习而增强，因此，学习和遗忘也是衡量学习者知识掌握状态的重要指标。因此，认知诊断模型除了充分地利用时间序列上的知识、交互、行为和时序特征，还需要关注速度、学习和遗忘等内部认知规律对学习者长周期测评过程的影响，全方位持续监测随着时间演化的知识技能发展状况，客观地刻画学习者深层次的知识建构和认知发展水平，提升时间序列模型在教育认知领域的可解释性。

2. 从局部到整体的综合能力诊断

三种内部认知规律（速度、学习和遗忘），均能体现学习者在测评过程中的认知心理变化，最终体现为学习者的潜在综合能力的改变。Salthouse提出认知老化的加工速度理论，尝试解释速度对认知能力的影响，认为速度是记忆、推理等认知功能变化的中介变量。针对学习和遗忘认知规律，有学者采用学习曲线[154]来描述，即个体在重复的学习中，其操作过程会越来越熟练，能力得到了提升。此外，著名教育心理学家Ebbinghaus认为，随着时间的推移，学习者对所学知识的记忆会下降[155]，其对知识的理解能力下降，这体现了遗忘的认知规律。由此可知，速度、学习和遗忘三种内部认知规律分别从三个不同的角度谈到对学习者的综合能力产生正向或负面影响，体现了内部认知的多个局部影响，而学习者的知识掌握状态及未来表现的预测需依赖于整体潜在综合能力的判断。因此，学习者的认知也是从局部的内部认知向整体综合能力的升华。

综上所述，基于多维特征的认知诊断模型反映了认知诊断领域的转变，从过去只关注学习者的外在多维特征逐渐转向更加关注学习者内部认知规律的本质建模。这一转变体现了传统的知识追踪模型不再仅关注局部认知规律，而更加强调评估学习者整体综合能力的能力诊断。通过从知识结构、认知发展和综合能力三个方面来全面地描述学习者，我们可以实现对学习者未来试题反应的预测，从而达到评估学习者内隐知识和技能掌握程度的目标。

学习者在参与测评过程中，凭借自己对先验知识的记忆来对当前项目做出反应。在心理学中，记忆被定义为人脑对过去事物的识记、保持、再认[156]，而遗忘和学习会对记忆产生重要的影响[157]。

1. 三维知识空间理论

针对知识空间理论忽视学习者在时间序列上的学习数据，本节将时序因素引入知识空间中，构建基于知识空间时序扩展的三维知识空间理论，是该项目的上层研究内容。三维知识空间是指一个学习者对某领域知识技能的掌握水平，通过该学习者对该领域内不同时间对问题的应答情况（答对或者答错）来体现。

三维知识空间由试题（Q）、学习者（S）和时间（T）三个维度构成，记作一个三元组(Q, S, T)，试题维度表征为(Q, K)，Q是一个非空的试题集合，而K是由Q的子集组成的集合，即学习者可能作答正确的试题集合。学习者维度表征为(S, G)，S为学习者应该掌握的试题的集合，G为S的子集组成的集合。时间维度表征为学习者参与测评的时间序列，在建构理论指导下，记录不同时刻学习者在试题空间中反应数据，将时序上的多次连续测评数据相融合，同时注重不同时间间隔对学习者知识技能的影响。该理论很好地揭示了学习者、试题在时间序列上的交互关系，为诊断学习者的知识技能做好了基础工作。图 7.3 为三维知识空间。

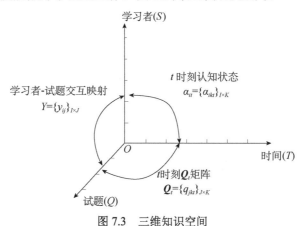

图 7.3 三维知识空间

（1）测评映射关系：τ 为一个三元函数(Q, S, T)，即 $test = \tau(q, s, t)$ 表示学习者在时间序列上的测评，即学习者与测评考察试题的交互，以此映射学习者在时间序列上的技能结构的变化。

（2）试题映射函数（时序的扩展知识空间）：表示 t 时刻试题与技能的关联矩阵 Q_t，即在时刻 t，试题集 K 与知识技能 G 的映射关系。

（3）学习者-试题映射函数：表示学习者与试题的交互函数，即学习者的作答数据 $Y = \left\{ y_{ij} \right\}_{I \times J}$。

（4）学习者-技能映射函数：表示学习者在时序上的技能状态，即学习者 i 在 t 时刻的技能状态 $\alpha_{it} = \left\{ \alpha_{ikt} \right\}_{I \times K}$。

2. 外在特征

根据测试主客体，可观测变量可以分为学习者属性与项目属性。项目属性，除了项目基础信息，项目所考核的知识点也是关注的焦点。总体来说，认知诊断模型采用 Q 矩阵表示关联的多个知识点，知识追踪要么假设项目只有一个知识点，要么采用记忆模块或神经网络来表示多个隐性知识点。学习者属性包括学习者与项目交互的学习者反应特征（即学习者参与测评过程中正确或错误回答项目）和学习者行为特征（学习者答题的反应时间和时间间隔等），其中学习者行为特征对学习者的反应速度或记忆有影响。

1）项目属性

认知诊断是通过观测某时间段内对某领域的项目（即试题或 Item，两者通用）的应答情况，建立针对学习者隐藏知识状态的模型，以此来推测学习者的知识掌握状态，即学习者的知识空间（learning space，简称学习空间）。学习空间理论来源于1985 年由 Doignon 和 Falmagne 提出的 KST，包括知识结构、知识空间及蕴含关系等核心概念。其中，为了构建反应学习者知识状态的学习者空间，首先，我们需要构建某领域的知识结构，即此领域所有知识的集合。其次，构建领域所有可能的知识状态的集合，即知识空间。通常的做法是设计一套能够测试出其知识点掌握的项目，通过学习者在项目上的作答反应来获得项目的分数，以在项目上的反应表现来推测学习者的知识状态。同时，知识之间存在先备与后继等蕴含关系，如果学习者掌握了后继知识点，那么它的先备知识点必然已经掌握。蕴含关系的存在有助于减少所设计的测评项目的数量，减少学习者的做题次数，达到检测学习者知识状态的目的。最后，通过融合知识空间和蕴含关系，最终得出学习者的知识状态，表征学习者的知识空间。知识特征是认知诊断最重要的内容，当前认知诊断和知识追踪领域对知识特征的表征方式包括如下四种。

（1）采用项目与知识点的关联矩阵（Q 矩阵）来表示知识特征。该方法是认知诊断领域最为常用的知识表征方法，若项目与某知识点存在关联，则记为1；若不存在关联，则记为0。这种邻接矩阵的方式捕获了所有项目与知识点的关联，允许项目与知识点存在一对多的关系。

（2）采用知识点替代项目。该方法常用于 DKT 及其变体中，假设在项目与知识点的关联关系中第一个知识点与项目最为相关，可以采用项目的首个关联知识点来代表项目所关联的所有知识点，即项目与知识点只存在一对一的关系，可以采用关联的知识点来替代项目，达到深度学习中减少变量的目标。

（3）采用记忆网络建模项目特征。考虑到 DKT 及变体模型中，只允许项目包括一个知识点，这种做法忽视了项目涉及多个知识的本质，丢失了其他关联知识的信息。因此，基于 DKVMN 及其变体方法中，采用一个键-值记忆网络来表示项目的知识特征，增强了 DKT 的可解释性和知识的表征。

（4）采用图表示项目与知识的关联。考虑到 DKVMN 无法将项目和知识点一一对应，仍存在一定的知识信息丢失，因此有学者借鉴 Q 矩阵全面表征项目知识关联的思路，采用图来表示项目与知识的关联，构建项目-知识图模型，以此来推荐学习者的知识状态。

2）外在交互特征

当前，国内外学者高度关注交互对深度学习的促进作用[158]。在线下教学中，良好的师生交互能帮助教师了解学习者的学习动态和心理；在线上教学中，师生交互有助于学习者进行深度学习。在学习者参与测评，即学习者与项目发生交互时，我们可以获得学习者与项目的交互数据，最常见的交互数据是学习者对项目的反应，即学习者在某个项目上答对还是答错。不论是经典测量理论，还是认知诊断、知识追踪领域或者知识空间理论，学习者在项目上的作答反应是我们可以测量到的最重要的可观测变量，通过此可观测变量可以去推测学习者的当前知识状态。此外，学习者在与项目发生交互时，除了反应的分数，我们还可以捕获一些其他的可观测特征，如学习者在某个项目上花费的时间等。如果学习者在某项目上花费的时间多，那么说明此项目超出了学习者的个人能力水平（比较难）；如果学习者在某项目上花费的时间太短，那么说明此学习者可能是猜测或者做答不认真。因此，交互特征是伴随学习者与项目的交互过程中产生的交互信息，交互信息有助于帮助判断学习者对知识的掌握程度。

在互联网+的混合学习环境中，武法提和张琪[159]将学习行为定义为基于课程的学习目标，在学习管理系统的调节下，与学习环境进行信息交换所形成的持久性的行为记录。在认知诊断过程中，学习者在与项目的交互中，大量的做题行为性数据会随之产生。而学习者在在线和线下两种情况下，所能采集到的学习行为数据各不相同。一方面，在线诊断环境下学习行为的发生包括学习者与测评诊断系统交互时产生的行为数据，如学习者在每一个项目上的停留时长、鼠标单击轨迹、是否单击提示信息、某项目反复查看次数等。这些行为数据将从侧面反映学习者做题时的心理，如单击提示信息时说明学习者不会需要帮助；如学习者反复查看某个试题，证明此题超出学习者的能力范围等；如从学习者鼠标单击的轨迹中可以发现学习者在完成此项目时在多个选项中徘徊的心理等。另一方面，线下诊断环境中学习行为数据相对较少，只能从学习者所答的试卷中采集数据，如学习者在做题过程中的书写笔迹、学习者反复修改试题答案等信息。从长期持续多次测评来看，还包括学习者重复完成某项目的次数等，重复次数越多，学习者对此项目记忆越深，对其所需知识技能的理解更为深刻。因此，我们认为知识技能的重复次数对学习者的知识掌握状态有一定积极的影响。

3. 学习者内在认知规律

1）学习者在空间维度的认知规律

在心理测量学领域，学习者在试题上的反应速度，即学习者在试题上作答速度的快慢，从一定程度上能反映出学习者的能力水平[160]，以此来更好地辨别在线测试中学习者的猜测、失误或撒谎等异常作答行为，提高学习者知识水平诊断的准确性，优化自适应测试中的选题策略。

速度，即加工速度，又称认知加工速度，即在有限的时间内能够完成任务的数量。速度是衡量个体心理发展水平的重要指标，是个体在认知活动中对事物的判断。著名的加工速度理论认为，速度是个体的心理结构[161]，能够反映认知过程的内部心理机制的变化过程。学习者在项目上的反应速度，一般通过学习者在作答过程中在每个试题上所花费的时间（反应时间）来体现。反应时间，简称反应时，是研究认知测试表现背后的认知过程的一种自然数据，属于外在特征中的交互特征。在认知心理学中，Luce[162]最先采用反应时来量化学习者的心理加工过程并探索学习者的心理发展规律。

2）学习者在时间维度的认知规律

学习者对所掌握知识的记忆会因遗忘和学习等认知过程而发生变化。学习和遗忘是认知过程中两个重要的记忆因素。遗忘是一种客观存在的合理的心理现象，是以前认识过的内容却没有被正确回忆或再认的现象。德国教育心理学家Ebbinghaus认为，随着时间的推移，学习者对所学知识的记忆会下降；并通过做实验绘制了著名的遗忘曲线，体现个体对知识的遗忘与时间的关系。此外，学习者通过回忆与再认的过程可以再一次强化先前的记忆，这个过程称为学习。认知心理学家Schunk[163]认为，学习是对信息的心理加工，即构建、获取、组织、编码、排练、记忆存储、从记忆中提取或非提取。在管理学中，Wright[164]于1936年提出学习曲线，用于估计完成生产运行所需的时间，进而降低生产成本。在教育学领域，学习者重复学习的次数越多，其对知识的记忆越牢固，越不容易发生遗忘；而遗忘是自然存在的现象，随着时间的推迟，过去知识的记忆会逐渐遗忘。因此，学习者学习过程中的知识内化及其与长期依赖的知识关联还需要深度挖掘。

3）学习者的高阶综合能力

在认知诊断领域，学习者能力与个体的学业水平相关，而认知过程是达到学业结果所涉及的认知活动。一般来说，学习者的潜在综合能力采用c来表示。认知测试不会对其过程进行测量，通常以一个最终的能力结果来衡量学习者的能力。但这种结果性的能力仅能描述学业水平，并不能让学习者真正地获得认知过程中存在的问题。为了解释认知过程如何发生，我们需要聚焦于认知过程，从认知过程中得到更多的反馈信息，帮助实施干预和补救。

由前面的分析可知，基于学习者认知规律的诊断模型，可以追踪学习者认知过程中的知识状态的变化。在融合多维特征的认知诊断模型的指导下，学习者的认知规律（如速度、遗忘和学习）能够从一定程度上反映学习者的潜在能力。对于速度方面，工作速度快且保证了完成项目精度的学习者 S_1，相比保证精度但速度慢（花费时间长）的学习者 S_2 来说，潜在能力更强。对于遗忘，学习者在学习某一知识技能后，很不容易遗忘，若间隔很长的时间仍能够保证完成项目的精度，则说明该学习者的综合潜在能力更强。对于学习，若学习者重复练习某些试题，能激起学习者的回忆与再认，则说明学习能够增强学习者的记忆能力。

7.2.3　多维特征的表征

由经典认知诊断模型的特征分析可知，不同的认知诊断模型选取了不同的特征变量来对学习者的认知状态进行建模。从学习者自我调节框架来看，一般对学习者从认知测量、情感措施和行为测量[165]三个方面来进行编码。认知测量包括学习表现（如分数）、学习策略的使用和学习者设定的目标的实现。情感措施是指动机和其他情感结果（如焦虑和满意度）及学习者对学习的感知和他们的学习经验。行为测量指的是与学习者的行为相关的测量，如在一项活动中花费的时间，对给定资源的单击次数和寻求帮助的行为。而 Jimerson 在梳理相关文献后，将学习者模型的主要元素分为学习行为、学习情感和学习认知三个方面[166]。其中，学习行为指学习者在参与学习活动过程中的行为状态；学习情感指学习者对教师与学校的情感反应和态度；学习认知与学习者对学习和教育的理解有关。而在我国，有学者基于知识图谱、认知计算、情境感知技术实现对学习者特征的知识—认知—情感—交互四个方面的分析与建模[167]。同时，在多模态学习者建模过程中，将学习者模型划分为认知—行为—情感—交互等多个方面[168]。因此，考虑到学习者在参与诊断过程中，情感方面的数据难以获取，我们只考虑知识、交互和行为等方面的学习者特征。同时，由于学习者的学习过程是动态变化的，认知诊断模型需要考虑学习者在先前学习过程中的历史时间序列信息，称为时序特征，如图 7.4 所示。因此，我们将学习者在诊断过程中的特征划分为知识—交互—时序三个方面来进行分析。

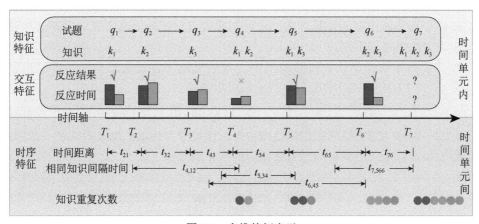

图 7.4　多维特征表示

1. 知识特征

知识特征表示项目与知识点间的关联，可以通过采用 Q 矩阵或直接采用知识点替代项目等方法进行表达。知识点集合采用 K 表示，$K = \{k_1, k_2, k_3, \cdots, k_n\}$ 表示有 n 个知识点。以下公式为图中试题与知识点间的关联矩阵，即 Q 矩阵。

$$Q = \begin{bmatrix} 1 & 0 & 0 \\ 0 & 1 & 0 \\ 1 & 0 & 0 \\ 0 & 0 & 1 \\ 1 & 0 & 0 \\ 0 & 0 & 1 \\ 1 & 0 & 0 \\ 0 & 1 & 0 \end{bmatrix} \qquad (7.1)$$

式中，1 代表项目与知识点存在关联；0 代表项目与知识点不存在关联。由此，Q 矩阵可以直接输入以确定性输入噪声与（DINA）为代表的认知诊断模型。Q 矩阵允许一个项目关联多个知识点，即某一行项目上可能存在多个 1；如果一个项目只关联一个知识点，那么此行只有一个 1，其他均为 0。此外，在 DKT 为代表的知识追踪模型中，常默认项目与试题为 1∶1 的关系，此时无须对知识进行额外编码。

2. 外在交互特征

交互特征采用 I 来表示。一般说来，在测评过程中，交互特征由学习者的正误反应结果 R 和反应时间 T 组成，即 $I \in \{R, T\}$。正误反应 $R = \{r_{ij}\}$，$r_{ij} \in \{0,1\}$ 表示第 i 个学习者在第 j 个项目上的作答反应。学习者 i 答对项目 j，则 $r_{ij} = 1$，反之，$r_{ij} = 0$。反应时间 $T = \{t_{ij}\}$，其中，t_{ij} 表示学习者 i 在作答项目 j 时所花的时间。

根据不同诊断模型的计算方法，正误反应的表示在基于概率统计学方法和基于深度学习方法中略有不同。

在基于概率统计学认知诊断模型中，常采用矩阵方式来表示学习者的正误反应，即式（7.1）中的学习者 S_1 的反应向量可以表示为

$$R_{s1} = \begin{bmatrix} 1 & 0 & 1 & 0 & 1 & 0 & 1 & 0 \end{bmatrix} \qquad (7.2)$$

在基于深度学习方法的知识追踪模型中，深度学习模型的输入较为统一，因此在深度知识追踪中，最常见的学习者反应的表示方式如下：

$$(e_t, r_t) = \begin{cases} [e_t, 0], & r_t = 1 \\ [0, e_t], & r_t = 0 \end{cases} \qquad (7.3)$$

式中，r_t 代表 t 时刻学习者在 e_t 项目上答对或者答错，通过此方法将项目和对应的反应拼接为一个向量，方便输入深度学习方法。

3. 时序特征

时序特征采用 P 来表示，包括等距时间间隔和不等距时间间隔，而在认知诊断领域，学习者每次参与测评项目的时间并不是等距的，因此，序列级时间间隔是一个非常重要的测评时序特征，常用 Δs_t 来表示。此外，学习者在学习过程中，并不会只专注某一知识点。随着时间的推移，学习者涉及的知识覆盖面会越来越广，但同一知识点在学习者的历史学习中重复的次数并不相同，作答序列的时间间隔也不同，因此，重复时间间隔也是重要的时序特征之一，采用 Δr_t 来表示。因此，时序特征 $P \in \{\Delta s_t, \Delta r_t\}$。

前者 Δs_t 是当前和最后一次评估（两个相邻的评估）之间的时间间隔。由于不同评估的试题之间的潜在相关性，学习者更有可能在较短的序列时间间隔中表现得更好。例如，如图 7.4 所示，在涉及相同知识 k_2 的情况下，学习者在试题 q_2 上的序列级时间间隔要比试题 q_6 短，用下列公式描述：

$$\Delta s_{t=T_6,k=k_2k_3,q=q_6} = T_6 - T_5 = t_{65} > t_{21}$$
$$\Delta s_{t=T_2,k=k_2,q=q_2} = T_2 - T_1 = t_{21} < t_{65} \tag{7.4}$$

因此，在 q_2 上回答正确的可能性大于 q_6 上回答正确的可能性。

后者是当前和以前评估相同知识概念的最小时间间隔，在以前的研究中提到过 Δr_t，例如，如图 7.4 所示，学习者对试题 q_5 涉及的知识 k_1 和 k_3 的重复时间间隔比试题 q_4 涉及的知识 k_1 和 k_2 的重复时间间隔短，用下列公式描述：

$$\Delta r_{t=T_5,k=k_1k_3,q=q_5} = t_{5,34} > t_{4,12}$$
$$\Delta r_{t=T_4,k=k_1k_2,q=q_4} = t_{4,12} < t_{5,34} \tag{7.5}$$

因此，学习者在 q_5（对应知识为 k_1 和 k_3）上答对的可能性大于在 q_4（对应知识为 k_1 和 k_2）上答对的可能性。

7.3　时空认知诊断模型

本节基于时空认知诊断模型，提出一种面向学习轨迹的时空认知诊断模型。基于时空认知理论，通过对学习者在时序上的外在交互特征进行建模，挖掘学习者的内在认知规律及认知状态，并进一步预测学习者的未来表现。

7.3.1　问题定义

认知诊断理论旨在通过对外在的可观测特征进行建模，诊断学习者的认知状态。而时空认知诊断模型则是通过学习者在时间与空间维度上的外在特征（包括试题特征与交互特征）构建符合学习者在时空特征的内在认知变化规律的模型，诊断学习者在时间序列上的认知状态，并预测未来的表现，框架如图7.5所示。具体来说，时空认知诊断模型是根据项目的固有知识特征、学习者与试题交互过程中的反应特征，同时基于学习者交互过程中的行为与时序依赖，追踪学习者随着时间推移的知识记忆演变规律，实现多维不同外在特征的统一表征。同时，按照认知加工过程理论的遗忘、学习等认知规律，实现外在特征向认知规律的函数映射。最后，根据外在特征与认知规律的映射来推测学习者的综合能力，判断学习者在未来试题上答对的概率。

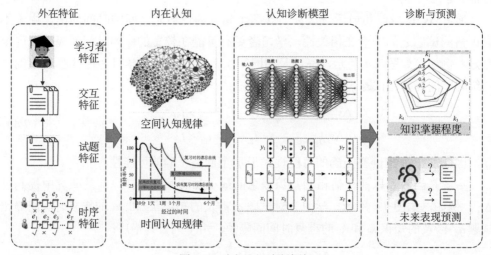

图 7.5　时空认知诊断框架

问题定义：假设学习者与项目的交互过程中会产生大量可观测的多维外在特征序列（记作 $\mathrm{EF} = \{\mathrm{EF}_1, \mathrm{EF}_2, \cdots, \mathrm{EF}_n\}$），而学习者的表现符合认知加工理论中的认知规律（记作 CL），因此，需要构建由外在特征向认知规律的映射（记作 $\mathrm{CL}_\theta(\mathrm{EF})$）。认知诊断模型的目标有两个：①根据外在特征的认知规律建模来预测学习者在未来试题上答对的概率；②推测学习者在每个知识技能上的潜在状态。因此，认知诊断的目标函数（即项目反应函数）可以表示为

$$P(r_{ij} = 1 \mid \alpha_i) = \Phi_{\alpha_i}(\mathrm{CL}_\theta(\mathrm{EF})) \tag{7.6}$$

式中，Φ_{α_i} 为学习者基于认知规律的知识状态的 IRF；$\mathrm{CL}_\theta(\cdot)$ 为不同的认知规律映射函数，θ 为速度、学习、遗忘或者其他一些内部认知规律及综合能力等；r_{ij} 为学习者对项目的反应，答对为1，反之为0；α_i 为学习者的潜在知识掌握状态，α_i 越大，其学习者答对的概率越高。通过预测的反应与真实反应的对比来训练参数，最终根据未来反应的表现预测来推测学习者的知识状态水平。

针对 $\mathrm{CL}_\theta(\cdot)$ 函数，不同认知特征建模采用不同的映射函数。如速度建模需要使用知识特征和以反应时间为代表的交互特征，其公式为

$$\mathrm{CL}_{\theta=s} = \varPsi(K, I) \tag{7.7}$$

式中，K 为项目与知识的关联特征；I 为学习者与项目的交互特征，包括学习者的反应时间，通过反应时间来推荐学习者的反应速度，进而影响其反应结果的预测。而针对学习和遗忘的记忆建模需要用到行为特征与时间间隔等序列特征，其公式为

$$\mathrm{CL}_{\theta=m} = \varPsi(r_{ij}, B, P) \tag{7.8}$$

式中，m 为学习和遗忘等记忆认知规律；r_{ij} 表示学习者对该项目的答题结果；B 为学习者与项目交互时产生的行为性特征；P 为学习者与项目交互的时间序列数据中的时间间隔特征。此外，内部认知规律可以从一定程度上反映学习者的综合潜在能力，其映射公式为

$$\mathrm{CL}_{\theta=c} = \varPsi(\mathrm{CL}_{\theta=s}, \mathrm{CL}_{\theta=m}, \mathrm{CL}_{\theta=e}) \tag{7.9}$$

式中，c 为学习者的潜在综合能力；e 表示其他认知特征。因此，学习者的综合能力由速度、学习与遗忘，以及其他内部认知规律来体现。那么，学习者认知诊断的目标也可以采用综合能力来表示：

$$P(r_{ij} = 1 \mid \boldsymbol{\alpha}_i) = \varPhi_{\boldsymbol{\alpha}_i}(\mathrm{CL}_{\theta=c}(\mathrm{EF})) \tag{7.10}$$

式中，$\mathrm{EF} \in \{K, I, B, P\}$；$\mathrm{CL} \in \{s, l, f, e, c\}$。本章主要符号与释义如表 7.1 所示。

表 7.1　公式中的符号与释义

符号	释义	符号	释义
q	项目或称试题，用于测评的项目	Δs_t	序列之间的时间间隔
r_{ij} 或 y_{ij}	学习者反应结果，其结果为 0 或 1	Δr_t	相同技能间的时间间隔
K	项目关联的知识技能点	EF	外在特征
I	学习者与项目交互时产生的交互特征，包括反应结果 r_{ij} 和反应时间 t_{ij}	CL	认知规律，如速度、学习和遗忘的记忆规律、综合能力等
R	学习者与项目交互时产生的反应结果 $R = \{r_{ij}\}$	s	速度规律
T	学习者与项目发生交互时产生的反应时间 $T = \{t_{ij}\}$	l	学习规律
B	学习者与项目交互时产生的行为特征	m	记忆，包括学习和遗忘等认知规律
P	学习者与项目的历史交互数据中的时间间隔特征	f	遗忘规律
i	表示第 i 个学习者	e	其他认知规律
j	表示第 j 个项目/试题	c	学习者的潜在综合能力
Δc_t	知识重复次数	$\boldsymbol{\alpha}_i$	学习者的潜在知识掌握状态

7.3.2 时空认知诊断模型

学习者随着时间作答试题，产生不同的反应，形成与试题的交互。交互作答的时间戳是唯一的，因此每次的作答交互都处于一个时间单元的空间当中。多个时间单元的空间通过时间戳串联形成时间序列。如图 7.6 所示，我们提出了一个通用的时空认知诊断模型，包括空间编码器、时间序列解码器和未来表现预测器。其中，空间编码器对相应的学习轨迹进行编码，得到历史时间单元空间上的潜在知识状态；时间序列解码器模拟未来作答试题时对历史知识的检索过程；未来表现预测器预测学习者未来作答试题的表现。

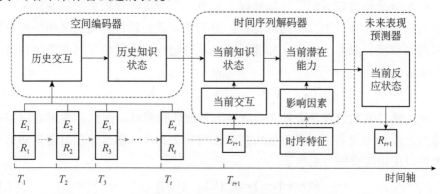

图 7.6 时空认知诊断模型

（1）空间编码器。

研究表明先验知识是预测学习者未来表现的最重要的预测因素。因此，空间单元编码器对相应的学习轨迹进行编码，得到历史的知识状态，可以表示为

$$K_h = \text{Encoder}(X_h) \tag{7.11}$$

式中，K_h 为历史知识状态；X_h 为历史的学习轨迹。空间编码器模块的输入是历史的交互三元组，通过空间编码器得到每个历史时间单元空间中的潜在知识状态。需要注意的是，空间编码器是单向的，即每个时间单元只可以观察到前序的时间单元。

（2）时间序列解码器。

在认知心理学中，学习者作答新试题是对之前学习经历成果的检验，这是对已存储知识的检索。因此时间序列解码器捕捉时间单元之间的潜在关联，模拟未来作答试题时对历史知识的检索过程，可以表示为

$$K_f = \text{Decoder}(T_{t+1}, E_{t+1}; K_h) \tag{7.12}$$

式中，E_{t+1} 为未来作答的试题；K_f 为未来作答试题的知识状态。时间序列解码器从历史知识状态中检索出与未来作答相关的知识，模拟了未来的作答交互。除此之外，时间序列解码器中还包含了由作答的历史轨迹所产生的时序因素的影响。时间

序列解码器也是单向的，不透露未来时刻的信息。

（3）未来表现预测器。

学习者作答试题的表现是内在的知识状态通过试题在现实中的反映。因此，未来表现预测器将预测学习者的作答表现，可以表示为

$$R_{t+1} = \text{Predictor}(K_f) \tag{7.13}$$

作答表现不仅包括作答反应结果（即是否作对），还包含反应速度（即作答快慢）、反应时间（即作答花费时间）等。

7.3.3　空间编码器

现有的工作主要集中在空间编码器上并取得了出色的成绩。空间编码器的目标是对历史的学习轨迹编码，从交互中获取对应作答时刻的知识状态。因此，编码器中涉及两个重要的内容：空间的交互表示和知识状态的编码。

1. 空间的交互表示

空间中的交互是由试题和对应的作答反应组成的。试题是静态的，不会因人而异；作答反应则体现了学习者的特征。交互则是两者的结合，这是知识状态的外在体现。时间单元空间交互的表示指的是对作答试题情况的表示方法，包括了三部分，即试题表征、反应表征和交互表征，如表 7.2 所示。

表 7.2　交互表示的方法

模型	试题表征	反应表征	交互表征
DKT	one-hot 编码	基于规则的方法	基于规则的方法
DKVMN	嵌入表示	—	联合嵌入
SAKT	嵌入表示	—	联合嵌入
AKT	嵌入表示	—	联合嵌入
EKT	嵌入表示	基于规则的方法	基于规则的方法
LPKT	嵌入表示	基于规则的方法、嵌入表示	级联
FKT	嵌入表示	嵌入表示	对位相加

（1）试题表征可以分为 one-hot 编码和嵌入表示。早期，DKT 使用知识点的 one-hot 编码作为试题的表示。随着词嵌入技术的发展，试题通常采用知识点索引或问题索引的随机嵌入进行表示。当然，也有部分研究通过试题的先验知识对试题进行更合理的表征，例如，EKT 中使用练习内容的嵌入表示替换了随机的嵌入表示；ERAKT 则对练习中的公式、文本、知识点等信息进行了联合表示，包含了更多的信息。

（2）反应表征可以分为基于规则的方法和嵌入表示两种方法。因为反应结果的种类往往较少，因此可以将每种反应结果采用人工定义的方法进行表示，如 LPKT

使用了全零向量表示做错，全一向量表示做对；此外，也可以通过位置信息来定义，也可以通过位置信息来定义，如在 DKT 中，零向量在前表示作答错误，零向量在后则表示作答正确。而嵌入表示的方法也比较常见，即将反应结果通过随机嵌入的方法进行表示。需要注意的是，反应结果（即做对或者做错）只是反应的一部分，反应时间、反应速度、尝试次数等作为反应的过程性数据同样不可忽略。对于这些反应数据，往往同样采用嵌入表示的方法。

（3）交互表征包括基于规则的方法、联合嵌入、级联、对位相加。在 DKT 中，作答情况由试题的 one-hot 编码和一个与之等长的零向量拼接组成。DKT 定义了一个规则，即将零向量放在前面表示答题错误，放在后面则表示答题正确。EKT 采用了相似的做法，只是将试题的 one-hot 编码改为嵌入表示。而 DKVMN、SAKT、AKT 等采用了联合嵌入的方法，将答对的试题和答错的试题用不同的嵌入进行表示，因此其交互的嵌入表示的数量是试题嵌入表示的两倍。除此之外，常见的做法还包括将两者的嵌入表示通过级联或求和的方法进行组合。LPKT 将代表做对的全一向量或代表做错的全零向量与试题的嵌入表示进行级联，以此代表做对或者做错。在我们最新提出的响应速度增强的细粒度知识追踪（response speed enhanced fine-grained knowledge tracing，FKT）中，反应的嵌入表示与试题的嵌入表示通过对位相加求和的方式进行了组合，得到了已作答的交互的表示。

2. 知识状态的编码

知识状态的编码是对时间单元空间交互表示的进一步处理，从外显的行为表现中探究到内隐的知识状态。按照使用的主体模型，可以将当前的研究分为以 RNN 为基础的编码器、以记忆网络为基础的编码器、以注意力网络为基础的编码器、以图神经网络为基础的编码器，具体如表 7.3 所示。

表 7.3　知识状态编码的主体模型

模型	以 RNN 为基础的编码器	以记忆网络为基础的编码器	以注意力网络为基础的编码器	以图神经网络为基础的编码器
DKT	√			
DKVMN		√		
DKT+forget	√			
SAKT			√	
SKVMN		√		
GKT				√
AKT			√	
SKT				√
CF-DKD		√		
LPKT	√			
FKT			√	

1）以 RNN 为基础的编码器

DKT 开创性地将深度学习引入知识追踪，它最早使用 RNN 对交互表示进行编码，并通过 RNN 的递归机制，将历史交互信息传递到下一个时刻，因此某个时刻的知识状态的编码综合考虑了对应时刻的作答交互和历史的知识状态信息。后续很多研究都以 DKT 模型为基础，将 RNN、LSTM、门控循环单元（gate recurrent unit，GRU）作为编码器的主体。DKT+forget 将重复时间间隔、序列时间间隔和练习次数遗忘相关信息引入 DKT 中，将遗忘信息与交互信息通过级联的方式组合，沿着 DKT 的框架，使用 RNN 进行编码得到知识状态。LPKT 同样借鉴了这些做法，对学习者交互信息进行嵌入表示后，通过学习门和遗忘门来模拟对上一个历史知识状态的增益或衰减。

2）以记忆网络为基础的编码器

在上述的 DKT 类的模型中，每个时刻的知识状态是以向量的形式被单独表示的。DKVMN 拓展了知识状态的向量，提出了使用固定大小的记忆矩阵来存储每个时刻的知识状态的方法，其网络结构被称为动态键-值记忆网络。在 DKVMN 中，记忆矩阵的每一行对应着潜在的知识点，每一次的作答交互都会通过键-值对的方式更新记忆矩阵。因此，这个记忆矩阵是全局共享的，即所有的作答交互产生的知识状态都体现在这一个记忆矩阵中，而不会单独表示或存储。同样地，与 DKT 类似，知识状态的编码也是线性的，即当前时刻的知识状态的编码必须依赖上一个时刻的知识状态编码的完成。随后，SKVMN 以 DKVMN 为基础，引入 Hop-LSTM 来增强序列中的长期依赖关系。融合认知特征的动态知识诊断方法（CF-DKD）则将遗忘特征与作答交互的向量表示进行拼接，以便在更新记忆矩阵时考虑学习遗忘规律。

3）以注意力网络为基础的编码器

2017 年，谷歌公司正式发表了 Transformer 模型，提出了自注意力（self-attention）和多头注意力（multi-headed attention）机制，注意力网络和 Transformer 的优越表现吸引了大量的学者进行研究。SAKT 是认知诊断领域最早尝试注意力网络的，通过注意力网络来捕捉对历史作答交互的依赖关系，获取时间单元在更长远距离上的潜在关联，从而获取更好的知识状态表示。SAKT 的做法实质上是使用 Transformer encoder 模块替换 RNN，依然遵循着 DKT 的架构和思想。与 DKT 相似的是，在以注意力网络为基础的编码器的方法中，每个时刻的知识状态都被表示为一个向量；与之不同的是，其编码的过程是并行的，并且能够捕捉更长距离上的依赖，其运行速度和表现往往都更加出色。随后，AKT 则使用了完整的 Transformer 结构，当然，编码器模块同样使用的是注意力网络。FKT 同样采用了相同的做法。总结来说，以注意力网络为基础的模型在编码器模块往往使用注意力网络代替 RNN，获得更快的运行速度和更好的表现。

4）以图神经网络为基础的编码器

图神经网络技术的发展促使研究者将图模型引入 KT 领域。在 GKT 中，一道试题通过图结构被分解为知识点的集合，知识点之间存在依赖关系。对试题的作答将更新涉及的知识点和邻接知识点对应的知识状态。每个潜在的知识点都用独立的知识状态向量进行存储，这其实与 DKVMN 中的记忆矩阵非常相似，其更新的机制同样是线性的。与 DKVMN 最大的区别是用图神经网络的方法替换了注意机制。SKT 则进一步地优化了知识状态的更新机制，作答试题后，对相邻的节点的状态进行更新，其中，无向关系采用同步传播的方法，有向关系采用部分传播的方法。通过这样的更新机制，SKT 可以更好地使用试题涉及的知识点，获得更好的知识状态的编码。以图神经网络为基础的编码器往往可以具有更好的可解释性。

7.3.4 时间序列解码器

学习者作答试题是其知识状态与试题的交互。因此，时间序列解码器负责从历史的知识中检索到与作答试题相关的知识，建立未知与已知的联系，模拟未来的作答试题。这涉及了两个部分：作答知识的检索方法和未来作答试题的表示方法。

1. 作答知识的检索方法

作答知识的检索指的是从历史的知识状态中提取出与未来作答相关的知识。这涉及两个元素，即历史的知识状态和检索到的知识。在现有的认知诊断方法中，历史的知识状态根据编码器部分使用的网络模型不同，其表现形式可以分为知识向量、记忆矩阵、知识矩阵，而检索得到的知识则通常是向量的形式。因此，我们将检索知识的方法分为三种：由知识向量到知识向量、由记忆矩阵到知识向量和由知识矩阵到知识向量，具体如表 7.4 所示。

表 7.4　检索知识的方法

方法	历史知识	检索范围	网络
DKT	知识向量	最近的历史时刻	RNN
DKVMN	记忆矩阵	最近的历史时刻	记忆网络
DKT+forget	知识向量	最近的历史时刻	RNN
SAKT	知识矩阵	最近的历史时刻	注意力网络
GKT	知识矩阵	最近的历史时刻	图神经网络
AKT	知识矩阵	全部历史时刻	注意力网络
SKT	知识矩阵	最近的历史时刻	图神经网络
CF-DKD	记忆矩阵	最近的历史时刻	记忆网络
LPKT	知识向量	最近的历史时刻	RNN
FKT	知识矩阵	全部历史时刻	注意力网络

（1）由知识向量到知识向量。这类方法的代表是 DKT。在 DKT 中，每个历史的知识状态都用向量表示，序列上的依赖关系通过递归机制进行传递，RNN 的线性结构也天然地符合认知心理学中的近因效应。因此，事实上，DKT 每次都是将最近的历史时刻的知识状态作为检索到的知识向量。DKT+forget、LPKT 等 DKT 类的方法同样遵循着这一思想。

（2）由记忆矩阵到知识向量。在 DKVMN 中，知识状态是用一个固定大小的矩阵表示的，每一次作答交互都会更新这个矩阵。与 DKT 一样，记忆矩阵的更新机制是线性的，并且整个作答的全过程都共享同一个矩阵。因此，最近的历史时刻的记忆矩阵就是检索的范围，DKVMN 先将试题的向量表示与记忆矩阵的每一行向量的相关度作为权重值，再将权重值与记忆矩阵相乘，从而得到检索出的知识向量。因此，实质上 DKVMN 通过注意力机制，从最近的历史时刻的记忆矩阵中提取到相关的知识向量。CF-DKD 等 DKVMN 类的方法同样采用了此方法。

（3）由知识矩阵到知识向量。在 AKT 中，每个时间单元上的知识状态是用向量表示的，因此，历史的知识状态是一个矩阵，矩阵的长度等于历史时间单元的数量。检索的范围由 DKT、DKVMN 方法中的最近历史时刻拓展到了全部历史时刻。检索的方法则是通过键-值对注意力网络，将待作答的试题视作 Query，从知识矩阵中提取出相关的知识向量。需要注意的是，早期的 SAKT 仍然遵循了 DKT、DKVMN 的思想，直接将知识矩阵的最后一行，即最近历史时刻的知识向量，视为检索到的知识向量。而最新的 FKT 同样是基于注意力网络的方法，采用了与 AKT 相似的检索方法。

2. 未来作答试题的表示方法

检索到与作答试题相关的知识向量后，认知诊断还需要模拟学习者在未来作答试题。一般而言，这涉及了两个元素，即知识向量和试题向量，因此对未来作答试题的表示就是这两个向量交互的方法，我们将其分为以下四种：点乘、级联、因子分解机（factorization machines，FM）和注意力机制，具体如表 7.5 所示。

表 7.5　未来作答试题的表示方法

方法	点乘	级联	因子分解机	注意力机制
DKT	√			
DKVMN				√
DKT+forget	√	√	√	
GKT				
AKT		√		√
CF-DKD				√
LPKT		√		
FKT				√

（1）点乘。DKT 中采用的是将知识向量与试题向量点乘的做法，其中，试题向量是 one-hot 编码，知识向量的维度与试题向量的维度一致，等于知识点的数量。DKT+forget 等也都沿用了这一做法。

（2）级联。级联指的是将知识向量与试题向量通过拼接的方式进行组合，这能够最大限度地保留信息，通常是最稳妥的做法。LPKT 采用的就是这一方式。AKT 中即使采用了注意力机制，但依然将试题与知识进行了拼接，避免信息的丢失。

（3）因子分解机。因子分解机是一种基于矩阵分解的算法，常用于推荐系统中。它可以计算两个向量所有特征之间的关联，计算出的数值可以被视为两个特征向量之间的关联程度。DKT+forget 尝试了多种做法，其中，就包括了因子分解机，它将试题向量与知识向量通过因子分解机进行计算，其表现效果与点乘和级联相当。

（4）注意力机制。注意力机制的做法其实是将作答知识的检索和作答试题的表示合二为一了。无论是 DKVMN 中通过试题从记忆网络中检索出知识，还是 AKT 中的键-值对注意力网络，其本质都是通过试题和历史记忆的关联程度，从记忆或者历史知识状态中提取出相关的知识。提取出的知识已经是知识状态和试题的交互结果了，因此注意力机制既是检索知识的过程，也是作答试题的表示过程。AKT 中同时使用了注意力机制和级联的方法，FKT 中则仅使用了注意力机制。

3. 时序因素对记忆建模

学习者作答试题产生了时序的数据，在认知诊断中时序因素带来的影响包括遗忘规律和学习规律。

（1）遗忘规律。遗忘规律揭示了记忆随着时间推移而衰减。两次作答之间往往是存在时间间隔的，间隔的大小对知识状态的影响往往表现为遗忘规律。早期的 DKT 没有考虑时间间隔因素，直接用检索到的知识状态作答试题，但这忽略了间隔时间的影响，作答新试题时的知识状态并不等于上一次作答交互中内在的知识状态。因此，DKT+forget 对此进行了改进，它将间隔时间视作遗忘因素，将间隔时间的嵌入表示与知识状态的表示通过级联等方法进行了组合。CF-DKD 和 LPKT 等方法沿用了这一做法。上述的级联等做法通常出现在以 RNN 或者记忆网络为基础模型的方法中，这是因为这类方法中知识状态的编码是线性的，时间间隔只能局限于两次作答之间，长距离上的依赖则需要通过多次的两两传递，因此采用的是将时间间隔的嵌入表示与知识状态的向量表示进行组合。而在 Transformer 的框架中，注意力机制可以一次考虑全局信息。因此，AKT 和 FKT 将时间间隔纳入键-值对注意力的权重计算中，时间间隔不再需要进行嵌入表示，同时也可以一次计算全局上的时间间隔，模拟整体的遗忘规律。

（2）学习规律。学习规律揭示了知识的熟练程度随着练习的增多而提高。知识练习次数指的是知识点的已练习次数。DKT+forget 将其与知识状态进行拼接，CF-

DKD 采用了类似的做法。EKPT 则将重复次数通过双曲线来模拟学习过程。LPKT 则提出学习增益的概念，通过设置的学习收益，使得每次作答都对知识状态产生正向的作用。FKT 借鉴了这些做法，同时引入上次作答的间隔时间，设计了一个熟练度函数来模拟学习规律，用熟练度函数对知识状态进行修正。

7.3.5　未来表现预测器

在时间序列解码器获取到未来作答试题的隐藏向量后，未来表现预测器将其表示为外在的作答反应，这包括两部分：预测目标和预测方法。

1. 预测目标

真实的知识状态是难以测量和估计的，而作答的反应表现是知识状态在现实中的体现，并且是可以测量到的数据。因此预测目标通常是作答的反应表现。随着诊断理论和技术的进步，预测目标由单维的答对概率向未来表现的多维特征转变，从单目标预测向多目标预测发展，具体如表 7.6 所示。

表 7.6　预测目标

方法	反应结果	反应速度	其他
DKT	√	—	—
DKVMN	√	—	记忆网络
GKT	√	—	图网络
AKT	√	—	注意力
CF-DKD	√	—	多维特征
LPKT	√	—	遗忘/学习
FKT	√	√	遗忘/学习

（1）单目标。当前大部分的诊断方法都仅以反应结果为预测目标，即是否能够答对试题，将未来作答试题的隐藏向量映射成答对试题的概率。DKT 中率先以此为预测目标，当前的诊断方法基本都遵循这一思想。

（2）多目标。然而，知识状态在现实中的体现，即作答反应的表现，不仅仅是能否答对试题。作答是过程性的，而非瞬时完成的。因此，未来的表现也是一个持续性的过程，包括了多维度的特征。在我们提出的 FKT 中，预测目标不仅包括了传统的反应结果，即是否答对试题，还包括了反应速度，即答题的快慢。

2. 预测方法

预测方法指的是如何将知识状态与试题的交互表示映射成未来表现，当前的方法主要是多层感知机，这也是最常见的预测层的构造。多层感知机往往堆叠了多层的全连接网络层，在其中穿插着 ReLU 等非线性层，最后一层往往视任务选用

Sigmoid 或者 Softmax 激活函数。当前大部分的诊断方法使用多层感知机作为预测器中的主体。

也有一些比较特殊的变体。例如，在 DKT 试题的 one-hot 编码与知识状态的向量表示相乘得到的作答交互的矩阵中，每一行仅有一个非零值，DKT 再将其求和后通过 Sigmoid 激活函数就得到了作答正确的概率，因此 DKT 中仅有一个 Sigmoid 层。DKT+forget 在作答试题的表示部分尝试了因子分解机的做法，试题的嵌入表示和知识状态的向量表示经过因子分解机后变为一个数值，因此，同样地，此方法仅需设置一个 Sigmoid 层。

7.4　本章小结

随着互联网技术的发展和普及，教育领域积累了海量的、同时具有时间和空间维度的时空数据。本章提出了一种时空认知诊断理论。时空认知诊断是针对学习者的学习过程，根据学习者在不同的时间与空间维度上的表现，基于历史积累的时空数据，运用认知诊断技术分析和挖掘蕴含于数据之中的学习者的学习规律，实现对学习者在时空数据的当前认知状态的诊断与未来发展状态的精准预测，有助于学习者的个性化学习与老师的精准教学。

首先，本章提出一个时空认知理论，通过对经典教育测量理论、现代教育测量理论和新一代教育测量理论的深度剖析，结合教育学理论中的教育目标分类，以及学习理论中认知加工过程的客观规律，着重对学习者在时间与空间维度的知识建构、认知发展等方面的认知规律进行建模。

其次，基于时空认知理论，通过学习者在时间与空间维度上的外在特征（包括试题特征与交互特征），本章提出了一个通用的时空认知诊断模型，包括空间编码器、时间序列解码器和未来表现预测器。其中，空间编码器对相应的学习轨迹进行编码，得到历史时间单元空间上的潜在知识状态；时间序列解码器模拟未来作答试题时对历史知识的检索过程；未来表现预测器预测学习者未来作答试题的表现。

综上所述，认知诊断理论通过对外在的可观测特征进行建模，诊断学习者的认知状态。而时空认知诊断则是通过学习者在时间与空间维度上的外在特征（包括试题特征与交互特征）来构建符合学习者在时空特征的内在认知变化规律的模型，诊断学习者在时间序列上的认知状态，并预测未来的表现。

第8章 融合试题表征的时序认知诊断方法

基于时空认知诊断理论中的试题、学习者和时间三大要素，本章将以试题要素为核心点，探索融合试题表征的时序认知诊断方法。众所周知，由于全球新型冠状病毒感染疫情的影响，教育领域中在线自适应学习得到世界各国的重视。作为自适应学习的关键技术之一，根据学习者的时间序列反应数据来推测学习者的知识状态，即知识状态的诊断已成为自适应个性化学习领域关注的焦点。事实上，知识追踪技术能够根据学习者的历史学习轨迹来自动追踪学习者的知识水平随着时间的变化过程，从而能够精准地预测学习者在未来学习中的表现情况，推测学习者的知识状态。因此，知识追踪技术又称为时序认知诊断，即将时间序列信息加入认知诊断的研究。在实际的教学中，教师可以通过我们的预测结果来动态地调整自己的教学计划，提高教学质量与效率，帮助教师实现精准教学。

BKT[169]是早期最流行的时序认知诊断模型之一，BKT假设学习者一旦掌握了一个知识点，就永远不会遗忘，这并不符合实际的教学情况。后来随着深度学习的不断发展，越来越多人将时序认知诊断任务与深度学习方法结合起来，DKT是其中最常用的时序认知诊断方法。DKT部分解决了BKT中不符合实际教学情况的假设错误问题，能更准确地表示学习者的技能掌握程度。然而，在DKT中，单层隐藏层用于表示技能状态的假设被认为不够准确，这导致了学习者的技能水平难以跟踪。进而，Zhang等提出了基于记忆神经网络的DKVMN模型，在表现效果上DKVMN明显地优于BKT和DKT。最近几年，中国科学技术大学团队在现有的时序认知诊断模型基础上提出将试题记录和题目材料共同融入时序认知诊断中，如EKT、qDKT（question-centric deep knowledge tracing）[170]等，其可解释性更强，表现效果更好。

但传统的时序认知诊断模型大多只考虑学习者的做题序列，采用知识技能代替试题，忽视了试题公式、文本和知识技能对于学习者的知识状态的影响。我们认为学习者表现的影响因素除了做题序列，试题的多维信息均会对学习者表现产生重要的影响。因此，为了应对以上问题，本章提出一种融入学习者试题表示的时序认知诊断模型，以此来解决传统模型中忽视多维试题表示与关联所造成的信息损失问题，提高了模型的准确性。本章所提方法贡献包括：①提出一种融合试题表征的时序认知诊断框架ERAKT（context-aware knowledge tracing integrated with exercise representation and association），综合分析学习者的做题序列、题目文本及所包含的知识技能，自动地学习预测学习者在下一次作答的表现情况及对某一知识技能的掌握程度；②提出了一种融合试题多维信息的表示方法，多维信息包括试题的文字文本、题目中的公式及每个题目所关联的知识技能；③提出了一种基于双向神经网络的序列试题关联挖掘方法，挖掘深层次的试题之间的关联内容。

8.1　国内外相关研究

8.1.1　语义的表示技术

在文本处理过程中，首要任务是将文字表示成计算机能够理解和处理的形式，即文本的向量化表示，从最简单的词袋模型到现在表示更强的神经网络，最具代表性的有 Word2Vec 模型、textCNN 模型、fastText 模型和 Bert 模型等。

Word2Vec[171]是由谷歌公司的 Mikolov 团队提出的，是神经网络在语义表示中的最初应用，Word2Vec 将单词用一个固定维度的向量进行表示。针对句子，又衍生出 Doc2Vec 方法[172]，通过一个神经网络结构来构建模型，在模型的训练过程中得到段落向量，不同之处是另外增加了一个向量作为段落的向量表示，与词向量共同拼接进入网络并进行优化，由此便可以得到一个文档的向量表示。这两种方法是典型的无监督深度文本表示模型，相对于传统词袋模型，它们更能充分地结合语境、语义和语序等文本内在信息。

鉴于卷积神经网络（CNN）在计算机视觉领域的卓越表现，Kim[173]针对CNN的输入层做了变形改进，在2014年提出了文本分类模型——textCNN，textCNN采用递归结构掌握上下文信息，并通过使用最大池化层来识别文本中的关键组成部分。与传统CNN相比，textCNN模型结构简单导致参数数目少、计算量少及训练速度快，使得效果表现更好。

除了 textCNN，较为流行的文本分类模型还有 fastText[174]，fastText通过将整篇文档的词汇及 n-gram 向量叠加并取平均，生成文档的向量表示，然后使用 Softmax 来做多分类。因为fastText不需要预先训练好的词向量，能够自己训练词向量，所以在保持高精度的情况下加快了训练速度和测试速度。

BERT[175]模型是由谷歌公司团队提出来解决语义表示问题的。为了消除一词多义对句子的影响，BERT 模型引入了具有 self-attention 和 multi-headed attention 机制的 Transformer 模型，结合句子的上下文来确定具体语义。具体来说，self-attention 思想和attention 类似，将每一个词在整个输入序列中进行加权求和得到新的表征，该表征考虑到该词与所有词的相关性，而multi-headed attention机制使得模型能够在不同的表示子空间中学习到相关语义信息。BERT 模型由于内部结构的关系，自带双向功能，能获取更精准的结果，也能适配多任务下的迁移学习。

这些自然语言领域的语义表示技术为认知诊断任务中正确表示试题文本等试题内部信息提供了有力的技术支持。

8.1.2　综合考虑试题语义与知识技能的时序认知诊断

随着深度学习的不断发展，学者开始综合考虑练习本身的特征对时序认知诊断任务的影响。试题多维特征主要包括试题文本材料和试题所涉及的知识概念。

融合试题考查知识概念的时序认知诊断方法，大多数是将知识概念当作试题，不考虑试题独有的特征。例如，DKT 模型与 DKVMN 模型只考虑试题知识概念，具有相同知识点的试题被认为是相同的试题；与前者不同的是，DKVMN 模型中 key-value 矩阵扩展了试题隐藏特征表示，但其本质仍然是仅使用知识概念。PDKT（prerequisite-driven deep knowledge tracing）模型借助认知诊断理论中的 Q 矩阵知识整合了概念之间的结构信息，具体考虑知识之间的前后置关系。SAKT 模型使用练习作为知识概念，引入 self-attention 机制来考虑知识概念之间的关联程度。AKT 模型使用了一种新的单调注意机制，利用问题相似度、指数衰减和上下文感知的相对距离度量来计算注意力权重。此外，AKT 模型使用 Rasch 模型来正则化概念和问题嵌入，使得模型无须引入过多参数即可捕捉同一概念上问题之间的个体差异。GKT 使用知识点表示试题，同时构建图模型来表示知识点之间的关联，通过 GRU 更新机制来更新学习者的知识状态。

融合题目材料的时序认知诊断方法。这些题目材料包括试题的文本材料与相关的知识概念。例如，EERNN（exercise-enhanced recurrent neural network）[176] 通过充分地利用学习者练习记录和题目的文本来预测学习者的表现。EKT 是基于 EERNN 建构的模型，是第一个综合考虑学习者的练习记录与题目信息（包含的概念知识点与题目文本）对学习者表现的影响模型。EKT 假设学习者的知识状态随着时间变化，并且同时受到每个练习的文本内容和知识概念的影响。EKT 综合考虑了学习者练习的所有信息，但值得注意的是，EKT 中题目文本的向量表示是用 LSTM 训练得到的，LSTM 是代表性的 RNN 结构，能够解决典型的时序问题，但 LSTM 由于内部结构问题，不能并行计算，在处理文本时耗时较长，效果也并非十分令人满意。qDKT 对学习者随着时间的推移在单个问题上的成功概率进行建模，仅需考虑题目材料和答题序列，利用 fastText 算法来表示文本试题，基于图拉普拉斯正则化来计算问题的相似度。EHFKT（exercise hierarchical feature enhanced knowledge tracing）[177] 使用知识点、难度、语义特征三个层级来表示题目，前两者均采用 textCNN 进行嵌入，语义特征则使用 BERT 来提取。HGKT 则采用层级图神经网络来学习试题的图示结构，同样引入两种 attention 机制来更好地挖掘学习者的知识状态，并使用 K&S 诊断矩阵来获得诊断结果。

因此，结合试题语义进行学习者表现预测是认知诊断模型的发展趋势。本章将结合当前较为流行的自然语言处理方法来表征试题语义，以提高时序认知诊断的效果。

8.2 练习表示和关联集成框架

时序认知诊断是一种通过观察学习者在不同试题上的交互信息来追踪其知识掌握状态的方法，属于机器学习领域中的一个有监督学习的序列预测问题。本节将首先定义问题并提出模型框架 ERAKT，并从模型的核心方法出发，逐步展开对模型内部结构的论述。

8.2.1 问题定义

假定每个学习者单独做习题测试，定义学习者序列 $|S|$ 和习题序列 $|E|$，学习者序列 $S = \{s_1, s_2, \cdots, s_{|s|}\}$ 是所有学习者做答序列的集合，其中，$s = \{(e_1, r_1), (e_2, r_2), \cdots, (e_T, r_T)\}$，$e_T \in E$ 表示学习者 s 在 T 时刻所做的习题，r_T 表示学习者的作答是否正确，1 表示正确，0 表示错误。而在学习者的习题序列 $|E|$ 中，还会加上每个习题的文本内容，因为我们所选取的数据库中的试题均为数学题目，而数学题目中一般除了文字还会包含特定的数学符号，文本表示为 $e = \{w, f\}$，其中，$w = \{w_1, w_2, \cdots, w_M\}$ 表示试题中的文字文本，而 $f = \{f_1, f_2, \cdots, f_M\}$ 表示试题中的符号文本。除了试题的文本内容，每个习题还包含相关的知识点信息 $k = \{k_1, k_2, \cdots, k_M\}$，将其汇总为知识点矩阵并进行嵌入，嵌入后学习者序列 S 则变为 $s = \{(e_1, k_1, r_1), (e_2, k_2, r_2), \cdots, (e_T, k_T, r_T)\}$，$s \in S$。本模型的最终目标是预测学习者对知识的掌握程度，即预测考生在下一个时刻对于练习 e_{T+1} 的反应 r_{T+1}。

综合考虑学习者的做题记录、试题的文本内容及所包含的知识技能，本节提出一个崭新的模型来进行学习者知识状态的更新与预测，如图 8.1 所示，模型包括试题表示、试题关联与表现预测三大部分。

8.2.2 试题表示方法

试题信息包括试题材料本身及试题所关联的知识技能。实现数学试题的统一表征，首先需要对试题的不同维特征进行单独构建，实现试题材料本身的表示与相关知识技能的表示，然后将多维试题特征表示融合为统一的特征向量。

1. 试题公式预处理

数学试题材料涉及文字和 LaTex 公式，需要提前将数学公式转换成文字表达。由于试题中的 LaTex 公式遵循一套统一的编码规则，我们先将 LaTeX 统一进行文本替换后，再与其他文字文本一起进行统一的预处理。

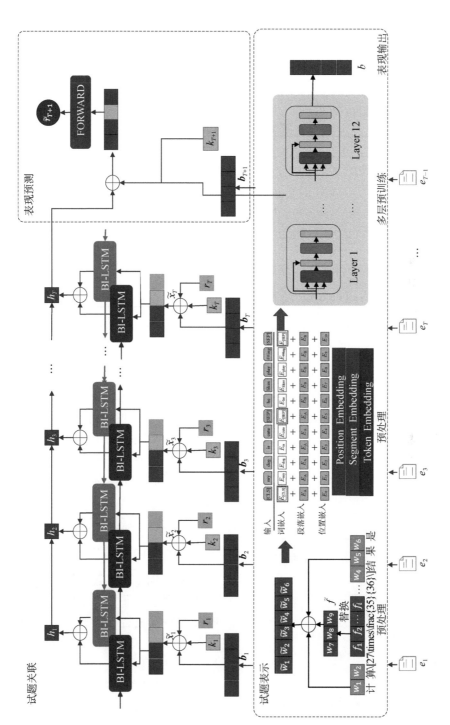

图 8.1　融合试题表征的时序认知诊断模型图

在公式文本的统一化预处理过程中，按照从实体到属性的先后顺序对试题中的实体及属性进行识别并实现替换，在替换过程中用字典的方式保存替换的实体或属性及替换后的形式，即首先将这些公式文本 $f=\{f_1,f_2,\cdots,f_M\}$ 进行特定的替换后得到 $f=\{\tilde{f}_1,\tilde{f}_2,\cdots,\tilde{f}_M\}$。

公式替换表如表 8.1 所示。

表 8.1　公式替换表

f	$\tilde{f}$
complement	补集
sqrt	根式
^	幂
+	加号
cm	厘米
pi	圆周率
lg	对数
cdot	点乘

替换完成后将 $\tilde{f}$ 与文字文本 $w=\{w_1,w_2,\cdots,w_M\}$ 按照原始位置进行拼接（$\oplus$），得到试题的文本表示 $\tilde{w}$：

$$\tilde{w}=w\oplus\tilde{f} \tag{8.1}$$

针对试题表示 $\tilde{w}$，我们使用 Python 的中文分词包 Jieba 进行分词处理，Jieba 分词有精确模式、全模式和搜索引擎模式三种模式，此处我们使用精确模式按照分词算法将一个完整句子精准切分为独立的单词，再使用一些自建的停词列表将一些不能表达具体含义的特殊字数删除掉。

图 8.2 为试题公式预处理示例图。

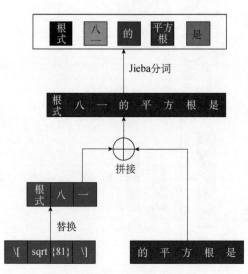

图 8.2　试题公式预处理示例图

2. 试题向量表示

参考 BERT 在自然语言处理领域中的应用，我们借助 BERT 模型对试题文本特征进行自监督地学习训练。我们使用了三层嵌入（Embedding）层与 12 层编码器（Encoder）对试题表示进行预训练。如图 8.1 所示，包括三层，词嵌入（Token Embedding）层的作用是将每个分词转换成 768 维的向量表示，段落嵌入（Segment Embedding）层的作用主要是来区分两个句子的向量表示，位置嵌入（Position Embedding）层能够帮助理解词语的顺序性，在分词经过三层 Embedding 层之后，我们将每层所得的结果按元素相加，便得到 BERT 的 encoder 层的输入，在经过 12 层 encoder 的编码之后，我们便得到了最终的文本向量表示 b_T。

$$b_T = e_{\text{Token}} + e_{\text{Segment}} + e_{\text{Position}} \tag{8.2}$$

通过 BERT 得到试题文本语义表示的这种方式可以自动地获取文本语义信息，不需要任何额外的人工进行编码。

3. 知识技能表示

在数据中，每个试题会标注所包含的知识技能，在得到每个试题所包含的知识技能 $k = \{k_1, k_2, \cdots, k_M\}$ 后，参考 EKT，选取其中的第一个知识技能 k_1，也是此题最相关的知识技能来代表这道试题所包含的知识技能；然后将所有的试题知识技能经过 one-hot 向量编码变为长度为 $|E|$ 的向量，E 为试题的集合，$|E|$ 代表试题的个数；随后，编码后的向量被送入一层 Sigmoid 激活函数进行调整，从而生成知识点或技能水平 c_T。

在得到题目的文本向量表示与知识技能向量表示之后，将二者拼接在一起作为最终的试题嵌入矩阵：

$$x_T = b_T \oplus c_T \tag{8.3}$$

式中，$\oplus$ 表示将两个向量做某一维度的 Concat 拼接，拼接后所得到的向量长度为 $|E| + 768$。

1）试题关联的建模方法

在获得最终合并的试题嵌入矩阵之后，我们要对于每个学习者的整个做题过程进行建模并得到每一步的学习者隐藏状态表示，而学习者隐藏状态表示会同时受到做题序列及学习者所得分数的影响。

2）学习者反应嵌入

首先，我们要将学习者对于每一道试题的反应与试题表示结合起来，具体的做法是，针对每一个时刻 t 的练习，将我们在上面所得到的试题嵌入 x_T 与学习者所得到的分数 r_T 合并一起输入 RNN 之中，而合并的方法如下：

$$\tilde{x}_T = \begin{cases} x_T \oplus 0, & r_T = 1 \\ 0 \oplus x_T, & r_T = 0 \end{cases} \tag{8.4}$$

使用一个长度与试题嵌入相等的 $\mathbf{0}$ 向量与试题嵌入向量进行拼接，根据拼接前后位置的不同来表示学习者不同的作答结果。拼接之后学习者序列变为 $s = \{\tilde{x}_1, \tilde{x}_2, \cdots, \tilde{x}_T\}$。

4. 单向时序认知诊断

与传统 DKT 算法一样，采用一层隐藏层来跟踪学习者知识状态变化情况，公式如下：

$$i_T = \sigma(W_i \cdot [h_{T-1}, \tilde{x}_T] + b_i) \tag{8.5}$$

$$f_T = \sigma(W_f \cdot [h_{T-1}, \tilde{x}_T] + b_f) \tag{8.6}$$

$$o_T = \sigma(W_o \cdot [h_{T-1}, \tilde{x}_T] + b_o) \tag{8.7}$$

$$\check{c}_T = \tanh(W_c \cdot [h_{T-1}, \tilde{x}_T] + b_c) \tag{8.8}$$

$$c_T = f_T \cdot c_{T-1} + i_T \cdot \check{c}_T \tag{8.9}$$

$$h_T = o_T \cdot \tanh(c_T) \tag{8.10}$$

式中，W_i、b_i、W_f、b_f、W_o、b_o、W_c 和 b_c 是可训练参数；c_T 为 T 时刻的长期状态；$\check{c}_T$ 是候选单元状态；i_T、f_T 和 o_T 分别为 LSTM 中的输入门、遗忘门和输出门，输入门决定了输入向量 x_T 有多少保存到单元状态 c_T 中，遗忘门决定了上一时刻的单元状态 c_{T-1} 有多少保留到这一时刻单元状态 c_T 中，而输出门则决定了 c_T 有多少输出到 LSTM 的当前输出值 h_T 之中；tanh 表示 tanh 激活函数，$\tanh(z_i) = (e^{z_i} - e^{-z_i}) / (e^{z_i} + e^{-z_i})$；$\sigma$ 表示 Sigmoid 激活函数，$\sigma(z_i) = 1 / (1 + e^{-z_i})$。

5. 双向试题关联跟踪

为了更好地获得试题之间的关联，我们引入了一个双向长短期记忆神经网络（BI-LSTM）[178]来获得学习者的隐藏状态表示，因为 BI-LSTM 能从正反两个方向充分地利用试题的表示[179]，从而更好地获得试题之间的关联关系。具体来说，在得到 $s = \{\tilde{x}_1, \tilde{x}_2, \cdots, \tilde{x}_T\}$ 后，我们将第一层 LSTM 的输入设置为 $\vec{h}^{(0)} = \overleftarrow{h}^{(0)} = \{\tilde{x}_1, \tilde{x}_2, \cdots, \tilde{x}_T\}$，在每个时刻 T，每一层的前向隐藏状态 $(\vec{h}_T^{(l)}, \vec{c}_T^{(l)})$ 和后向隐藏状态 $(\overleftarrow{h}_T^{(l)}, \overleftarrow{c}_T^{(l)})$ 使用来自每个方向的上一时刻的隐藏状态进行更新，具体公式如下：

$$\vec{h}_T^{(l)}, \vec{c}_T^{(l)} = \text{LSTM}(\vec{h}_T^{(l-1)}, \vec{h}_{T-1}^{(l)}, \vec{c}_{T-1}^{(l)}; \vec{\theta}_{\text{LSTM}}) \tag{8.11}$$

$$\overleftarrow{h}_T^{(l)}, \overleftarrow{c}_T^{(l)} = \text{LSTM}(\overleftarrow{h}_T^{(l-1)}, \overleftarrow{h}_{T+1}^{(l)}, \overleftarrow{c}_{T+1}^{(l)}; \overleftarrow{\theta}_{\text{LSTM}}) \tag{8.12}$$

式中，$\vec{\theta}_{\text{LSTM}}$ 和 $\overleftarrow{\theta}_{\text{LSTM}}$ 为 BI-LSTM 模型的可训练参数。

利用 BI-LSTM，试题之间的关联能够被捕获。由于每个方向的隐藏状态只包含一个方向的关联，因此在每一步将两个方向的隐藏状态合并在一起，得到最终的学习者隐藏状态表示：

$$H_T = \text{Concat}(\vec{h}_t^{(L)}, \overleftarrow{h}_t^{(L)}) \tag{8.13}$$

8.2.3　学习者表现预测

经过上述步骤之后，我们得到了学习者隐藏学习状态序列 $\{H_1, H_2, \cdots, H_T\}$ 和试题序列 $\{x_1, x_2, \cdots, x_T\}$，二者均会影响学习者最后的作答结果。我们通过两层双向神经网络来获得所预测学习者的最终表现，如下：

$$y_{T+1} = \tanh(W_1 \cdot [H_T \oplus \tilde{x}_{T+1}] + b_1) \tag{8.14}$$

$$\tilde{r}_{T+1} = \sigma(W_2 \cdot y_{T+1} + b_2) \tag{8.15}$$

式中，第一层采用 tanh 激活函数，第二层采用 Sigmoid 激活函数，经过两层后得到最终预测结果 $\tilde{r}_T$ 是一个标量，表示正确回答题目 e_T 的概率。

8.2.4　模型训练与优化

模型的优化使用二元交叉熵损失函数，通过计算学习者真实的反应 r_T 与正确回答的概率 $\tilde{r}_T$ 之间的损失值，以及后向传输来调整模型参数，如试题嵌入参数、学习者反应嵌入参数等，直至损失值最小达到收敛。损失函数定义为

$$\mathcal{L} = -\sum (r_T \ln \tilde{r}_T + (1 - r_T) \ln(1 - \tilde{r}_T)) \tag{8.16}$$

8.3　实验和结果

我们在真实数据集上进行了多个 baseline 的对比试验，以此来验证本节所提出模型的有效性。本节将主要介绍数据集及基线模型，以及最终实验结果的讨论。

8.3.1　数据集

Eanalyst 数据集来源于一个在中国广泛使用的线下转线上的测评系统[180]，选取小学数学作答记录作为实验对象（表 8.2）。其数据获取的方式与前三个数据集不同，Eanalyst 收集数据的主要组成部分包括家庭作业、单元测试和学期测试等，每一次作业或测评都看作一系列练习的集合，而不再是自适应测试，更符合当前中国教育真实的教育场景。正是因为其测评数据以试卷为单位，开展了集体性测评，同一个集体内学习者的交互记录数相同，故其学习者-交互分布图呈现一种阶梯式跳跃。通过删除只包括一次测评数据的学习者作答交互后，Eanalyst 包括来自 1763 位学习者关于 2763 个试题的 525638 条学习者交互记录，平均每个学习者答题 298.1 次，数据集的学习者-交互分布图如图 8.3 所示。

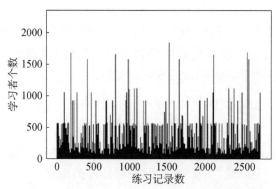

图 8.3   Eanalyst 数据集的学习者-交互分布图

表 8.2   Eanalyst 数据集详情

试题数量/个	学习者数量/位	交互数量/条	每个学习者的交互数量/次
2763	1763	525638	298.1

8.3.2   设置

时序认知诊断任务旨在预测学习者未来的反应，可以分别从分类和回归方面[181]来评估其模型的性能。从分类角度来看，将预测问题视为分类任务，使用接受者操作特征（receiver operating characteristic，ROC）AUC 和预测精度（prediction accuracy，ACC）来衡量 KT 模型的预测性能。从回归角度来看，选择平均绝对误差（mean absolute error，MAE）和均方根误差（root mean square error，RMSE）来量化预测结果与实际反应之间的距离。此四种评价指标已在深度学习领域得到广泛的应用，且它们的值均在 0～1，特殊地，ROC 曲线一般都在 $y=x$ 直接的上面，故 AUC $\in$ [0.5,1]，是时序认知诊断领域衡量模型性能最主要的指标。AUC 和 ACC 代表预测的准确性，其值越大代表模型效果越好，而 MAE 和 RMSE 代表分类过程中的误差，故其值越小代表误差越小，模型效果越好。

每个数据集都是基于学习者进行 7：3 划分的，70%用于训练验证，30%用于测试。为了避免评估结果的偶然性，我们对所有的模型和所有训练验证子集都执行标准的五倍交叉验证划分，即 80%训练集，20%验证集，并采用其平均值作为最终对比结果。

模型中有多个超参数，其中会对结果产生较大影响的主要有隐藏单元数（h）、批量大小（batch_size）（b）和学习率（l）。我们进行了多次实验，来探索这些超参数的变化对于模型表现结果的影响。首先对于学习率（l）从高到低依次进行尝试，发现当 l=0.09 时普遍表现情况最优。同时固定 l 探索隐藏单元数 h 对于模型表现结果的影响，通过实验发现当 h=16 时模型表现结果最佳。最后固定 l 和 h 来测试 batch_size（b）对于模型的影响，发现当 b=16 时结果最优。

8.3.3　结果与讨论

1. 模型准确性对比

将 ERAKT 与数据集上的其他三条基线进行比较，对比结果如表 8.3 所示。总体而言，ERAKT 显著地改善了 AUC 和 ACC 的结果，MAE 和 RMSE 的结果获得了显著降低，这证明了 ERAKT 的性能优于其他方法。首先，本节所提的 ERAKT 模型 与包含练习内容信息的模型 EERNN 进行对比，本节所提的 ERAKT 比 EERNN 性能更好。其次，习题感知方法（即 EERNN 和 ERAKT）优于忽略练习内容的其他模型（即 DKT 和 DKVMN）。这一实验结果验证了 8.1.2 节中 EKT 的假设。

表 8.3　模型准确性对比结果

评价指标	DKT	DKVMN	EERNN	ERAKT
AUC	0.79	0.8783	0.8836	**0.9025**
ACC	0.7301	0.8072	0.8213	**0.8407**
MAE	0.2827	0.2678	0.2495	**0.2203**
RMSE	0.2233	0.1346	0.131	**0.1278**

2. 试题多维特征对预测结果的影响

鉴于多维特征对时序认知诊断的表现会产生不同影响，本节通过添加不同维特征来探索不同特征对模型表现的影响，表现结果如表 8.4 所示。可以看出添加多维特征后的模型效果明显地优于单独添加语义特征或知识技能特征的模型，并且单独添加任何特征均比原始的 DKT 模型表现更佳。

表 8.4　试题多维特征对预测结果（AUC）的影响

基础模型	语义		知识技能	多维特征
DKT	DKT+Doc2Vec	DKT+BERT	DKT+CONCEPT	DKT+BERT+CONCEPT
0.79	0.8266	0.8325	0.803	0.8463

从语义方面来看，无论是用哪种方法得到的试题文本表示，嵌入模型之后均对结果产生了显著的提升，这表明试题的文本内容确实会对预测结果产生不可忽视的影响。从知识技能方面来看，将试题的知识技能融入后虽然准确度提高幅度不大，但仍比原始的时序认知诊断模型提高 1% 左右。

为了更好地排除数据集划分比例对结果的影响，分别将数据集的 60%、70%、80% 和 90% 作为训练集，其余部分作为测试集。如图 8.4 所示，其结果与 70% 划分的表现一致，并且随着数据集的增加，其 AUC 与 ACC 均呈现一种上升的趋势，而 RMSE 与 MAE 呈现下降的趋势，证明了训练集的增加能够增强预测的效果。

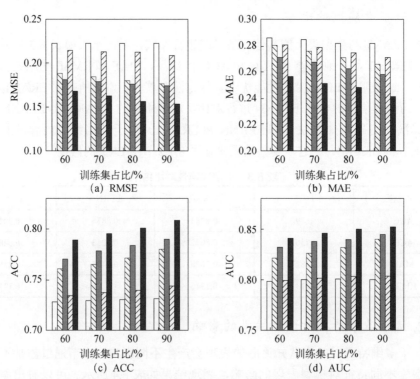

图 8.4　加入多维特征后四个指标下的表现情况

3. 试题关联对预测结果的影响

在实验证明加入试题表示能提高预测的准确性之后，本节设计对比试验来探究融入试题关联后对预测结果所产生的影响。

融入试题表示后，本节选取不同的时序建模方式来进行学习者行为建模与预测。选取了现在较为常用的 RNN[182]、LSTM[183]和 GRU[184]与本章所用到的 BI-LSTM 模型进行对比，结果如表 8.5 和图 8.5 所示。可以看到，RNN 表现最差，LSTM 和 GRU 表现居中，而本章所选取的 BI-LSTM 表现最好。

表 8.5　试题关联对预测结果（AUC）的影响

RNN	LSTM	GRU	BI-LSTM
0.8463	0.8543	0.8637	0.9065

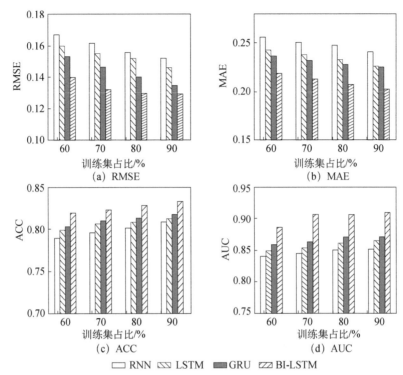

图 8.5　加入试题关联后四个指标下的表现情况

8.4　本章小结

本章提出了一个融入试题表示与关联的数学时序认知诊断模型，通过这些来对学习者的试题表现情况进行预测，同时也预测他们对于知识技能的掌握熟练程度，从而来帮助教师动态地调整自己的教学计划，做到真正的因材施教。

实验验证了本章所提模型的有效性和可靠性，在实验结果中可以看到，添加多维特征后预测结果有明显的提升，可以发现，用 BERT 得到的语义表示添加后结果优于 Doc2Vec，这是因为 BERT 通过注意力机制来实现时序数据的处理，支持并行计算，在资源足够的情况下，BERT 会比 LSTM 的计算速度快很多，并且由于BERT 内部的残差网络能够防止网络结构过于复杂带来的过拟合，会使得模型的表现效果更好。

我们探究了加入试题关联后对模型的预测效果所产生的影响，采用了四种不同的时序建模方法，在本章所提的 ERAKT 模型中使用的 BI-LSTM 表现效果最佳，而在其余三种方法中，GRU 的表现相对最佳，这是因为不同的时序建模方式有其独特的内部结构，LSTM 和 GRU 能够解决长期记忆问题，并且可以避免 RNN 中可能存在的梯度消失问题，而 GRU 由于参数相较 LSTM 少一些，可以减少过拟合的风险，因此预测性能三者中 GRU 最好，RNN 相对最差，但它们均不能得到试题之间的关联。

而 BI-LSTM 将单向变为了双向，不仅保留了过去的信息，还保存了未来的信息，因此可以充分地将所有的内容有效地利用起来，获得试题之间的关联表示，从而大幅度地提高预测性能，可以证明，融入试题关联可以大幅度地提高预测准确性。

在未来的研究中，我们计划在模型中融入多个知识点的联系，从而加强模型的效果，提高预测的准确性，并将其进行系统化的推广，方便老师教学工作的进行。

第 9 章　基于学习者反应时间的认知诊断方法

　　针对时空认知诊断理论中的学习者要素，本章重点从学习者的反应行为出发，探索学习者在作答试题时的行为对其知识状态的影响。事实上，随着计算机技术的发展，以学习者为中心的在线个性化学习逐渐成为人们关注的焦点和实际需要[185,186]，其学习行为可以体现出学习者的学习状态。评估学习成绩和分析学习者的潜在技能是在线个性化学习的一项重要任务。近年来，认知诊断理论（CDT）（一种新一代的教育和心理测试理论）引起了人们的关注，它旨在挖掘学习者的潜在特征和认知属性，如技能水平和能力水平。与传统的教育测量理论和项目反应理论（IRT）[187]相比，CDT 提供了更多的信息和诊断价值。此外，CDT 可以提供及时的反馈和足够的诊断信息，以帮助学习者进行个性化学习，并提供有针对性的补救信息[188,189]。

　　认知诊断模型（CDM）是评估学习者长处和不足的重要心理学测试工具，旨在发现学习者的认知技能结构与认知水平。自认知诊断理念提出以来，模型的构建、评估和应用一直是该领域的研究热点[190,191]。近年来，许多 CDM 已经被开发出来了，例如，规则空间模型（RSM）、属性层级模型（AHM）[192]、确定性输入噪声与门（DINA）模型[193,194]、通用 DINA（G-DINA）模型、多项选择 CDM[195,196]和高阶 DINA（HO-DINA）模型。每个 CDM 都有特定的特征。尽管这些模型数量众多，但大多数模型仅利用学习者的反应结果信息建模，而忽略了学习者认知过程中反应时间/速度（response time，RT）的重要数据。

　　在过去，由于考试是在纸上进行的，该项目的 RT 极难收集。如今，随着计算机测试的发展，RT 数据采集已成为许多大型测试的常规项目。RT 表示学习者在某个项目上花费的时间，这与学习者的速度有关，并定量地反映了学习者的生理指标。van der Linden[197]提出的对数正态反应时间模型是一种流行的模型。反应速度和准确度之间的关系一直是测量领域感兴趣的问题，一些研究人员几十年来一直在研究 RT 和反应准确度（response accuracy，RA）之间的关系[198-200]。著名的速度-准确率理论描述了速度与准确度呈负相关关系，学习者要么选择高速低准确度，要么选择低速高准确率。此外，Roskam[201]提出，随着时间的推移，无论是否掌握了该项目的技能，学习者正确回答问题的概率都会无限地接近 1。因此，以核心素养为重点的教育测量意味着，即使有足够的时间，也可能无法正确地回答问题。

近年来，有一些研究者在 IRT 中引入 RA 和 RT 之间的关系[202]。Verhelst 等[203]将速度参数引入传统的项目反应模型。Wang 和 Hanson[204]将 RT 纳入三参数逻辑斯蒂模型，提出了一个四参数逻辑斯蒂模型。van der Linden[205]提出了项目反应和反应时间的分层模型。Entink 等[206]通过建立分层模型，提出了 Box-Cox 正态模型。Fox 和 Marianti[207]使用反应与反应时间联合建模能力和差速。然而，单维能力值不能满足多维属性诊断的需求。Ranger 等[208]提出了基于三参数对数正态分布的 RT 分层模型。

综上所述，越来越多的学者认为 RT 与 CDM 的结合是一项非常有意义的工作，它可以提高认知诊断的准确性。van der Linden[209]的层次模型是最流行的反应和反应时间模型，而 Zhan 等[210]使用层次建模框架将 RT 引入 CDM，以构建 RA 和 RT 的联合模型。Zhan 等[211]提出了一个扩展的联合 testlet 模型。此外，Wang 等[212]联合模拟了反应结果和 RT，以评估学习者的熟练程度，尝试使用分层建模将 RT 添加到动态 CDM 中，以跟踪学习者的进度，从而了解细粒度二进制技能随时间的变化。总之，RT 和 RA 是联合建模的，大多数 CDM 侧重于分层建模。然而，CDT 的主要目的是诊断学习者的潜在特征，即他们的认知结构。然而，层次模型假设 RT 和反应结果是条件独立的，因此它不能突出速度-准确度交换准则，并且通常与实际情况不一致。

尽管少数研究人员已经开始关注 RT 对 CDM 的影响，但这还不够。因此，将 RT 引入 CDM 并使该模型拥有强的参数解释仍然是一个值得研究的问题。本章将 RT 引入 CDM，提出一种新的模型：RT-CDM（包括反应时间的 CDM）。通过同时对反应结果和反应时间进行建模，可以更好地模拟学习者的认知加工过程，从而使诊断结果更加准确。本章的贡献如下：首先，建立 RT 模型，该模型不仅将项目时间强度与学习者速度相结合，而且引入项目区分度参数，使学习者的速度在不同项目之间有明显的区分度；其次，通过引入 RT 模型，建立一个新的 CDM 框架，能够更好地模拟学习者的认知过程，更符合实际情况；最后，将该模型应用于真实数据集和仿真数据集，结果表明，将 RT 引入 CDM 将提高模型的稳定性和准确性。

9.1　融入反应时间的认知诊断框架

本节从三个方面提供了一个包含 RT 模型的 CDM 框架：问题提出和定义、反应时间模型和融入反应时间的认知诊断方法。

问题表述：该模型用于评估学习者在基于计算机学习环境的认知评估中对属性

（如技能、能力）的掌握情况。为了建立该模型，假设一项评估由 J 个项目组成，测量 K 个属性，并由 I 个学习者回答。用矩阵 $\boldsymbol{Q} = \left\{ q_{jk} \right\}_{J \times K}$ 表示 J 个项目和 K 个属性之间的关系，并且如果第 j 项需要第 k 个属性，那么元素 $q_{jk} = 1$，否则为 0。通过每个测试的评估项目，收集两种类型的多变量数据。首先是学习者的反应数据，用矩阵 $\boldsymbol{Y} = \left\{ y_{ij} \right\}_{I \times J}$ 表示，其中，如果第 i 个学习者回答正确，那么元素 $y_{ij} = 1$，否则为 0。第二个是学习者回答每个项目时的 RT 数据，用矩阵 $\boldsymbol{T} = \left\{ T_{ij} \right\}_{I \times J}$ 表示。第 i 个学习者的速度表示为 τ_i。此外，每个项目 j 的标准 RT 用 T_j 表示。

层次模型假设 RT 和反应之间存在条件独立性：

$$P(Y_{ij}, T_{ij} | \boldsymbol{\alpha}_i, \tau_i) = P(Y_{ij} | \boldsymbol{\alpha}_i, \tau_i) P(T_{ij} | \boldsymbol{\alpha}_i, \tau_i) \tag{9.1}$$

式中，$\boldsymbol{\alpha}_i$ 表示技能掌握模式。

然而，条件独立分布不适合实际情况。相反，可以从 RT 和 RA 之间的条件依赖中获得更多信息。因此，建模框架建议采用以下假设：①每个学习者的潜在能力由一个多维二元潜在变量 $\boldsymbol{\alpha}_i$ 表示，$\boldsymbol{\alpha}_i = \left\{ \alpha_{ik} \right\}$，如果学习者掌握了该技能，那么元素 $\alpha_{ik} = 1$，否则为 0；②学习者的 Y_{ij} 不仅取决于测验的技能掌握状态 α_{ik} 和项目特征，还取决于学习者的反应时间变量 T_{ij}；③学习者的 RT 变量 T_{ij} 与速度 τ_i 有关，速度不是恒定的，受项目区分度的影响；④学习者的 RT 和项目的第 j 个标准 RT 之间的匹配程度 ε_{ij} 由第 j 个项目的时间强度 β_j、学习者的速度 τ_i 和学习者的 RT 变量 T_{ij} 决定。

基于这些假设，本节提出的建模框架引入了反应时间，被称为 RT-CDM。RT 和 RA 之间条件依赖性的联合模型如下：

$$P(Y_{ij}, T_{ij} | \boldsymbol{\alpha}_i, \tau_i) = P(Y_{ij} | \boldsymbol{\alpha}_i, T_{ij}, \tau_i) P(T_{ij} | \tau_i) \tag{9.2}$$

RT-CDM 引入了连续的（IRF）与反应时间的影响，以实现更精确的认知分析。RT-CDM 的框架如图 9.1 所示。首先，输入学习者的反应时间、反应结果数据和 $\boldsymbol{Q}$ 矩阵。然后，分析影响学习者认知过程的因素，包括反应速度、失误、猜测等因素，并对这些因素进行建模。最后，根据模型得出学习者的技能掌握情况。

9.1.1　反应时间模型

RT 模型是根据不同测试内容的不同分布构建的，与反应结果无关。最流行的 RT 模型是融合反应时间的对数正态模型（response time fusion lognormal model，LMFRT），由以下公式表示：

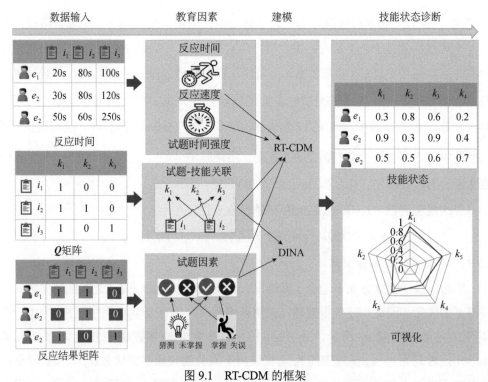

图 9.1　RT-CDM 的框架

$$\lg T_{ij} = \beta_j - \tau_i + \varepsilon_{ij}, \quad \varepsilon_{ij} \sim N(0, \sigma^2) \tag{9.3}$$

式中，T_{ij} 表示学生 i 对试题 j 的反应时间；β_j 为项目 j 的时间强度参数；τ_i 为学习者 i 的平均速度；ε_{ij} 为服从正态分布的误差项。在该模型中，RT 受学习者速度的影响。然而，该模型假设学习者对所有项目的反应速度是恒定的，这与实际情况相反。

为了解决上述问题，我们在 RT 模型的每个项目上引入了判别参数和标准 RT，并定义为

$$\lg \frac{T_{ij}}{T_j} = \beta_j - \lambda_j \tau_i + \varepsilon_{ij}, \ \varepsilon_{ij} \sim N(0, \sigma^2) \tag{9.4}$$

式中，ε_{ij} 为误差项，$\varepsilon_{ij} = (\ln T_j + \beta_j) - (\ln T_{ij} + \lambda_j \tau_i)$，即表示项目的时间属性和学习者的 RT 属性之间的匹配程度，学习者 i 对项目 j 的 RT 越长，ε_{ij} 越小，匹配度越高，满足项目要求的可能性越大；λ_j 是项目 j 的识别参数，它使学习者在每个项目上的速度是与项目相关的而不是固定的。为了说明 λ_j 是如何起作用的，图 9.2 显示了在不同的判别参数 λ_j 下反应时间 T_{ij} 和误差 ε_{ij} 之间的关系。如果某个项目的 RT 相同，那么 λ_j 的值越大，ε_{ij} 测试结果越大，因此，解决了每个项目的学习者速度 τ_i 恒定的问题。T_j 是项目 j 的标准 RT，因为标准 RT 通常由专家设定。

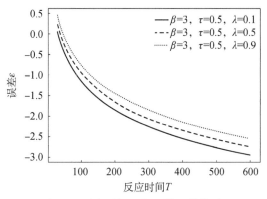

图 9.2　反应时间 T 与误差 ε 的关系

9.1.2　反应时间-认知诊断模型框架

在本节中，RT 模型被引入 IRF 中。考虑到学习者的 RT 对 RA 的影响，本节构建一个包含 RT 的认知诊断框架，即 RT-CDM。在该模型中，RT 是自变量（起始变量），RA 是因变量（即最终变量），这使得 CDM 更具信息性，可以提高对考试评估的科学理解和对学习者技能状态测量的准确性。学习者 RA 的正确性受反应时间的影响。如果反应时间太短，那么失误和猜测的概率就会增加。如果反应时间长，那么学习者有足够的时间思考，失误和猜测的可能性会更小。RT-CDM 遵循速度-精度交换标准，即答案越快，精度越低，其模型如图 9.3 所示。

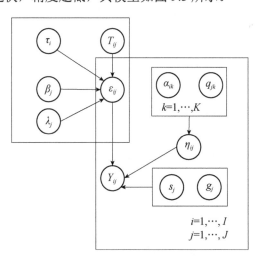

图 9.3　融合反应时间认知诊断的概率模型

通过将失误与猜测因素结合起来，我们可以根据式（9.2）得到 IRF：

$$P(Y_{ij}=1|\boldsymbol{\alpha}_i,s_j,g_j,\varepsilon_{ij})=(1-s_j)^{\eta_{ij}}\,g_j^{1-\eta_{ij}}\,\frac{1}{1+\mathrm{e}^{4\varepsilon_{ij}}} \tag{9.5}$$

（1） $f(\varepsilon_{ij}) = \dfrac{1}{1+e^{4\varepsilon_{ij}}}$ 是学习者 i 在项目 j 上的时间误差函数，随 ε_{ij} 的增加而减小。当 RT 较长时，ε_{ij} 较小，即函数 $f(\varepsilon_{ij})$ 增加，RA 的概率也增加。该函数是反应时间的单调递增函数。

（2） $\eta_{ij} = \dfrac{q_j \alpha_i^{\mathrm{T}}}{q_j^{\mathrm{T}} q_j}$ 是一个潜在特征函数，它表示一个比率常数，比率的分子是学习者 i 掌握的属性集和项目 j 中测试的属性集之间的交集中的属性数，比率的分母是项目 j 中测试的总数，q_j 表示试题 j 与技能的关联向量。η_{ij} 是值在 0～1 内的连续值。例如，在一个项目中测试三个属性（1 1 1）的情况下，η_{ij} 将学习者分为 4 种类型：没有掌握的学习者、掌握 1 个属性的学习者、掌握 2 个属性的学习者 和掌握 3 个属性的学习者。η_{ij} 表示对学习者掌握情况进行更精细的多分类划分。$\eta_{ij}=1$ 表示学习者已经掌握了该项目所需的所有技能（图 9.4），$\eta_{ij} \in [0,1)$ 表示学习者已经掌握了该项目所需的一些技能。

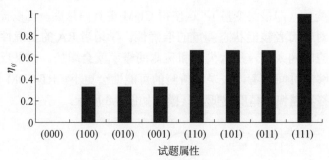

图 9.4　试题掌握状态表示

9.2　模型参数估计

本节采用马尔可夫链蒙特卡罗（Markov chain Monte Carlo，MCMC）方法估计 RT-CDM 的参数。

以下为 β、λ、τ、α、g 和 s 的先验分布：

$$\beta_j \sim N(\mu_\beta, \sigma_\beta^2) \tag{9.6}$$

$$\lambda_j \sim N(\mu_\lambda, \sigma_\lambda^2) \tag{9.7}$$

$$\tau_i \sim N(\mu_\tau, \sigma_\tau^2) \tag{9.8}$$

$$\alpha_{ik} \sim \mathrm{Bernoulli}(0.5) \tag{9.9}$$

$$g_j \sim 4 - \mathrm{Beta}(v_g, w_g, a_g, b_g) \tag{9.10}$$

$$1-s_j \sim 4-\text{Beta}(v_s, w_s, a_s, b_s) \tag{9.11}$$

式中，$4-\text{Beta}(v_s, w_s, a_s, b_s)$ 是四参数 Beta 分布，对于 $a < x < b$，$f(x) = \dfrac{(x-a)^{v-1}(b-x)^{w-1}}{\phi(v,w)(b-a)^{v+w-1}}$，在条件 $\phi(v,w) = \int_0^1 u^{v-1}(1-u)^{w-1}\,\mathrm{d}u$ 下给定。

在给定 Y 和 T 下的 $\beta, \lambda, g, s, \tau, \alpha$ 的联合后验分布为

$$L(\beta, \lambda, g, s, \tau, \alpha \mid Y, T) \propto L(\beta, \lambda, s, g; \alpha, \tau) P(\tau) P(\alpha) P(\beta) P(\lambda) P(g) P(s) \tag{9.12}$$

在贝叶斯估计中，RT-CDM 参数的联合后验分布可以由参数的先验分布和观测数据的似然性产生。RT-CDM 是理解模型下反应模型 Y_{ij} 的条件分布。假设有 I 个学习者和 J 个项目，且学习者对每个项目的反应是独立的，因此学习者 i 反应模型 Y_i 的条件似然函数可以表示为

$$L(\beta, \lambda, s, g, \alpha, \tau) = \prod_{i=1}^{I} \prod_{j=1}^{J} \left[P(Y_{ij} \mid T_{ij}) \right]^{Y_{ij}} \left[1 - P(Y_{ij} \mid T_{ij}) \right]^{1-Y_{ij}} \tag{9.13}$$

下面是用于参数估计的马尔可夫链蒙特卡罗方法（MCMC）的概要。在 t 次迭代下：

（1）对于 $\{\beta, \lambda\}$，描述候选值 $\beta^{(*)} \sim \text{Uniform}(\beta_j^{(t-1)} - \delta_\beta, \beta_j^{(t-1)} + \delta_\beta)$，$\lambda^{(*)} \sim \text{Uniform}(\lambda_j^{(t-1)} - \delta_\lambda, \lambda_j^{(t-1)} + \delta_\lambda)$，并设 $\{\beta^{(*)}, \lambda^{(*)}\}$ 的概率为

$$P\left(\left\{\beta^{(t-1)}, \lambda^{(t-1)}\right\}, \left\{\beta^{(*)}, \lambda^{(*)}\right\}\right) = \min\left\{ \frac{L(\beta^{(*)}, \lambda^{(*)}; \alpha^{(t)}) P(\beta^{(*)}) P(\lambda^{(*)})}{L(\beta^{(t-1)}, \lambda^{(t-1)}; \alpha^{(t)}) P(\beta^{(t-1)}) P(\lambda^{(t-1)})}, 1 \right\} \tag{9.14}$$

（2）对于 τ，描述候选参数 $\tau_i^{(*)} \sim \text{Uniform}(\tau_i^{(t-1)} - \delta_\tau, \tau_i^{(t-1)} + \delta_\tau)$，并设 $\tau^{(*)}$ 的概率为

$$P(\tau^{(t-1)}, \tau^{(*)}) = \min\left\{ \frac{L(s^{(t-1)}, g^{(t-1)}; \alpha^{(*)}) P(\tau^{(*)})}{L(s^{(t-1)}, g^{(t-1)}; \alpha^{(t-1)}) P(\tau^{(t-1)})}, 1 \right\} \tag{9.15}$$

（3）对于 α，候选参数 $\alpha_{ik}^{(*)} \sim \text{Bernoulli}(0.5)$，并设 $\alpha^{(*)}$ 的概率值为

$$P(\alpha^{(t-1)}, \alpha^{(*)}) = \min\left\{ \frac{L(s^{(t-1)}, g^{(t-1)}; \alpha^{(*)}) P(\alpha^{(*)})}{L(s^{(t-1)}, g^{(t-1)}; \alpha^{(t-1)}) P(\alpha^{(t-1)})}, 1 \right\} \tag{9.16}$$

（4）对于 $\{g, s\}$，候选值 $g^{(*)} \sim \text{Uniform}(g_j^{(t-1)} - \delta_g, g_j^{(t-1)} + \delta_g)$，$s^{(*)} \sim \text{Uniform}(s_j^{(t-1)} - \delta_s, s_j^{(t-1)} + \delta_s)$，并设 $\{g^{(*)}, s^{(*)}\}$ 的概率值为

$$P\left(\left\{g^{(t-1)}, s^{(t-1)}\right\}, \left\{g^{(*)}, s^{(*)}\right\}\right) = \min\left\{ \frac{L(g^{(*)}, s^{(*)}; \alpha^{(t)}) P(g^{(*)}) P(s^{(*)})}{L(g^{(t-1)}, s^{(t-1)}; \alpha^{(t)}) P(g^{(t-1)}) P(s^{(t-1)})}, 1 \right\} \tag{9.17}$$

9.3 基于真实数据的实验

本节采用了 2015 年的 PISA（国际学生评估项目）的数学学科的数据集，以验证所提出的 RT-CDM（反应时间-认知诊断模型）的可行性。PISA 是全球权威的在线考试，具有高质量的试题；同时 PISA 记录了学习者的反应结果和反应时间。

9.3.1 数据描述

本节选择 17 个计算机测验的二级评分项目进行分析。用于分析的数据库包含 6000 名学习者（随机抽取）的二级评分反应数据和连续反应数据。数据来源于 PISA2015 数学评估框架和发布的基于计算机的数学项目的日志文件数据库。该测试评估了 11 个属性：变化和关系（a_1），空间和形状（a_2），数量（a_3），不确定性和数据（a_4），个人（a_5），职业（a_6），社会（a_7），科学（a_8），数学形式（a_9），运用数学概念、程序和推理（a_{10}），解释、应用及评估数学结果（a_{11}）。有 17 个基于计算机的数学项目来评估这些属性。基于计算机的 PISA2015 数学试题的 Q 矩阵如表 9.1 所示。

表 9.1 基于计算机的 PISA2015 数学试题的 Q 矩阵

试题	a_1	a_2	a_3	a_4	a_5	a_6	a_7	a_8	a_9	a_{10}	a_{11}
CM033Q01	0	1	0	0	1	0	0	0	0	0	1
CM474Q01	0	0	1	0	1	0	0	0	0	1	0
CM155Q01	1	0	0	0	0	0	0	1	0	1	0
CM155Q04	1	0	0	0	0	0	0	1	0	0	1
CM411Q01	0	0	1	0	0	0	1	0	0	1	0
CM411Q02	0	0	0	1	0	0	0	1	0	0	1
CM803Q01	0	0	0	1	0	1	0	0	1	0	0
CM442Q02	0	0	1	0	0	0	0	1	0	0	1
CM034Q01	0	0	1	0	0	0	1	0	0	1	0
CM305Q01	0	0	1	0	0	0	1	0	0	1	0
CM496Q01	0	0	1	0	0	0	1	0	1	0	0
CM496Q02	0	0	1	0	0	0	1	0	0	1	0
CM423Q01	0	0	1	0	1	0	0	0	0	0	1
CM603Q01	0	0	1	0	0	0	0	1	0	1	0
CM571Q01	1	0	0	0	0	0	0	1	0	0	1
CM564Q01	0	0	1	0	0	0	0	1	0	1	0
CM564Q02	0	0	0	1	0	0	1	0	1	0	0

提出的模型侧重于二级评分反应，如果学习者回答正确，那么 RA 表示为 1，否则表示为 0（部分正确和不正确）。以秒为单位记录学习者的反应时间。

9.3.2　分析

基于真实数据集，选择三个基线模型，从准确性和收敛性的角度与本章提出的模型进行比较。每个模型运行两个马尔可夫链，每个链有 8000 次迭代。将每个链中的前 5000 次迭代作为磨合被丢弃，最后将 3000 次迭代用于计算模型参数的点估计。

基线模型如下所示。

（1）DINA 模型是最流行和最常用的 CDM，它使用学习者的二元反应结果进行二元建模。

$$P(Y_{ij} = 1 | \boldsymbol{\alpha}_i) = (1 - s_j)^{\eta_{ij}} g_j^{1-\eta_{ij}}, \quad \eta_{ij} = \prod_{k=1}^{K} \alpha_{ik}^{q_{jk}} \tag{9.18}$$

（2）JRT 模型是一个分层建模框架，用于对学习者的 RA 和 RT 进行建模。

$$\text{logit}(P(T_{ij})) = \beta_j - \tau_i + \varepsilon_{ij}, \quad \varepsilon_{ij} \sim N(0, \sigma^2)$$

$$\text{logit}(P(Y_{ij} = 1)) = \beta_j + \delta_i \prod_{k=1}^{K} \alpha_{ik}^{q_{jk}} \tag{9.19}$$

$$\text{logit}(P(\alpha_{ik} = 1)) = \gamma_k \theta_i - \lambda_k$$

（3）R-DINA 模型是一种改进的模型，它忽略了 RT-CDM 的 RT。

$$P(Y_{ij} = 1 | \boldsymbol{\alpha}_i) = (1 - s_j)^{\eta_{ij}} g_j^{1-\eta_{ij}}, \quad \eta_{ij} = \frac{q_j \boldsymbol{\alpha}_i^{\mathrm{T}}}{q_j^{\mathrm{T}} q_j} \tag{9.20}$$

评估指标有均方根误差（RMSE）、平均绝对误差（MAE）、预测准确度（ACC）和接受者操作特征（ROC）下面积（AUC）。RMSE 与 MAE 代表估计值和真实值之间的误差，因此值越小，模型越好。AUC 和 ACC 表示模型的准确性，因此值越大，模型越好。

$$\text{RMSE} = \sqrt{\frac{1}{I \times J} \sum_{j=1}^{J} \sum_{i=1}^{I} (Y_{ij} - P(Y_{ij} = 1))^2} \tag{9.21}$$

$$\text{MAE} = \frac{1}{I \times J} \sum_{j=1}^{J} \sum_{i=1}^{I} |Y_{ij} - P(Y_{ij} = 1)| \tag{9.22}$$

9.3.3　结果

将 PISA2015 数据集分别应用于 4 个模型。表 9.2 给出了四个模型的误差指数（RMSE、MAE）和准确度指数（AUC、ACC），表明模型项参数的返真性。从结果来看，RT-CDM 的性能优于其他基线模型。其预测结果误差最小，精度最高。首先，RT-CDM 通过在评估反应时间时更精确地捕获更多学习者的反应过程信息，从而提高了模型的质量和准确性，这使其优于 DINA 和 R-DINA 模型；其次，RT-CDM 对反应结果和 RT 之间相关性的联合建模优于 JRT 模型（采用分层建模）；最后，R-DINA 模型的结果优于 DINA 模型，表明学习者掌握状态的多重分类法优于二级评分的模型。

表 9.2　四个模型的精准性对比

模型	误差		精准度	
	MAE	RMSE	ACC	AUC
DINA	0.380	0.616	0.626	0.620
JRT-DINA	0.348	0.588	0.698	0.700
R-DINA	0.235	0.484	0.767	0.765
RT-CDM	0.219	0.468	0.782	0.781

从误差和精度指标的结果来看，本章构建的 RT-CDM 具有良好的性能，表明将 RT 引入 CDM 是可行的，并且参数返真性良好。

图 9.5 显示了 4 个模型在每个试题上的预测性能。从每个子图中我们可以观察到 RT-CDM 模型在大多数项目上都优于几乎所有基线，并且 R-DINA 模型也优于其他两个模型。此外，在 4 个模型中，JRT 模型的性能最不稳定，并且结果在不同项目上波动很大，表明 JRT 模型受项目因素的影响最大。

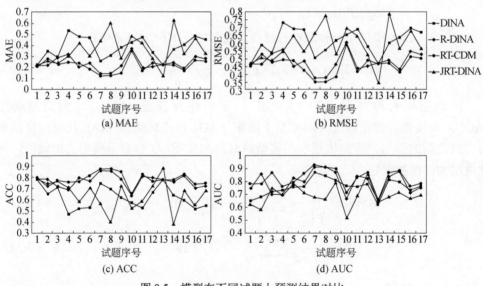

图 9.5　模型在不同试题上预测结果对比

9.4　基于模拟数据的实验

我们进行了后续模拟研究，以进一步评估模型参数返真性，并在理想模拟条件下比较 R-DINA 模型和 RT-CDM 。研究方法是通过确定属性、项目和学习者的数量，并通过估计项目参数和获得学习者的技能状态，模拟学习者的反应结果矩阵和反应时间矩阵。

9.4.1　数据生成

本节模拟了 5 个独立的技能，可以生成 $2^5 = 32$ 种技能掌握状态（不包括模式（00000）），并模拟了 31 个项目。该数据的 $\boldsymbol{Q}$ 矩阵如图 9.6 所示，参数规律如下所示，根据这些参数，本节模拟了 5000 名学习者的反应结果和 RT。

（1）RT 参数，$\beta \sim N(9,1)$；$\tau \sim N(0,1)$；λ 服从截断正态分布[1,1]，下限为 0.0001；ε 服从均匀分布，平均值为 0，方差为[0.3,0.7]。

（2）反应结果参数，$\alpha_{ik} \sim \text{Bernoulli}(0.7)$；$g_j \sim 4 - \text{Beta}(1,2,0,0.6)$；$s_j \sim 4 - \text{Beta}(1,2,0,0.6)$。

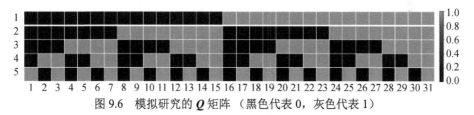

图 9.6　模拟研究的 $\boldsymbol{Q}$ 矩阵 （黑色代表 0，灰色代表 1）

9.4.2　评价指标

关于单个属性和剖面的分类，本节计算了属性正确分类率（attribute correct classification rate，ACCR）和模式正确分类率（pattern correct classification rate，PCCR）。ACCR 评估单个属性分类的准确性，PCCR 评估属性向量分类的准确性，属性向量分类是单个属性分类的联合。

$$\text{ACCR} = \sum_{i=1}^{I} \frac{\mathbb{I}\left[\hat{\alpha}_{ik} = \alpha_{ik}\right]}{I} \tag{9.23}$$

$$\text{PCCR} = \sum_{i=1}^{I} \frac{\mathbb{I}\left[\hat{\boldsymbol{\alpha}}_i = \boldsymbol{\alpha}_i\right]}{I} \tag{9.24}$$

式中，$\mathbb{I}(g)$ 是一个指示器功能。如果 g 为 true，那么值为 1，否则为 0。

此外，还计算了模型的恢复率，即 MAE、RMSE、ACC 和 AUC。基于这些评价指标，本节进行了 RT-CDM 模型和 R-DINA 模型的比较，以阐明 RT 在认知诊断中的作用。

9.4.3　结果

本节从模型的准确性、项目参数的恢复性和属性分类的准确性三个方面对两种模型进行了比较。

（1）模型的准确性。

表 9.3 显示了用于比较两个模型的 RMSE、MAE、ACC 与 AUC，其中 RMSE 与 MAE 表示估计值和真实值之间的误差，AUC 和 ACC 表示两个模型的准确性。表 9.3 展示了 100 次实验结果的平均值。一方面，从项目参数恢复的角度来看，RT-CDM 的 MAE 和 RMSE 误差低于 R-DINA 模型，RT-CDM 的 MAE 结果小于 0.05；另一方面，RT-CDM 的精度远高于 R-DINA 模型。RT-CDM 的 ACC 大于 0.97。这一结果表明，如果在建模中结合 RT 和反应结果，那么可以显著地提高模型的精度。

表 9.3　两个模型的 MAE、RMSE、ACC 和 AUC 指标对比

模型	误差		精准度	
	MAE	RMSE	ACC	AUC
R-DINA	0.148	0.384	0.852	0.656
RT-CDM	0.026	0.161	0.974	0.802

（2）项目参数的恢复性。

表 9.4 通过显示所有项目参数的估计值和真实值之间的 MAE 和 RMSE 来说明两个模型的项目参数恢复情况。在参数方面，RT-CDM 模型的结果比 R-DINA 模型的结果要好得多。对于参数 g，两个模型的结果是等效的，RT-CDM 模型的结果仅比 R-DINA 模型的结果高 0.001。从总体上看，RT-CDM 的项目参数恢复相对稳定。

表 9.4　两个模型的项目参数恢复性

指标		RT-CDM				R-DINA	
		s	g	β	λ	S	G
MAE	平均值	0.146	0.188	0.581	1.207	0.383	0.184
	标准差	0	0.001	0.018	0.014	0	0
RMSE	平均值	0.176	0.227	1.587	1.273	0.393	0.224
	标准差	0	0.001	0.003	0.01	0	0

（3）属性分类的准确性。

表 9.5 中的值是通过比较真实分类和估计分类来计算的，表示预测结果和学习者真实反应结果中正确分类的百分比。RT-CDM 在 ACCR 和 PCCR 方面均高于 R-DINA 模型，这表明忽略 RT 对 RA 的影响将降低 ACCR 和 PCCR。

表 9.5　属性分类正确的百分比

100 次迭代	ACCR					PCCR
	α_1	α_2	α_3	α_4	α_5	
R-DINA	0.938	0.944	0.911	0.925	0.944	0.726
RT-CDM	0.953	0.957	0.933	0.957	0.958	0.815

由表 9.5 结果米看，基于 MCMC 算法用于 RT-CDM 模型的项目参数估计是稳定的、准确度较高的。由表 9.5 的结果表明，通过使用 RT-CDM 分析数据，与传统的测试和分析相比，可以显著地提高属性掌握模式的分类精度。

9.5　本章小结

随着在线学习的日益普及，越来越多的关于学习者考试和学习过程数据的信息会被捕捉到。然而，目前的 CDM 仅仅对于反应结果来诊断学习者的知识状态，却忽略了学习者的反应时间数据。反应时间模型已经成为教育心理评估中的一种流行模式。目前的大多数研究集中于反应和反应时间的层次模型。虽然层次模型假设反应时间和反应结果是条件独立的，但这与实际情况不一致。因此，我们将反应时间引入反应结果中，根据二者的条件依赖性设计了一个联合模型，即 RT-CDM。具体而言，我们引入了一个连续项目潜在特征函数来描述技能数量，并构建了一个反应时间函数来阐明反应时间对学习者反应结果的影响。RT-CDM 是一个非常简单且可解释的模型。最后，对模拟研究进行了分析。结果表明，在分析中考虑反应时间将提高属性掌握模式分类的正确率，并导致对一般能力、结构参数和项目参数的更准确和更精确的估计。因此，将反应时间引入 CDM 将提高属性和属性掌握模式正确分类率，并导致对模型参数的更准确和精确估计。

从实验结果可以看出，RT-CDM 在真实数据集和模拟研究上几乎优于基线。因此，RT-CDM 可以超过 JRT-DINA 模型，这说明反应时间和反应结果之间的条件依赖联合建模可以提供更多的信息，使模型比条件依赖层次建模更稳定。尽管如此，仍有一些改进的余地。首先，RT-CDM 将反应时间引入 DINA 模型，我们可以尝试使用更多的 CDM。其次，我们可以使用其他具有不同分布的反应时间模型，并研究它们对模型精度的影响。最后，尽管我们的重点是反应时间对于反应结果的影响，但也可以使用易获得的其他反应过程数据，例如，可以考虑将答题顺序、答题次数等过程性数据引入 CDM 中。

第 10 章 基于时间的长周期认知诊断方法

针对时空认知诊断理论中的时间要素，本章重点从学习者与试题发生交互的时间出发，探索学习者在不同时间作答试题时其知识状态的动态变化。事实上，知识熟练度诊断是个性化学习的关键一步，也是针对学习者学习过程中的时间序列数据建模的重要方式，其目的是检测学习者在试题与交互过程中每个知识领域的隐藏状态（掌握程度）。具体而言，诊断结果可以帮助学习者发现知识薄弱的领域，进而获得个性化服务，如有针对性的知识培训、动态规划学习路线[213]、个性化资源推荐[214]等。图 10.1 展示了典型中国学习者在 K12 数学科目上随时间的交互过程。我们可以看到，从 3 月到 4 月，两个学习者（S_1 和 S_2）练习不同的试题来学习 3 个知识概念（K_1:整数，K_2:分数，K_3:无理数），这些试题是通过单次测试来组织的。与试题相对应的知识通常由教育专家批注。

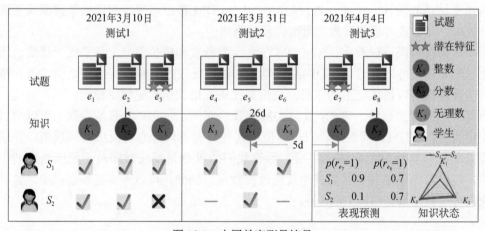

图 10.1 中国教育测量情景

在实践中，这些教育平台的主要任务是预测学习者的成绩[215]，也就是说，预测学习者在未来的评估中是否能正确地回答习题（如 e_7、e_8）。同时，还需要在评估过程中跟踪学习者的知识掌握水平[216]（K_1、K_2、K_3）的变化。

在文献中，已有一系列关于知识熟练度诊断的研究成果，如认知诊断模型（CDM）、知识追踪（KT）等。然而，大多数研究忽略了两个主要因素：试题的认知特征和潜在特征，这两个因素在评价过程中对学习者的学习有重要的影响。

一方面，在认知心理学领域，学习者的知识掌握水平在不断地发展。因此，知识熟练程度受两个认知特征的影响：遗忘[217]之前的知识和学习[218, 219]相同的知识。遗忘理论认为，随着时间的推移，学习者对所学知识的记忆会下降，其知识熟练程度与时间间隔因素有关[220]。例如，在图 10.1 中，由于学习者 S_1 在上次评估中有 26d 没有做与知识 K_2 相关的试题，时间间隔比知识 K_1（5d）长，所以学习者在 e_8（K_2）上的表现可能比 e_7（K_1）差。学习理论强调，如果学习者反复学习同一个任务，那么他们对任务的理解就会加强。例如，在图 10.1 中，由于学习者 S_1 通过复习更多的次数来加强对知识 K_1 的记忆，他在试题 e_7（3 次）中正确回答问题的概率比在试题 e_8（1 次）中正确回答问题的概率大。幸运的是，一些研究[221]尝试通过添加认知因素来动态地诊断知识熟练度，这些研究在实验中表现得更好。然而，这些模型有一些局限性。特别是，DKT+forget 简单地将这些因素整合到 RNN 中，考虑了遗忘的几个因素随时间变化捕捉学习者隐藏的知识掌握状态，忽略了神经网络结构的深层影响。总之，我们的工作旨在结合这两个认知因素和学习者的练习记录，以更好地动态跟踪知识水平。

另一方面，由相同知识组成的试题可能具有不同的潜在特征[222]，如难度。事实上，现有的知识追踪方法，如贝叶斯知识追踪（BKT）[223]和深度知识追踪（DKT）等，通常使用的是相应的知识而不是试题本身，在练习过程中忽略了重要的潜在特征。例如，尽管试题 e_1、e_3 和 e_5 的知识相同，但学习者 S_2 在测试 1 中的 e_1 和 e_3 表现相反，这是由潜在的试题特征（即难度）造成的。这个学习者在未来的评估 3 中 K_1 的表现很可能比具有类似潜在特征的试题 e_3 差。虽然之前的一些研究如动态键-值记忆网络（DKVMN）和序列键-值记忆网络（SKVMN）等，考虑了潜在特征，但据我们所知，很少有人注意到以不同的时间间隔和覆盖同一知识的潜在特征状态对知识熟练度的影响。

总之，在这项工作中，我们主要关注以下几个知识熟练度诊断的局限性。首先，由于学习者认知过程的复杂性和可变性，我们如何从复杂的、以往的历史交互序列中定量地提取出共同的认知特征？如何将这些认知特征（如学习、记忆和遗忘）整合到知识熟练度诊断任务中，以提高预测结果的准确性？

因此，为了解决上述知识熟练度诊断的挑战，我们提出了一种融合认知特征的动态知识诊断方法（CF-DKD），通过将学习和遗忘理论与历史交互序列的长期数据相结合来预测学习者的表现。本章的主要贡献如下所示。

（1）尽管 DKVMN 通过实现添加门和擦除门可以帮助跟踪知识状态，但它在构造长期依赖的模型时并不有效。因此，我们通过将认知特征（遗忘和学习特征）纳入记忆网络来解决这个问题，以跟踪知识掌握状态随时间的动态变化。

（2）通过预先编码统一的特征，尝试三种集成方法将认知特征和反应交互结合起来。因此，通过探索所有特征的优化组合，提高了学习者成绩预测模型的准确性。

（3）我们通过遗忘门和学习门机制扩展记忆网络的更新过程。遗忘门会抹去长期的、无用的记忆，学习门增强短期信息和长期依赖记忆。

我们采用了 5 倍交叉验证的方法，在建立的 4 个数据集上对 CF-DKD 模型进行了广泛的评价，并将它们与最先进的模型进行了比较。实验表明，CF-DKD 模型在预测学习者成绩方面优于其他基准模型。

10.1　国内外相关研究

本节从静态认知诊断、动态知识诊断、记忆网络诊断和具有认知特征的知识诊断四个方面对相关文献进行简要回顾。

10.1.1　静态认知诊断

现有的静态 CDM（如 IRT 模型和 DINA 模型）主要通过预测学习者的反应来发现学习者的知识水平。IRT 模型是一个具有试题区分和难度参数的一维模型，它使用了一个类 Logistic 函数来模拟学习者的潜在特质。在 DINA 模型中，由专家对试题进行标注形成 Q 矩阵，表示试题与知识之间的相关性，学习者的知识熟练程度可以通过一个包含两个参数（猜测和失误）的函数来实现。然而，据我们所知，所有这些方法都只关注一次评估的测验交互数据，忽略了知识熟练度随时间变化的事实与以往的历史时间记录，更不用说考虑更精确的认知特征诊断。

10.1.2　动态知识诊断

为了克服原始 CDM 所面临的挑战，研究者试图提出更多动态 CDM，考虑相互作用序列中的时间因素。特别是，动态 CDM 将更多的信息（如时间间隔因子[224]和反应时间）结合到建模中。此外，另一个代表性的作品是 DKT，这是一个流行的序列模型，通过深度学习[225]随时间的变化来跟踪学习者的知识状态。DKT 可以通过RNN 中的隐藏层捕获学习者潜在知识状态的变化，无须人为标注预测任务。事实上，一些扩展进一步考虑了其他因素，如遗忘、试题内容或复杂的试题交互。尽管这些改进很重要，但在实践中仍然存在一些局限性：首先，CDM 只引入了一个反应时间变量，因此无法发现随着时间推移的历史知识掌握状态；其次，虽然 DKT 通过遗忘门考虑了时间因素，但由于知识学习的时间不同，一个隐藏层意味着相邻两次交互的时间间隔相同，造成严重的时间信息丢失。综上所述，现有的动态模型忽略了时间因素在训练过程中的影响，这很难解释不同时间间隔下的遗忘或学习程度。

10.1.3　记忆网络诊断

最近，研究人员试图利用记忆网络来预测学习者的表现。记忆增强神经网络

（MANN）[226]引入外部记忆矩阵来存储信息，扩展了 DKT 的一个隐藏层。为了增强内存的表示性，Miller 等[227]提出了一种键-值记忆网络 DKVMN，该网络可以将静态数据存储在键内存中，将动态数据存储在值内存中。对于知识诊断任务，DKVMN 中首先使用了记忆网络技术，利用试题与潜在概念之间的关系（相关权重），直接输出学习者对每个概念的掌握程度（阅读过程）。其中，键记忆矩阵存储知识，另一个动态矩阵存储相应概念的掌握状态，并通过对未来试题的反应（写过程）进行更新。在 DKVMN 的基础上，通过引入其他因素进行了许多扩展，如 SKVMN 中相同知识之间的长期依赖性、动态学生分类的记忆网络（dynamic student classification on memory networks，DSCMN）[228]中学习者的能力聚类、DKVMN-CA[229]中的知识标签。实验结果表明，基于 DKVMN 的模型能够更好地发现潜在概念和试题之间的相关性，并有效地捕捉交互序列中的顺序依赖关系，从而获得更好的预测精度。目前，许多学者将图神经网络引入知识建模。例如，Hiromi 使用图卷积网络构建 GKT，来表示知识之间的相关性，并通过弱遗忘和弱学习门机制更新潜在的知识状态，最终取得了较好的性能。虽然这些模型的可解释性和性能都很好，但仅使用擦除门和增加门来考虑遗忘或学习因素，忽略了时间间隔信息，其有效性仍然很差。在 CF-DKD 模型中，由于键-值存储的优良表现，我们保留了键-值存储网络结构；同时，我们需要更多的认知特征来实现其记忆规律的刻画，从而提高其预测的性能。

10.1.4　具有认知特征的知识诊断

用认知特征对学习者的知识诊断进行建模是认知心理学研究的核心问题之一[230]，已有几十年的研究成果。在认知过程中，学习者对知识的掌握程度会随着时间的推移（遗忘）而降低，随着反复练习（学习）而提高。一方面，典型的遗忘理论是艾宾豪斯遗忘曲线[231]，该曲线表明，随着时间间隔的增加，学习者对已掌握知识的遗忘率呈指数级增长。另一方面，学习曲线是对学习者在重复知识中的表现的数学描述，说明重复次数越多，学习者由于熟悉程度高，需要的时间就越少。

传统的带认知的概率诊断模型，如原始的 BKT 模型，假设学习者一旦获得知识就不会忘记，不符合认知心理学的遗忘规律。Qiu 提出了 KT-Forget 模型，该模型将遗忘因素作为参数引入模型中，并假设以 d 为单位的时间间隔会影响参数（即学习者可能会在几天前忘记已经掌握的知识）。Khajah 等[232]通过在模型中加入类似的知识来模拟学习过程，该模型假设类似的技术重复越多，记忆保留得越强。实验表明，该模型的性能优于更高级的深度学习模型（如 DKT）。

带认知的因子分解（performance factor analysis，PFA）由 Pelánek 首先提出，引入时间效应函数来表示滞后时间对记忆的影响。通过对不同时间间隔的重复练习建模，基于艾宾豪斯遗忘曲线，提出了半衰期回归的 PFA 扩展模型，其中，部分考虑了遗忘因素。此外，许多研究者关注遗忘曲线和学习曲线[233,234]。特别是 Liu 等[233]

提出的可解释概率矩阵分解框架（interpretable probabilistic matrix factorization framework），利用两条曲线来跟踪学习者的知识熟练程度，该框架比其他 CDM（如 BKT 或 DINA）更准确。

此外，基于深度学习技术，我们观察到几种带认知特征的诊断方法。Nagatani 假设知识记忆的保持主要与两种遗忘行为有关：与以往记录的时间间隔和对同一知识的以往试验次数。Ghosh 在注意知识追踪中采用注意机制获得试题的情境意识，并以指数衰减的方式模拟学习者的遗忘行为和能力。

尽管这些模型具有良好的可解释性，但仍然存在一些局限性。一方面，相似知识之间的时间间隔在遗忘中起着非常重要的作用，而其他一些可以增强记忆的学习特征（如重复次数）通常被忽视；另一方面，由于计算的复杂性，在深度学习模型中很难将其他交互信息融入长期时间序列中。我们的模型通过整合认知因素（学习特征、遗忘特征）和记忆网络，来弱化一些不重要特征，并强化一些重要特征，以此来对深度学习模型进行改进，实现动态长时记忆跟踪。

10.2　整合认知特征的动态知识诊断方法

10.2.1　问题定义

CF-DKD 是一种监督学习方法，通过学习者在每次评估中的试题反应序列来跟踪学习者的知识熟练程度。

CF-DKD 的任务描述如下：学习者交互历史数据是学习者在不同时刻对试题的作答反应序列，由 $X = \{x_1, x_2, \cdots, x_{t-1}\}$ 表示。其中，作答反应记录的单元 $x_t = (e_t, r_t, f_t, l_t)$ 是一个四元组，表示某学习者在某一 t 时刻每次执行一次试题 e_t，$e_t \in \{e_1, \cdots, e_{|E|}\}$。回答错误和正确的反应是 r_t，它是一个二进制变量 $r_t = \{0,1\}$。如果学习者回答正确，那么 $r_t = 1$；否则，$r_t = 0$。此外，我们用 f_t、l_t 分别表示遗忘特征和学习特征这两种认知因素。因此，问题的定义如下所示。

定义 10.1　关于知识熟练度诊断问题，考虑学习者试题反应的序列从步骤 1 到 t，我们的目标有两个方面：①预测学习者对下一个试题 e_t 的反应 r_t，即在下一个试题 e_t 中得到正确答案的概率 $P(y_t = 1 | e_t, X)$；②诊断学习者对不同知识的知识熟练程度 M_{stu}。

进一步，为了动态跟踪诊断过程中知识熟练度的变化，我们提出了两个假设。

假设 10.1　如果学习者进行一个试题，那么无论他们的回答是否正确，他们都会通过教师的解释增强对相关知识概念的记忆。

假设 10.2　一个试题可能与多个知识概念相关，但我们假设第一个知识概念是试题中最重要的。因此，我们默认选择第一个来计算其认知特征。

10.2.2　解决方案与CF-DKD框架

本节所提的解决方案框架如图 10.2 所示。考虑到所有学习者的反应交互记录 $\{(e_1,r_1),(e_2,r_2),\cdots,(e_T,r_T)\}$ 及相应的学习和遗忘因素记录 $\{(f_1,l_1),(f_2,l_2),\cdots,(f_T,l_T)\}$，本节提出一种结合认知特征的动态知识诊断（CF-DKD）方法来跟踪学习者潜在的知识掌握状态的变化。具体来说，利用训练后的模型可以进行两个应用，例如，在考虑认知因素的情况下，预测学习者对下一步试题的反应，以及利用历史交互序列获得稳定的知识掌握情况。

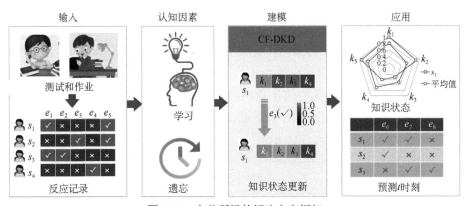

图 10.2　本节所提的解决方案框架

CF-DKD 是一种利用记忆网络动态存储潜在知识能力的时间序列模型，它提供了一个基于认知规则的隐藏信息读写接口。CF-DKD 的第 t 步关键过程如图 10.3 所示，是一个四层架构。

（1）嵌入层负责将各种类型的输入数据进行统一编码表示，通过嵌入将其转换到一个更高维的向量空间。

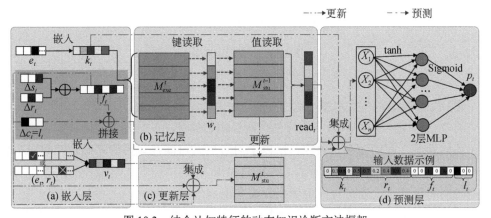

图 10.3　结合认知特征的动态知识诊断方法框架

（2）记忆层包括两个过程：键读取和值读取。在键读取过程中，我们的目标是通过输入试题的寻址机制分配相关的隐性知识权重 e_t，并从键矩阵中分配相应的隐性知识 M_{exe}^t。在值读取过程中，我们可以通过值矩阵中的相关权重 M_{stu}^t 来检索当前潜在的知识状态。

（3）更新层提供两种门机制来更新潜在知识的状态 M_{stu}^t。

（4）预测层为多个特征提供了三种集成方法，并使用全连接神经网络，利用集成向量预测学习者下一步答对的概率。

10.2.3　认知特征提取

CF-DKD 通过引入遗忘和学习特征来提高学习者对知识的掌握，其认知特征提取如图 10.4 所示。在 t_1、t_2、t_3 即在 3 月 10 日、3 月 31 日、4 月 4 日进行 3 次评估。以学习者 S_1 的试题记录为例。显然，这些评估中的试题与不同的知识概念相关，而相同的知识概念用一种颜色来标记。Δt_{mn} 表示时间点 m 与时间点 n 之间的时间间隔，其中，$\Delta t_{mn} = t_n - t_m\ (m > n)$。

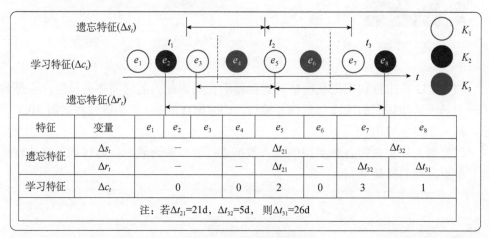

图 10.4　认知特征提取

1）遗忘特征

受 DKT+forget 模型的启发，遗忘特征涉及序列时间间隔 Δs_t 和重复时间间隔 Δr_t。

前者（Δs_t）是当前和最后一次评估（两个相邻的评估）之间的时间间隔。由于不同评估的试题之间的潜在相关性，所以学习者更有可能在较短的序列时间间隔中表现得更好。例如，如图 10.4 所示，在相同知识 K_1 的情况下，学习者在试题 e_7 上的序列时间间隔要比试题 e_5 短，用下列公式描述：

$$\Delta s_{t=2,k=K_1,e=e_5} = \Delta t_{21} = t_2 - t_1 = 21(\text{d}) \tag{10.1}$$

$$\Delta s_{t=3,k=K_1,e=e_7} = \Delta t_{32} = t_3 - t_2 = 5(\text{d}) \tag{10.2}$$

因此，在 e_7 上回答正确的可能性大于 e_5 上回答正确的可能性。

后者（Δr_t）是当前和以前评估相同知识概念的最小时间间隔。例如，如图 10.4 所示，学习者对知识 K_1 的重复时间间隔比 K_2 短，公式描述如下：

$$\Delta r_{t=3,k=K_1,e=e_7} = \Delta t_{32} = t_3 - t_2 = 5(\text{d}) \tag{10.3}$$

$$\Delta r_{t=3,k=K_2,e=e_8} = \Delta t_{31} = t_3 - t_1 = 26(\text{d}) \tag{10.4}$$

因此，学习者 S_1 在 e_7（对应知识为 K_1）上答对的可能性大于在 e_8（对应知识为 K_2）上答对的可能性。

综上所述，根据遗忘理论，时间间隔越长（Δr_t 或 Δs_t），学习者遗忘的可能性越大，该学习者在下一次试题中的表现就越差。然后，我们分别选取变量的最大值 Δs_t，Δr_t 作为 one-hot 编码的维数。因此，遗忘特征 $f_t = [\Delta s_t, \Delta r_t]$ 通过拼接来表示两个特征。

2）学习特征

根据假设 10.1，学习者在学习过程中，每次回答一个试题就获得知识。值得一提的是，学习特征 l_t 是由过去的尝试次数 Δc_t 来决定的，即 $l_t = \Delta c_t$。而过去的尝试次数是相同知识在之前的交互序列中的重复次数。如果一个学习者频繁地练习同样的知识，那么他对知识的记忆就会更深刻。根据学习理论，Δc_t 越大意味着知识的记忆增强。在图 10.4 中，学习者学习 K_1（Δc_t =3 次）的频率高于 K_2（Δc_t =1 次）；因此，他们在 e_7（相应知识为 K_1）上的表现要优于 e_8（相应知识为 K_2）。

10.2.4　记忆层

如图 10.3 所示，我们在 CF-DKD 模型中使用键-值矩阵对 $\boldsymbol{M}_{\text{exe}}$ 和 $\boldsymbol{M}_{\text{stu}}$ 来存储知识掌握状态，而不是在更传统的 DKT 模型中使用单个隐藏层来存储知识掌握状态。$\boldsymbol{M}_{\text{exe}}$ 是存储潜在知识的不变键矩阵，$\boldsymbol{M}_{\text{stu}}$ 是存储每个学习者知识熟练程度的动态值矩阵。这两个记忆矩阵有相同的槽，每个槽代表一个潜在的知识。记忆层由两个步骤组成。

1）键读取

对于给定试题输入 $e_t(e_t \in E)$ 和步骤 t，如图 10.3 所示，我们首先用一个 one-hot 向量对试题进行编码，其中，E 是试题集，$|E|$ 表示试题数。由于 one-hot 向量的稀疏性，我们将其映射到一个密集的空间，e_t 乘以一个嵌入矩阵 $\boldsymbol{A} \in \mathbf{R}^{|E| \times d_k}$，$d_k$ 表示 key 嵌入维度，得到一个连续的向量 $\boldsymbol{k}_t \in \mathbf{R}^{d_k}$：

$$\boldsymbol{k}_t = \boldsymbol{e}_t \times \boldsymbol{A} \tag{10.5}$$

为了获得当前试题与潜在知识的相关性，我们采用注意力机制，通过计算当前试题嵌入向量的内积向量 $\boldsymbol{k}_t$ 与关键矩阵 $\boldsymbol{M}_{\mathrm{exe}}$：

$$w_t(i) = \mathrm{Softmax}(\boldsymbol{k}_t^{\mathrm{T}} \boldsymbol{M}_{\mathrm{exe}}^t(i)) \tag{10.6}$$

式中，$\mathrm{Softmax}(z_i) = \mathrm{e}^{z_i} \Big/ \sum_{j=1}^{n} \mathrm{e}^{z_j}$ 且 $w_t(i) \in [0,1]$。

2）值读取

给定相关权重 w_t，我们从学习者的值矩阵 $\boldsymbol{M}_{\mathrm{stu}}$ 中检索试题 e_t 时的潜在知识状态。因此，试题掌握状态 read_t 的计算方法是将所有相关的潜在知识状态的加权和乘以相应的相关权值：

$$\mathrm{read}_t = \sum_{i=1}^{N} w_t(i) \boldsymbol{M}_{\mathrm{stu}}^t(i) \tag{10.7}$$

10.2.5　更新

根据遗忘理论和学习理论，学习者的知识水平受试题、反应和相应的认知因素的影响。然而，我们如何使用这些因素来更新隐藏状态呢？

首先，学习者在完成一个新的试题后，根据学习者对试题 e_t 的客观反应 r_t，更新学习者的潜在知识状态，从 $\boldsymbol{M}_{\mathrm{stu}}^{t-1}$ 到 $\boldsymbol{M}_{\mathrm{stu}}^t$，如图 10.5（c）所示。因此，我们将反应交互元组 (e_t, r_t) 设置为 one-hot 编码。由于 r_t 是一个二进制变量 $r_t \in \{0,1\}$，所以可以将反应 r_t 扩展为一个与 e_t 具有相同维度 $|E|$ 的 $\boldsymbol{0}$ 向量。

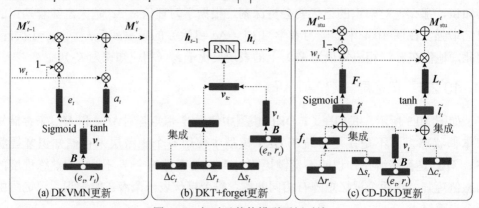

图 10.5　相对于其他模型更新对比

因此，组合向量计算为

$$\widehat{(e_t, r_t)} = \begin{cases} [e_t, 0], & r_t = 1 \\ [0, e_t], & r_t = 0 \end{cases} \tag{10.8}$$

式中，$\widehat{(e_t, r_t)} \in \mathbf{R}^{|2E|}$ 结合了试题和试题反应。考虑到 one-hot 编码的稀疏性，我们嵌入 $\boldsymbol{B} \in \mathbf{R}^{|2E| \times d_v}$ 到一个矩阵 $\widehat{(e_t, r_t)}$，其中 d_v 是 value 嵌入维度得到一个密集的向量 $\boldsymbol{v}_t \in \mathbf{R}^{d_v}$：

$$v_t = \widetilde{(e_t, r_t)} * B \tag{10.9}$$

特别是，在以前的研究中已经描述了许多更新的方法。首先，如图 10.5（a）所示，将试题和相应的反应元组 (e_t, r_t) 作为输入，外部记忆方法（即 DKVMN）使用擦除门和添加门来更新隐藏层，忽略了长期认知依赖对学习者知识掌握的影响。其次，如图 10.5（b）所示，虽然在 DKT+forget 模型中加入了各种遗忘变量来影响更新过程，但只有一个隐藏层不能准确地代表 RNN 真实的隐藏学习过程。最后，在图 10.5（c）中，我们使用一个额外的键-值记忆器来存储潜在状态。因此，为了平衡学习和遗忘因素，我们在阈值机制的启发下，提出了两个门，以自适应地融合两种特征，例如，来自 LSTM 的遗忘门、来自 GRU 的更新门[235]、来自 GKT 的添加和删除门。

在我们所提的 CF-DKD 更新方法中，遗忘门 F_t 用于控制从新试题读取后的值矩阵 M_{stu}^{t-1} 中需要删除的信息，这些信息包含嵌入的电流反应 v_t 和长期遗忘因子 f_t。临时遗忘向量 $\tilde{f}_t$ 是结合学习者的反应 $v_t (v_t \in \mathbf{R}^{|d_v|})$ 和遗忘特征 $f_t (f_t \in \mathbf{R}^{|d_f|})$ 生成的。遗忘信息 F_t 可以通过全连接层计算，激活为

$$\tilde{f}_t = \varphi(f_t, v_t) \tag{10.10}$$

$$F_t = \mathrm{Sigmoid}(F^{\mathrm{T}} \cdot \tilde{f}_t + b_f) \tag{10.11}$$

式中，$f_t = \varphi(\Delta s_t, \Delta r_t)$ 和 $\varphi(\cdot)$ 是将在 10.2.6 节中要介绍的集成函数；F^{T} 是一个权值矩阵，$F^{\mathrm{T}} \in \mathbf{R}^{(d_v+d_f) \times (d_v+d_f)}$，每个元素都是 0～1 的标量。

与遗忘门类似，学习门 L_t 通过当前的反应 v_t 和学习因素的长期记忆 l_t 来控制当前知识状态 M_{stu}^{t-1} 下需要增强哪些知识的学习。因此，我们使用相同的集成方法将这两个因素集成一个临时学习向量 $\tilde{l}_t$。我们可以通过具有 tanh 激活的全连接层获得学习信息 L_t。L_t 的计算公式为

$$\tilde{l}_t = \varphi(\Delta c_t, v_t) \tag{10.12}$$

$$L_t = \tanh(L^{\mathrm{T}} \cdot \tilde{l}_t + b_l) \tag{10.13}$$

式中，L^{T} 为权值矩阵，$L^{\mathrm{T}} \in \mathbf{R}^{(d_v+d_l) \times (d_v+d_l)}$，$d_l$ 表示学习信息特征维度。

然而，对于门机制而言，并非所有的信息都具有相同的削弱或加强先前序列信息的作用。因此，我们将 $M_{stu}^{t-1}(i)$ 与相关权重 w_t 相乘，以解决阅读过程中相关试题的问题。因此，值记忆矩阵 $M_{stu}^{t-1}(i)$ 的更新方式为

$$M_{stu}^t = M_{stu}^{t-1}(i)[1 - w_t(i)F_t] + w_t(i)L_t \tag{10.14}$$

式中，$\mathbf{1}$ 是一个行向量，公式前一部分为遗忘操作，它弱化了之前的记忆；而公式后半部分则代表了学习的过程，用新的学习信息来加强记忆。

10.2.6 预测

学习者在新试题中的表现不仅取决于当前的知识水平，还取决于相同的认知因

素（即学习或遗忘特征）。因此，我们如何综合各种因素来预测学习者在下一个试题中的表现呢？

1）多种集成函数

给定一个新试题 $\langle k_t, f_t, l_t \rangle$ 的各种特征，首先重要的任务是将它们整合成一个统一的张量。因此，我们探索了三种方法来整合这些特征[236]，如拼接、乘法和拼接+乘法。首先，最流行的集成方法是拼接，它将所有的特征向量堆叠在一起，而不改变原始向量；其次，乘法通过将上下文信息相乘来修改原始向量；最后，拼接+乘法结合了前两种方法，进一步增强了认知相关信息。

在预测过程中，集成向量 $\boldsymbol{\varphi}_{in}$ 由 k_t、f_t 和 l_t 确定，用如表 10.1 所示的三种方法进行计算。

表 10.1 认知特征的整合方法

集成方法	表达式	实例
拼接	$\varphi(a,b) = [a,b]$	$\boldsymbol{\varphi}_{in} = [k_t, f_t, l_t]$
乘法	$\varphi(a,b) = [a \odot b]$	$\boldsymbol{\varphi}_{in} = [k_t \odot [f_t, l_t]]$
拼接+乘法	$\varphi(a,b) = [a \odot [a,b]]$	$\boldsymbol{\varphi}_{in} = [k_t \odot [f_t, l_t], [f_t, l_t]]$

我们采用拼接的方法对四个特征进行集成，预测学习者的反应。

2）学习者表现预测

将所有特征用统一的表示向量 $\boldsymbol{\varphi}_{in}$ 组合起来后，我们将其与所读内容向量 $\mathbf{read}_t$ 连接起来。采用两层前馈神经网络，得到正确答题的可能性，如下：

$$\mathbf{forward}_t = \tanh(\boldsymbol{W}_1^T [\mathbf{read}_t, \boldsymbol{\varphi}_{in}]) + \boldsymbol{b}_1 \qquad (10.15)$$

$$p_t = \text{Sigmoid}(\boldsymbol{W}_2^T \cdot \mathbf{forward}_t + \boldsymbol{b}_2) \qquad (10.16)$$

式中，第一层采用了 tanh 激活函数，$\tanh(z_i) = (e^{z_i} - e^{-z_i}) / (e^{z_i} + e^{-z_i})$；第二层采用 Sigmoid 激活函数来获得最终的预测结果，预测结果是表示正确回答试题概率的标量 e_t，此外，$\text{Sigmoid}(z_i) = 1 / (1 + e^{-z_i})$。

10.2.7 模型优化

我们的 CF-DKD 模型是一个端到端的模型，它需要一个总损失函数通过反向传播来调整参数，如试题嵌入矩阵 $\boldsymbol{A}$、学习者嵌入矩阵 $\boldsymbol{B}$、学习变换矩阵 $\boldsymbol{L}^T$、遗忘变换矩阵 $\boldsymbol{F}^T$ 等。因此，我们通过相互作用序列中记录的真实反应 r_t 与预测概率 p_t 之间的交叉熵损失函数来优化 CF-DKD 模型。损失函数定义为

$$\mathcal{L} = -\sum (r_t \lg p_t + (1 - r_t) \lg(1 - p_t)) \qquad (10.17)$$

M_{stu} 和 M_{exe} 初始化采用随机高斯分布，$M_{stu} \sim N(0, \sigma)$，$M_{exe} \sim N(0, \sigma)$。我们

采用随机梯度下降来加速收敛和权值衰减（L_2 正则化），以避免过拟合。采用指数衰减法动态更新学习率，递减参数为 0.95。因此，当初始值为 0.09 时，效果最好。

10.3　实验和结果

此外，为了验证本节提出的 CF-DKD 及其实现的有效性，我们在四个数据集上进行了对比实验：①预测新试题上表现的准确性；②记忆模型最佳大小的参数敏感性测试；③不同的特征集成方法的影响；④CF-DKD 模型中认知特征的有效性。

10.3.1　数据集

我们使用四个数据集来评估我们提出的模型，这些数据集来自于诊断文献，此外，这些数据集包含时间特征。表 10.2 为四个数据集的统计量，数据集的数量分布如图 10.6 所示。

表 10.2　四个数据集的统计量

数据集	试题	学习者	相互作用	每个学习者作答的平均试题数量
Assistment2015	100	19917	708631	35.6
Assistment2017	3162	1709	942816	551.6
Slepemapy2015	1683	18198	1336210	73.4
Eanalyst	2763	1763	525638	298.1

（1）Assistment2015。该数据集来源于 2015 年 Assistment 系统，该系统已被广泛地应用于学习者的表现预测任务中。在实验之前，我们删除了原始数据集中交互次数少于两个的记录。经过数据预处理后，数据集包括 19917 名学习者的 708631 次交互和 100 次试题。这个数据集每个学习者的平均试题数最低，因为相对于其他数据集，它的学习者数量最大。

（2）Assistment2017。该数据集来自与 Assistment2015 相同的系统。我们也用同样的方法对数据进行预处理。修剪后的数据集包含 1709 名学习者的 942816 个交互，包含 3162 个试题，并且拥有最大的试题数量和每个学习者最大的平均试题数量。

（3）Slepemapy2015。该数据集来自 2015 年地理在线测试系统[237]。剔除不符合交互后，数据集有 18198 名学习者，1336210 名学习者对 1683 个习题进行交互，平均每个学习者回答 73.4 个习题。

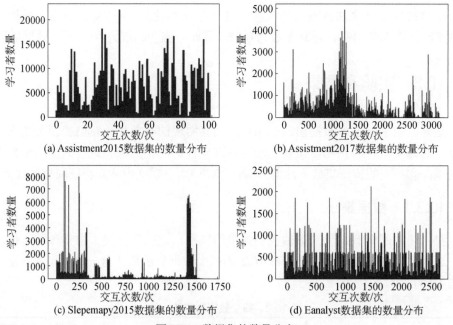

图 10.6　数据集的数量分布

（4）Eanalyst。该数据集来源于华中师范大学团队研发的在中国广泛应用的线下线上测试系统。我们选取数学练习交互记录进行实验。与之前的三个数据集不同，Eanalyst 数据的主要数据来自课前测试、课后测试、家庭作业、单元测试和学期测试。不同于自适应性测试中学习者在每次练习后立即检查答案，Eanalyst 系统要求学习者必须离线或在线回答测试中的所有试题才可以查看答案。Eanalyst 的应用更符合当前中国教育的实际场景。同时，学习者交互记录的分布是顺序变化的，因为一个群体中学习者的交互是相同的。在只删除一次测试的记录后，数据集包括 1763 名学习者的 525638 次交互记录，涉及 2763 个试题，平均每个学习者回答 298.1 个试题。

10.3.2　基准模型

此外，为了评估 CF-DKD 方法的有效性，我们将 CF-DKD 与几个基准的诊断模型进行了比较。基准模型的介绍如下所示。

IRT 是一个流行的 CDM，它使用一个类 Logistic 函数模拟学习者的潜在特征。

BKT 使用一组二元变量来表示学习者的知识状态，并通过隐马尔可夫模型追踪其变化。

DKT 是第一个引入深度学习技术来建模学习过程的模型。它以知识 ID 作为试题，通过 RNN 的隐藏层跟踪知识熟练程度，预测未来的反应。我们采用这项研究的原始超参数。

DKVMN 采用一个键-值记忆网络来模拟学习者的学习过程，扩展了 MANN 模型。键矩阵存储学习者的潜在知识，值矩阵存储学习者的知识状态，其机制使得动态跟踪学习者在多个知识状态上的状态成为可能。

DKT+forget 是 DKT 模型的扩展，它考虑了遗忘行为来预测未来的表现。

10.3.3　评估设置

因为不能通过观察获得学习者真实的知识状态，因此知识熟练度的准确性很难评价。鉴于此，我们通常通过学习者的表现预测来评价诊断模型的准确性。AUC 是知识追踪模型的主要评价指标。一般情况下，AUC 评分范围为 0～1。分数越大，结果越好。0.5 的值表示一个随机预测，类似于掷硬币。所有的数据集根据学习者分为 70% 和 30%，前者用于训练和验证，后者用于测试。因此，为了避免评估结果的随机性，我们对训练和验证数据集进行了 5 倍交叉验证（如分别用 8∶2 的比例进一步划分训练和验证），以调整超参数。此外，我们选择平均分作为最终结果进行比较。

我们使用 Pytorch 1.4 实现了大多数模型，如 DKT、DKVMN、DKT+forget 和 CF-DKD 模型。考虑到交互序列的长度不同，我们设置每个序列固定长度为 200，通过用空符号填充短序列来提高计算效率。

我们使用 CUDA 10.2 在 GPU NVIDIA GeForce RTX 2080 Ti 上通过深度学习实现了所有模型。对于传统的 BKT 模型，我们在 Assistment2015 数据集上的结果来源于文献[237]。对于 IRT 模型，我们在数据集中选择合格的记录来实现模型，因为该模型要求学习者回答相同数量的试题，其中，我们删除了许多稀疏数据。但是，我们没有在 Assistment2015 和 Assistment2017 数据集中运行 IRT 模型，因为这些数据集中的学习者数量太多或问题数量太多，不满足 IRT 的要求。

10.3.4　结果

1）预测精度评估

本节将 CF-DKD 模型与其他五个基准模型进行了比较。表 10.3 为四个数据集上不同动态知识诊断模型的 AUC 比较表。首先，本节提出的 CF-DKD 模型在所有四个数据集上都优于其他基准模型。特别是，本节所提的 CF-DKD 模型在所有四个数据集上获得的平均 AUC 值比最佳模型高出 1%～2%。结果表明，CF-DKD 模型能充分地利用认知特征和记忆网络，提高预测性能。其次，在基于深度学习的模型中，我们发现在多个数据集上，考虑认知特征的 DKT+forget 模型与 CF-DKD 模型比原始的 DKT 模型和 DKVMN 模型产生了更好的成绩预测结果，说明通过引入更多的时间相关因素，将认知特征引入学习者的成绩预测任务中是有效的。然后，我们注意到 Assistment2015 的 AUC 值在所有数据集中相对来说较低的，无论使用什么模型，因为该数据集中每个学习者的平均试题数是最低的，这增加了跟踪任务的难度。再次，在大多数情况下，传统模型（IRT 和 BKT）的 AUC 值低于采用深度学习方法的新模型（DKVMN 和 CF-DKD）。IRT 假设所有的学习者在一次评估中与相同的试题交互，这忽略了动态的时间序列信息。IRT 的结果并不是最低的（因为我们丢弃了很多记录），这与其他数据集的结果是一致的。类似地，BKT 并不比其他深度学习模型表现得更好，因为与传统的贝叶斯方法相比，RNN 模型可能更有效地捕捉时间信息。最后，基于外部记忆网络的最先进的模型（如 DKVMN 和 CF-DKD）提高了模型的性能，其中，键值矩阵捕获了带有潜在知识的更多细节。因此，我们的 CF-DKD 具有键值记忆网络和认知因素，更适合于学习者表现预测的建模。

表 10.3　四个数据集上不同动态知识诊断模型的 AUC 比较表

数据集	IRT	BKT	DKT	DKT + forget	DKVMN	CF-DKD	改进
Assistment2015	—	0.642	0.6891	0.7083	0.6792	0.7096	+ 0.13%
Assistment2017	—	—	0.6622	0.7227	0.7189	0.7390	+ 1.60%
Slepemapy2015	0.714	—	0.6078	0.7086	0.7433	0.7580	+ 1.50%
Eanalyst	0.8503	0.69	0.7997	0.8626	0.8978	0.9144	+ 1.66%

此外，图 10.7 显示了四个数据集训练和验证集上每个模型的损失变化趋势。首先，DKT+ forget 的训练损失值可以与 CF-DKD 相媲美，但与验证集相差甚远，特别是在 Eanalyst 上，如图 10.7（a）所示。因此，DKT+ forget 模型（训练与验证之间的损失值相差为 0.11）存在严重的过拟合问题，而我们的 CF-DKD 模型（距离为 0.01）没有出现过拟合问题。其次，DKT + forget 模型的波动比较剧烈，在图 10.7（d）所示的 Slepemapy2015 数据集上尤其明显，而 CF-DKD 的曲线比较平坦。最后，尽管 DKVMN 在最后两个数据集的训练集上表现更好，但在验证集上 DKVMN 的最终表现依然不如 CF-DKD，而且 DKVMN 在训练过程中也存在波动。总体来说，CF-DKD 的值是平稳上升的，在第 200 轮迭代（epoch）时达到一个稳定的收敛值，有效地避免了过拟合问题。因此，CF-DKD 在测试数据集上表现最好，并且 CF-DKD 具有较强的泛化能力。

2）参数敏感性试验

下面探讨四个超参数的几种不同组合，包括学习率 γ 的初始化、隐藏层单元的数量 h、批次大小 b 和潜在记忆槽 s 的数量。因此，我们分别对不同超参数 γ、h、b 和 s 进行敏感实验，以探索其有效性。在每次实验中，我们都调整了主要参数，并固定了其余参数来探究性能。

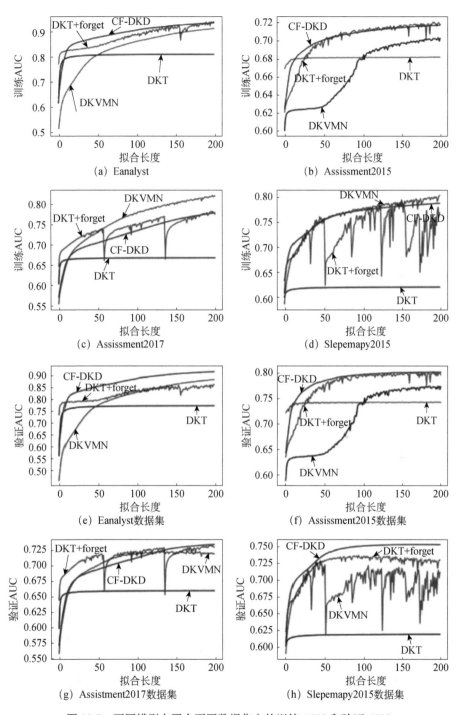

图 10.7　不同模型在四个不同数据集上的训练 AUC 和验证 AUC

首先，我们进行 γ 初始化。根据先前研究的设置，固定其他参数 $s=50$, $h=128, b=32$。具体来说，我们尝试在 $\gamma \in \{0.1, 0.01, 0.001\}$ 中进行初始化，最好的结果出现在接近 0.1 的地方。接下来，我们进一步尝试 $\gamma \in [0.05, 0.09]$ 并找出在大多数情况下的最佳性能 $\gamma = 0.09$。

然后我们关注 h 并尝试几个常见的隐藏单元数量：$h=32, h=64, h=128, h=256$。我们的 CF-DKD 模型在 $h=128$ 时表现最好。

接下来，我们关注 b 和 s，并通过固定 γ 与 h 对 CF-DKD 和 DKVMN 进行公平的比较。表 10.4 给出了这两个参数不同组合的 AUC 结果，其中，$b \in \{16, 32, 64\}$，$s \in \{5, 10, 20, 50, 100\}$。

表 10.4　不同超参数的灵敏度测试

超参数			Eanalyst		Assistment2015		Assistment2017		Slepemapy2015	
h	b	s	DKVMN	CF-DKD	DKVMN	CF-DKD	DKVMN	CF-DKD	DKVMN	CF-DKD
128	16	5	0.8917	0.9072	0.6792	0.6890	0.7147	0.7174	0.7078	0.7322
	16	10	0.8902	0.9142	0.6778	0.6978	0.7106	0.7354	0.7240	0.7408
	16	20	0.8972	0.8949	0.6775	0.7028	0.7086	0.7307	0.7341	0.7477
	16	50	0.8923	0.9144	0.6736	0.7074	0.7029	0.7194	0.7407	0.7526
	16	100	0.8731	0.8995	0.6466	0.7084	0.6991	0.7128	0.7393	0.7507
	32	5	0.8941	0.9094	0.6792	0.6982	0.7189	0.7382	0.7274	0.7439
	32	10	0.8978	0.9137	0.6778	0.7028	0.7139	0.7307	0.7369	0.7508
	32	20	0.8972	0.9041	0.6776	0.7066	0.7068	0.7214	0.7423	0.7550
	32	50	0.8683	0.8948	0.6734	0.7096	0.6970	0.7194	0.7395	0.7555
	32	100	0.8528	0.8756	0.6636	0.7095	0.6872	0.7007	0.7281	0.7507
	64	5	0.8832	0.9036	0.6792	0.7034	0.6871	0.7390	0.7390	0.7524
	64	10	0.8783	0.9012	0.6776	0.6776	0.6972	0.7077	0.7396	0.7571
	64	20	0.8710	0.9126	0.6770	0.7079	0.6896	0.6997	0.7433	0.7580
	64	50	0.8459	0.8683	0.6736	0.6736	0.6843	0.6956	0.7298	0.7526
	64	100	0.8392	0.8593	0.6635	0.6635	0.6819	0.6935	0.7101	0.7404

表 10.4 显示了四个数据集上的所有 AUC 值。我们发现 CF-DKD 在大多数情况下比 DKVMN 表现更好。特别是在我们的 Eanalyst 数据集上，当 $s=50$ 时，CF-DKD 可以获得更好的性能，$AUC_{CF\text{-}DKD} = 91.44\%$，因为该数据集上的潜在知识特征数大于其他数据集。相比之下，当 $s=10$, $b=32$ 时，$AUC_{DKVMN} = 89.78\%$。同样，对于 Slepemapy2015，当 $s=10$, $b=64$ 时，CF-DKD 的表现最好，$AUC_{CF\text{-}DKD} = 75.71\%$。同时，当 $s=10$, $b=64$ 时，DKVMN 可以达到 $AUC_{DKVMN} = 73.96\%$。我们注意到超参数可以引起 AUC 值的巨大波动，范围为 $0\% \sim 4\%$。因此，超参数的调整尤为重要。

3）不同数据集成方法的影响

此外，为了探索不同数据集成方法的表现，我们使用 DKT+forget 中的三种不同方法对 CF-DKD 进行探索性实验，其中，使用乘法和拼接（mul + cat）方法获得最佳的表现。

表 10.5 所示，CF-DKD 使用拼接方法在四个数据集上获得了最好的 AUC，平均 AUC 值为 0.7803。事实上，无论采用哪种方法，我们的 CF-DKD 方法的平均 AUC 都要优于 DKT+forget。同时，可以发现，我们的模型使用拼接与乘法结合方法时的 AUC 值并不是最好的，这可能与神经网络过于复杂有关。值得注意的是，DKT 仅使用了一层 RNN 来表示其知识变化，而 CF-DKD 则更加复杂，因为它使用了外部的记忆网络来存储潜在的知识状态。从这个角度来看，相对简单的集成方法可以得到最优的 AUC 结果，其中，按平均 AUC 值排序为 $CF\text{-}DKD_{cat} > CF\text{-}DKD_{mul} > CF\text{-}DKD_{mul+cat} >$ DKT+forget。

表 10.5　不同数据集成方法影响模型的性能

项目	$DKT_{mul+cat}$	$CF\text{-}DKD_{cat}$	$CF\text{-}DKD_{mul}$	$CF\text{-}DKD_{mul+cat}$
Assistment2015	0.7083	0.7096	0.6804	0.6794
Assistment2017	0.7227	0.7390	0.6952	0.6965
Slepemapy2015	0.7086	0.758	0.7448	0.7411
Eanalyst	0.8626	0.9144	0.8922	0.8953
平均值	0.7506	0.7803	0.7532	0.7531

4）认知特征的有效性

我们还研究了 CF-DKD 模型中每个认知特征的有效性。特别是在表现预测任务中，我们首先计算了具有不同认知特征的 DKT 的 AUC 分数，包括 DKT+ft（添加遗忘因素）、DKT+lt（添加学习因素）、DKT+ft+lt（添加遗忘因素和学习因素）；然后我们考虑了 CF-DKD 及其不同变体，包括 DKD-ft 和 DKD-lt，并将融合认知特征的改进模型与原始模型（DKT 和 DKVMN）进行了比较；最后，表 10.6 显示了模型在所有数据集上的不同结果。

由表 10.6 可以看出，在四个数据集上，具有更多额外特征的 AUC 值比原始模型表现得更好。特别是任何一种特征（遗忘或学习）的添加都会导致更高的 AUC：在 CF-DKD 类模型中，具有一种特征（DKD-ft 或 DKD-lt）的模型的平均 AUC 值较原始 DKVMN 增加了 1.4%～1.6%。因此，我们可以在 DKT 变体中得到相同的趋势，这已经被验证。同时具有学习和遗忘特征的模型比只有一个特征的模型具有更好的 AUC 值。例如，在 DKT 变体中，同时具有这两种特征的 DKT 比 DKD+ft 和 DKD+lt 表现得更好，在平均 AUC 结果上有 4.5%～4.8%的改善。这一发现表明，认知特征越多，该模型预测学习者在新试题上的表现就越好。

表 10.6 不同特征诊断模型的 AUC 比较表

项目	DKT 及其变体				DKVMN	CF-DKD 及其变体		
	DKT	DKT+ft	DKT+lt	DKT+fl+lt		DKD-ft	DKD-lt	CF-DKD
Assistment2015	0.6891	0.6809	0.6867	0.7083	0.6792	0.7046	0.7052	0.7096
Assistment2017	0.6622	0.6766	0.6775	0.7227	0.7189	0.7322	0.7279	0.739
Slepemapy2015	0.6078	0.6383	0.6435	0.7086	0.7433	0.7407	0.7553	0.758
Eanalyst	0.7997	0.8136	0.8136	0.8626	0.8978	0.9171	0.9144	0.9144
平均值	0.6897	0.7024	0.7053	0.7506	0.7598	0.7737	0.7757	0.7803

最后，回顾预测精度评估的结果，可以发现我们提出的 CF-DKD 模型与 DKT+forget 模型相比具有更好的性能，即 $AUC_{CF\text{-}DKD} > AUC_{DKT+F}$。因为记忆网络可以学习到序列中更多的潜在信息，所以提高了预测性能。综上所述，这些结果证明了引入认知特征和外部记忆网络对学习者学习过程建模的重要性。

10.3.5 结果讨论及教学应用

CF-DKD 的应用对个性化教育至关重要。不仅可以利用单个试题的预测反应发现有风险的学习者，还可以通过聚类潜在知识找到类似试题进行推荐。我们也可以获取学习者知识上的不足，同时进行个性化学习。

1）预测学习者在考试中的表现

由于个性化教育的迫切需要，所以学习者的反应预测可以帮助教师发现有风险的学习者[238]，进而为这些学习者提供更好的早期预警服务。正如迄今为止我们对每个试题的反应所进行的预测，未来测试的综合表现需要所有试题的总分。我们利用之前训练的 CF-DKD 模型，通过循环机制将新的试题和相应的认知因素输入预测过程中，输出每个试题的全部得分。然后，我们对结果进行汇总，得到总分，即

$$Y_j = \sum_i^N y_{ij} \cdot s_i$$

式中，y_{ij} 为学习者 j 对试题 i 的预测反应，s_i 为试题的满分。对学习者总分的预测可以用来发现有风险的学习者，帮助他们在未来的考试中取得更好的成绩。

2）相似试题在应用中的重要性

在教育中寻找类似的试题是一项有意义的任务。例如，我们可以向学习者推荐类似的试题进行补习，教师可以检索这些试题巩固知识，我们可以借助这些试题进行详细的认知分析。事实上，学习者是否正确地回答一个习题不仅取决于相应的知识，而且还取决于潜在的因素，如习题的难度。因此，我们选择 Assistment2017 来

寻找相似的试题，将随机选择的 100 个试题聚类成不同的集合。首先，我们从微调的端到端神经网络中提取试题表征向量 k_t 使用 mean shift 算法将试题聚为 10 个类。最后我们将聚类结果可视化，如图 10.8 所示。

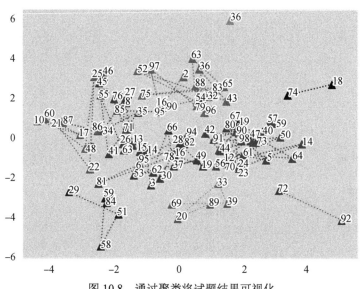

图 10.8　通过聚类将试题结果可视化

每个试题都有一个描述，如图 10.9 所示，这对于验证我们的模型发现试题与其潜在因素之间的相关性非常有用。如图 10.8 和图 10.9 所示，基于一定的知识，同一聚类中的试题彼此相似。例如，试题 43、试题 88 和试题 96 等在同一簇中以浅灰色标记，对应的知识分别为分数-除法、约简-分数和加法-小数，它们都与分数的运算有关。类似地，可以观察到其他簇，例如，试题 5 和试题 90，分别使用面积和圆面积，它们与几何有关。因此，结果表明 CF-DKD 在发现与潜在知识相关的类似试题方面是有效的。

3）认知对潜在知识状态演化的影响

另一个应用是分析知识结构，发现薄弱知识，以进行个性化学习。学习者的知识状态是指学习者对各类知识的掌握程度，取值范围为 0~1。随着时间的推移，知识状态会发生变化，特别是在很长一段时间内，掌握程度会下降。对于重复的知识，掌握程度会提高。因此，为了深入分析，我们选择了一个学习者序列来跟踪 30 个时间步的知识状态演化趋势。选择了 5 个代表潜在特征的槽进行可视化。图 10.10 展示了一个例子，描述了一个学习者在与 30 个试题交互时的五种不断变化的潜在知识状态。

1 几何图形的性质	86 舍入	72 取模
5 面积	87 圆周	92 距离和时间的速率
7 平方根	8 等腰三角形	3 变换旋转
9 应用：等腰三角形	13 解释线性方程	4 阅读图
12 毕达哥拉斯定理	26 等价分数小数百分比	6 周长
14 模式发现	27 均值乘法	15 应用：比较点
23 模式关系代数	34 折扣	16 应用：多列减法
24 百分比	35 内角三角形之和	19 应用：运算顺序
31 三角形不等式	41 表达	28 分数乘法
40 小数除法	76 最小公倍数	30 横向
42 排序数字	85 素数	37 减法
44 求值函数	93 面积概念	49 比较分数
47 数轴	2 多于 3 条边的内角和	53 求百分比
50 科学记数法	11 比例	62 解释数轴
56 数感运算	32 乘法	66 分数
57 概率	38 加法	78 正负数相乘
61 圆周率的含义	43 分数-除法	81 代数符号化
64 线性- 面积体积换算	52 倒数	82 表面积和体积
67 百分数	54 小数减法	94 整除性
70 比率	63 图形形状	95 固体性质
73 统计	65 不等式求解	20 应用：多列加法
80 图形解释	75 同余	33 解方程
90 圆面积	11 分数-小数-百分比	39 除法方程概念
91 测量	79 不等式	89 应用：求一个数的百分比
98 几何	83 简单计算	18 应用：比较表达式
99 相似三角形	88 约简-分数	74 圆图
10 小数乘法	97 测量	36 个诱导函数
17 应用：简单乘法	96 加法-小数	29 个补角
21 应用：读取点	100 斜率	51 个运算顺序
22 应用：求图形中的斜率		58 组合
25 维恩图		69 符号化表达
48 指数		84 茎叶图
60 平均值		

图 10.9　相应知识的试题

(a) 潜在知识状态随时间的演变　　　　(b) 当前知识状态

图 10.10　学习者的知识状态示例

在图 10.10（a）中，第一列表示该学习者每种类型的潜在知识的初始状态，是随机生成的。知识状态的变化是因为学习者的状态随着时间的推移而逐渐转变，而不是在掌握和未掌握之间交替变化。具体来说，学习者每答对（错）一道题，对潜在知识的熟练程度就会提高（降低）。例如，学习者在第二步和第三步正确回答问题后就掌握了知识 LK5。然而，学习者掌握了潜在知识 LK5，却不能理解潜在知识 LK4，因为他们对前者反应良好，而对后者反应不佳。此外，存在一个不一致的现象，即使学习者在第 10 时刻正确回答了试题，学习者对潜在知识 LK2 的掌握程度仍然较低。可能的原因是模型需要更多的交互记录来进行知识熟练度诊断，随着后续步骤中交互的增加，这种诊断变得更加确定。此外，当学习者在一项试题中回答正确（或错误）时，不止一种知识状态会受到影响。例如，当学习者正确地回答了与潜在知识 LK5 相关的试题时，潜在知识 LK3 的掌握程度会增加，因为这些试题与两种类型的潜在知识相关。因此，在做了 30 个习题后，学习者掌握了潜在知识 LK3 和 LK5，但未能掌握潜在知识 LK1、LK2 和 LK4，如图 10.10（b）所示。

10.4　本章小结

针对时间维度，本章提出一种结合学习者认知和外部记忆矩阵的 CF-DKD 方法来预测学习者在未来试题中的表现，同时诊断学习者的知识掌握状态。虽然 RNN 可以有效地建模时序数据，但其默认交互之间的时间间隔相同而导致严重的信息丢失，这使得它不能跟踪学习者对不同试题的潜在知识的掌握情况。因此，我们通过进一步整合交互序列中的认知信息，将记忆网络扩展为对认知过程感知的 CF-DKD 模型。利用三种集成方法来整合这些特征。CF-DKD 模型跟踪了与学习者认知相关的时间信息，优于其他未加入认知特征的基准模型。然后我们在四个数据集上就参数敏感性、不同数据集成方法的影响及认知因素的影响进行了大量的实验。最后，我们将 CF-DKD 应用于个性化学习的教育应用。结果证明了 CF-DKD 的有效性。

在未来的工作中，我们将考虑知识概念之间的关系及多个知识概念的实现，以更准确地建模学习者的潜在知识结构。此外，我们将考虑一种基于教育理论的神经网络，以教育心理学中的认知过程理论为基础来诊断知识熟练度。

第 11 章　基于时空多维特征的认知诊断方法

　　针对时空认知诊断理论中的学习者、试题和时间三大要素，本章从测评过程中的时空角度出发，探索在不同时间下学习者与试题交互空间中的知识状态及其动态演变过程。

　　事实上，传统认知诊断均指在某个时间与试题的交互空间中，根据学习者在参与测评过程中与试题项目的反应来推测学习者的知识状态，如 DINA。图 11.1（a）为 DINA 模型中学习者的反应矩阵，由于其试题数量为固定值，因此，鉴于试题的固定性，我们可根据其反应构建反应矩阵，由学习者和试题的交互组成某时间单元内的空间特征。伴随时序神经网络技术的发展，许多学者开始将学习者答题序列的时序信息应用于认知诊断领域，称为知识追踪，如 DKT。将所有学习者与试题之间的交互数据按照发生的时间顺序排列，以此获得学习者反应的序列数据。如图 11.1（b）所示，每位学习者参与的反应序列长度各不相同，因此，DKT 旨在根据学习者不同长度的反应序列来预测他们对未来试题的反应，并推测出学习者的隐性知识状态。然而，在真实的测评场景中，学习者的反应形成了时间轴上的一个序列，如图 11.1（c）所示，学习者的作答序列间存在时间单元间的不同时间间隔，称为时间序列特征。基于时空认知诊断理论，我们将学习者内部认知状态分为速度和学习遗忘两个方面。幸运的是，已有很多研究实现了这两方面的内部认知建模。

(a) DINA模型中　　　　(b) DKT中的反应序列　　　(c) 时间轴上的反应序列
学习者的反应矩阵

图 11.1　不同模型中的学习者反应数据的表示

　　一方面，在特定时刻的时间单元内，在学习者与试题的交互过程中，学习者的反应受到速度的影响。我们在先前 RT-CDM 中发现 DINA 只针对学习者的反应做出判断，缺乏对学习者反应时间等交互特征的关注，忽视了学习者作答速度对学习者知识掌握状态的影响。鉴于传统认知诊断中缺乏速度因素的局限性，已有认知诊断模型在学习者表现预测方面取得令人印象深刻的结果，如将反应时间融入诊断的分层认知诊断模型（JRT、LPKT 及 RT-CDM ）等，分别对反应的精度和反应速度建模，提高其学习者表现预测的准确性。然而，即使学习者对相同试题具有相同的反应结果，但如果反应时间不同，那么其知识的掌握状态也不同。因此，可以借助时间单元内的反应时间来对反应结果进行细粒度的刻画。

另一方面，在多个时刻构成的时间序列数据中，学习者的反应受到长周期的学习和遗忘的影响。DKT 中默认序列数据之间的时间距离是相同的，忽视了学习者在学习过程中存在的遗忘与学习的内部认知规律。鉴于序列认知诊断存在的等距性假设的局限性，现在已有大量引入时间间隔等特征的基于遗忘和学习规律的研究，如考虑遗忘的深度知识追踪（DKT+forget）模型、学习与遗忘知识追踪模型（leaning and forgetting modeling for knowledge tracing，LFKT）和学习过程一致性知识追踪（LPKT）模型等。

为此，本章基于时空认知诊断理论，综合考虑不同时间下学习者与试题交互空间中的特征，在速度、遗忘和学习内部认知规律的理论指导下，对学习者的测评过程进行认知建模，挖掘不等距时间序列中三种内部认知规律对学习者知识状态的影响。本章将通过模拟时间轴上的学习者的测评过程来探索动态认知诊断新范式。然而，在这方面还有许多挑战需要解决。首先，如何定义学习者参与测评的认知过程，并将其产生的时间序列以合适的时空空间形式进行建模。其次，由学习者作答时间引出速度，如何将学习者的速度融合至交互空间的知识状态中，通过速度因素来提高对学习者表现预测的准确性。最后，学习者的知识掌握程度会随着时间序列上时间间隔距离的增加而降低，但会随着学习者的重复学习而升高，即学习与遗忘规律，这也是时序动态认知诊断需要考虑的关键问题。

为了克服上述挑战，本章提出一种新的基于时空融合的动态认知诊断（temporal-spatial fusion-based dynamic cognitive diagnosis，TSDCD）方法，通过对学习者测评过程中产生的时空多维特征数据建模来实现对学习者知识状态的评估。具体来说，本章所做的贡献如下所示。

（1）每次的作答都是发生在某个时间下的特定交互空间中的，不同的空间通过时间轴串联形成时间序列。因此，我们将学习者的外在特征划分为时间单元内的空间特征和时间序列特征。其中，时间单元内的空间特征包括试题知识特征和交互特征。而时间序列特征是通过遍历前序时间单元得到的时序特征，包括时间单元在时间轴上的时间戳信息和由学习者作答序列引出的行为特征。

（2）为了测量学习者与试题交互空间中速度对其知识状态的影响，我们通过结合学习者的速度特征和多头注意力机制来编码前序时间单元，从而获取学习者的知识状态。同时，使用注意力机制对当前时间单元内的知识状态进行解码，获得学习者对当前试题的潜在综合能力。为了细粒度地刻画反应状态，不仅预测传统的反应结果，而且预测反应速度，以此建立多任务预测机制。

（3）针对测评过程中由时间序列特征引起的学习和遗忘规律，设计基于学习者重复学习熟练度和时间间隔的多头注意力机制来对学习状态进行解码，实现对速度、学习和遗忘三种认知特征的关联建模，获取学习者在未来的综合潜在能力。

我们在两个真实的大规模数据集上进行了大量的实验表明，TSDCD 在学习者表现预测方面获得最佳的效果，且符合学习者认知过程的变化规律。通过消融实验，我们发现三种内部认知，即速度、学习和遗忘均对认知诊断与预测有积极的作用。我们还进行了注意力权重、知识状态和速度的可视化呈现，增强了模型的可解释性。

11.1　问题定义与解决方案

本节对学习者作答试题的时间序列进行形式化的定义，并且简单地介绍时序动态认知诊断的问题定义和时间特征的定义与表示。

11.1.1　问题定义

TSDCD 是一种基于 Transformer 框架的有监督的时间序列模型，通过对学习者在每次测评中与试题的交互特征来跟踪学习者的知识掌握程度。学习者作答试题的过程涉及两个主体：试题和学习者。针对试题特征，试题特征是静态客观的，每个试题由试题本身 q_t 和涉及的知识点 k_i 组成，其中，试题 $q_t \in Q$，且 $Q = \{q_1, q_2, \cdots, q_m\}$，知识点集合 $k_t \in K$，$K = \{k_1, k_2, \cdots, k_n\}$。每位学习者在作答试题时产生交互单元，$x_i = (q_t, r_t, \mathrm{rt}_t)$ 是一个三元组，表示此学习者在 t 时刻与试题 q_t 产生了交互，反应结果为 r_t，反应时间为 rt_t。其中，$r_t \in \{0, 1\}$ 表示学习者错误或正确作答试题 q_t。按时间的先后顺序记录学习者的所有作答记录，形成每位学习者在历次测评中的交互序列，记为 $X = \{x_1, x_2, \cdots, x_t\}$。

定义 11.1（动态认知诊断任务）　考虑到时间轴上，学习者从第 1 题到第 t 题的作答交互序列为 $X = \{x_1, x_2, \cdots, x_t\}$，我们的目标有两个：①根据学习者在时间轴上的历史交互序列来跟踪学习者的知识状态变化，预测学习者在未来 q_{t+1} 试题上答对的概率；②诊断学习者在不同知识点上的知识掌握程度。

11.1.2　时间特征的定义与表示

基于学习者的多维特征内涵，按照学习者与试题交互时在时间轴中的位置，我们将输入特征分为时间单元内的空间特征和时间单元间的时间序列特征。在每个时间单元内，学习者与试题交互，因此，空间特征包括试题特征和交互特征。在时间单元间，通过时间轴将学习者与试题的交互串联起来，形成一个时间序列，因此，时间序列特征包括由时间引起的学习者行为特征和时序特征。

1. 空间特征

1）试题嵌入表示

试题是学习者作答交互中的客体，一般来说，为了避免过参数化，现有大多数知识追踪方法采用知识点表示试题。而我们还考虑到试题涉及的多个知识点信息，通过知识点嵌入来建立试题与试题之间的联系。我们首先将每个知识点分别进行嵌入表示，再通过平均池化得到知识点的整体嵌入表示：

$$k_t = \frac{1}{m}(k_{t,0} + k_{t,i} + \cdots + k_{t,m}) \tag{11.1}$$

式中，$k_t \in \mathbf{R}^{d_k}$ 是第 t 个试题所涉及的知识点的整体嵌入表示；$k_{t,i} \in \mathbf{R}^{d_k}$ 是第 t 个试题所涉及的每个知识点的嵌入表示；d_k 为嵌入的维度。

因此，试题的嵌入表示由试题的索引嵌入 $q_t \in \mathbf{R}^{d_k}$ 和知识点嵌入 $k_t \in \mathbf{R}^{d_k}$ 相加得到。

2）交互特征表示

交互特征是学习者在作答试题时产生的交互数据，反应结果是最常见的交互特征。此外，交互特征还包括反应时间。

反应结果指学习者是否正确作答了题目，用 0 和 1 进行表示。为了将多维特征映射至统一空间，我们将反应结果也映射为一个高维向量。因此，T_t 时刻的反应结果可以表示为 $r_t \in \mathbf{R}^{d_k}$。

反应时间指学习者与试题交互过程所花费的时间。具体来说，假设两位学习者在同一试题上有相同的反应结果，但其反应时间不同，说明两位学习者对试题的熟练度存在差异。同时，学习者的反应结果还受到反应时间的影响，如假设学习者对某道试题所涉及知识点的掌握程度已知，那么学习者在试题上所花的时间将影响其反应结果。由于不同难度的试题所需的基础反应时间各不同，因此，单纯反应时间无法体现不同试题造成的影响。因此，我们引入速度来统一衡量学习者对试题的熟练程度。具体来说，我们首先计算了学习者在某试题上的反应时间 rt_i 与对应的基础时间 bt_i 的比值 $\mathrm{rt}_i / \mathrm{bt}_i$；随后将其映射至某个速度类别；最后映射为统一高维的嵌入向量，公式表示为

$$s_t = f_s(\mathrm{rt}_t / \mathrm{bt}_i) \tag{11.2}$$

式中，$s_t \in \mathbf{R}^{d_k}$ 为反应速度的嵌入表示；f_s 为映射的方法；基础反应时间 bt_i 通常为专家建议时间或者所有学习者的平均作答时间。

因此，反应的嵌入表示由反应结果嵌入 $r_t \in \mathbf{R}^{d_k}$ 和反应速度嵌入 $s_t \in \mathbf{R}^{d_k}$ 相加得到。

2. 时间序列特征

时间序列特征也称时间单元间特征，通过连接前序的多个时间单元的空间来获得与时间相关的特征。鉴于学习者在时间轴上作答试题时时间位置的差异性，学习者重复答题的行为及时间间隔各有不同，而这些差异将会导致学习者遗忘或者增强学习等内部认知的变化。

1）行为特征

行为特征主要包括试题的知识点的练习次数 P_{t+1} 和最近一次作答相同知识点的间隔时间 l_{t+1}。如果一道试题涉及多个知识点信息，那么我们分别算出每个知识点的重复次数和间隔时间，再取均值作为最后的结果。特殊地，如果学习者是第一次练习这个知识点，那么我们将最近一次作答相同知识点的间隔时间设置为最大值。时间间隔将会影响学习者对知识的遗忘程度，若序列数据之间的时间间隔距离越大，则学习者产生遗忘的概率越高；若相同技能重复的次数越多，时间间隔越短，则学习者将对此知识越熟练，学习者在作答试题时，其答对的概率越高。

2）时序特征

时间序列是通过时间轴将时间单元的空间进行串联的。AKT 等将学习者的作答序列视作一个间隔相等的序列，但是在现实世界中，不同空间之间的时间距离往往是不一样的。因此，我们对空间的时间戳进行处理可以得到相应的时间距离特征，这是一个间隔不相等的序列。与 LPKT 等使用的间隔时间不同，我们不仅计算与前一个时间单元的时间距离，还计算当前时间单元与前序所有时间单元之间的距离。事实上，当作答第 $t+1$ 道试题时，其时间距离特征为

$$d_{t+1} = [T_{t+1} - T_1, T_{t+1} - T_2, \cdots, T_{t+1} - T_t] \tag{11.3}$$

式中，$d_{t+1} \in \mathbf{R}^t$。

11.2 基于时空多维特征的认知诊断方法

本节将详细地介绍 TSDCD 模型。如图 11.2 所示，TSDCD 在每个学习步骤均由三个模块组成：①空间编码器；②时间序列解码器；③多任务预测。具体来说，在学习者回答了一个试题之后，时间序列编码器将对其知识状态进行重新编码。时间序列解码器首先对未来试题进行编码，使用注意力机制来查询其潜在的知识状态；然后，通过时间距离注意力与知识熟练度两个部分来模拟认知过程中的遗忘和学习规律（即减弱或增强学习者的知识状态），以此来解码获得学习者在未来试题上的潜在综合能力；最后，多任务预测模块根据学习者的潜在综合能力来完成融合反应速度的细粒度未来反应预测。

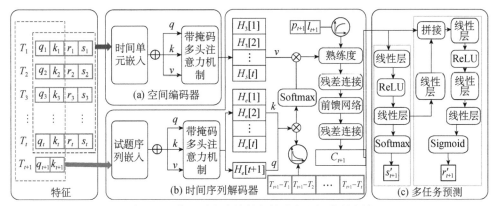

图 11.2　基于时空多维特征的动态认知诊断方法

11.2.1　空间编码器

为了预测 T_{t+1} 时刻学习者对试题的反应结果，我们必须要探寻 T_{t+1} 时刻学习者的认知状态。而学习者的认知过程是一个动态的时序变化过程，当前认知状态会受到历史学习交互的影响。因此，我们需要对前序时间单元的空间，即 $(T_1, T_2, \cdots, T_t)$ 进行编码，以获取空间内的知识状态。

空间编码器的输入是完整的时间单元的空间，其初始的输入为

$$\text{Input}_e = (q_1 + k_1 + r_1 + s_1 + \text{pos}_1), \cdots, (q_i + k_i + r_i + s_i + \text{pos}_i), \cdots, (q_t + k_t + r_t + s_t + \text{pos}_t)$$

（11.4）

式中，$\text{pos}_i \in \mathbf{R}^{d_k}$ 为索引位置嵌入，它将索引位置通过 Embedding 层映射成向量。

考虑到时间序列的单向性，任意时间单元所能见到的只有前序序列，而不是前后所有序列信息，因此，空间编码器采用多头自注意力来执行，并且我们使用掩码来遮蔽未来信息。带掩码的注意力公式如下：

$$\text{Attention}(\boldsymbol{Q}, \boldsymbol{K}, \boldsymbol{V}) = \text{Softmax}\left(\frac{\boldsymbol{Q}\boldsymbol{K}^{\text{T}}}{\sqrt{d_k}} + \boldsymbol{M}_e\right)\boldsymbol{V} \tag{11.5}$$

$$\boldsymbol{M}_{ij} = \begin{cases} 0, & i \leqslant j \\ -\infty, & i > j \end{cases} \tag{11.6}$$

式中，$\boldsymbol{Q}$、$\boldsymbol{K}$、$\boldsymbol{V}$ 都来源于 Input，$\boldsymbol{M}_e \in \mathbf{R}^{t \times t}$ 为一个上三角矩阵。

此外，空间编码器还包括了残差连接、Layer Normal 层和 Feed Forword 网络，以此共同组成了编码块（encoder block）。然后，我们分别用 $\boldsymbol{H}_c \in \mathbf{R}^{t \times d_k}$ 表示经过 N 层 encoder block 编码后的前序知识状态，每一行为作答第 i 道试题的知识状态。

11.2.2　时间序列解码器

空间编码器负责将前序的时间单元空间中的作答情况编码成隐藏知识状态 H_c，时间序列解码器负责处理前序时间空间中的知识状态及在 T_{t+1} 时刻考查的试题，推断出 T_{t+1} 时刻的潜在认知状态。

（1）待预测试题编码。

与空间编码器感知上文的多头自注意力网络相同，在时间序列解码器中我们同样先设置了一个只能感知上文的多头自注意力网络。为了计算不同时间单元空间之间的相关度，我们将空间中的试题信息作为输入，如下：

$$\text{Input}_d = (q_1 + k_1 + \text{pos}_1), \cdots, (q_i + k_i + \text{pos}_i), \cdots, (q_{t+1} + k_{t+1} + \text{pos}_{t+1}) \tag{11.7}$$

相应地，我们将掩码矩阵 M_e 进行了更换，如 $M_d \in \mathbf{R}^{(t+1)\times(t+1)}$。我们用 $H_e \in \mathbf{R}^{(t+1)\times d_k}$ 来表示经过预测试题编码模块后的输出结果。

（2）时间距离注意力。

根据遗忘曲线，可以知道，人的记忆随着时间的推移而逐渐衰减。因此，知识状态会因为记忆衰减而随着时间发生改变，所以如果仅仅考虑时间因素，在预测 T_{t+1} 时刻的反应时，我们应该对时间距离更近的空间投入更多的注意力。与 AKT 使用索引距离或 LPKT 设置了固定的时间距离不同，我们使用真实的、连续的时间距离进行权重的分配，公式如下：

$$D_{t+1} = \frac{a_1}{d_{t+1} + b_1} + c_1 \tag{11.8}$$

式中，a_1、b_1、c_1 为可训练的参数；d_{t+1} 表示时间距离；$D_{t+1} \in \mathbf{R}^t$ 代表预测 T_{t+1} 时刻的试题时所分配给前序空间的时间距离权重，权重值越大代表两个空间在时间维度上的相关度越高。

除了计算时间单元空间在时间维度上的相关度，还要计算空间在知识状态上的相关度。我们将 T_{t+1} 时刻的试题信息 $H_e[t+1]$ 视作 Query，将 T_{t+1} 时刻前的空间中的试题信息 $H_e[1,t]$ 视作 Key，将前序的知识状态 $H_c[1,t]$ 视作 Value，通过计算空间之间的试题相关度和时间相关度，得到不同空间知识状态的相关度，从而推测出 T_{t+1} 时刻的知识状态。因此，注意力分配的核心公式如下：

$$\text{Attention}(\boldsymbol{Q}, \boldsymbol{K}, \boldsymbol{V}) = \text{Softmax}\left(\frac{\boldsymbol{Q}\boldsymbol{K}^{\text{T}}}{\sqrt{d_k}} \times D_{T+1}\right)\boldsymbol{V} \tag{11.9}$$

式中，$\boldsymbol{Q} \in \mathbf{R}^{d_k}$；$\boldsymbol{K} \in \mathbf{R}^{t\times d_k}$；$\boldsymbol{V} \in \mathbf{R}^{t\times d_k}$。我们将此部分的输出结果记作 T_{t+1} 时刻的隐藏知识状态 $H_{t+1} \in \mathbf{R}^{d_k}$。

（3）知识熟练度。

学习者在作答试题的过程中，会通过不断练习来熟悉知识点。显而易见，越熟悉的知识点，学习者答对的趋势就越大。因此，我们用时间序列特征中的行为特征来计算知识熟练度和修正知识状态 H_{t+1}。首先，如果知识点的重复练习次数 p_{t+1} 越多，那么学习者就越可能熟悉这个知识点；其次，学习者在当前试题上的表现与他们上一次回答同一知识点的时间间隔 l_{t+1} 之间存在显著关联，l_{t+1} 越大，那么学习者就越可能对这个知识点感觉到生疏。综上，我们设计的知识熟练度公式如下：

$$P_{t+1} = \sigma\left[\frac{\max(\mathbf{0}, \mathbf{a}_2 \times \mathbf{p}_{t+1} + \mathbf{b}_2)}{\max(\mathbf{0}, \mathbf{a}_3 \times l_{t+1} + \mathbf{b}_3)}\right] \tag{11.10}$$

式中，$\mathbf{a}_2$、$\mathbf{a}_3$、$\mathbf{b}_2$、$\mathbf{b}_3$ 都是可训练的参数；$P_{t+1} \in (0,1)$ 指的是 T_{t+1} 时刻的试题知识点的熟练度，若 P_{t+1} 越大，则学习者对于知识点的熟练度越高。我们用 P_{t+1} 来进一步修正知识状态 H_{t+1}，公式如下：

$$C_{t+1} = H_{t+1} + P_{t+1} \times H_{t+1} \times \mathbf{a}_4 \tag{11.11}$$

式中，$\mathbf{a}_4$ 为可训练的参数；$C_{t+1} \in \mathbf{R}^{d_k}$ 为认知状态。

综上，我们模拟了学习者的学习遗忘规律，通过时间距离注意力计算了 T_{t+1} 时刻的空间与前序空间之间的相关度，得到了 T_{t+1} 时刻的知识状态，并通过知识熟练度模拟了学习者在重复练习的过程中熟练度的变化趋势，最终得到了 T_{t+1} 时刻的知识状态 C_{t+1}。

11.2.3　多任务预测

认知诊断的任务是探究学习者的认知状态，据我们所知，大部分知识追踪的模型都将是否做对（0 或者 1）作为学习者的认知状态的刻画。而我们认为这种刻画不够细粒度，因为即使反应结果是一样的，但是如果反应速度不一样，那么学习者的认知状态也应该有所区别。因此，我们设计了多任务预测模块，不仅预测传统的 T_{t+1} 时刻反应结果 r_{t+1}，而且预测其反应速度 s_{t+1}。

我们首先进行反应速度预测任务，将认知状态输入由线性层和 ReLU 激活函数组成的多层感知机，再通过 Softmax 激活函数得到反应速度的类别，公式如下：

$$s'_{t+1} = \text{Softmax}[\max(\mathbf{0}, C_{t+1} \times W_{s1} + \mathbf{b}_{s1})W_{s2} + \mathbf{b}_{s2}] \tag{11.12}$$

式中，$W_{s1} \in \mathbf{R}^{d_k \times (d_k/4)}$、$\mathbf{b}_{s1} \in \mathbf{R}^{d_k \times (d_k/4)}$、$W_{s2} \in \mathbf{R}^{(d_k/4) \times d_s}$、$\mathbf{b}_{s2} \in \mathbf{R}^{(d_k/4) \times d_s}$ 都是可训练的参数，d_s 为反应速度的类别个数；$s'_{t+1} \in \mathbf{R}^{d_s}$ 为预测出 T_{t+1} 时刻反应速度类别的概率。

考虑到反应速度与反应结果是密切相关的，我们将得到的反应速度向量与认知状态向量进行拼接，共同参与到反应结果的预测任务中，公式如下：

$$R_{t+1} = \text{concat}(s'_{t+1} \times W_{r1} + \mathbf{b}_{r1}, C_{t+1}) \tag{11.13}$$

式中，$W_{r1} \in \mathbf{R}^{d_s \times d_k}$、$\mathbf{b}_{r1} \in \mathbf{R}^{d_s \times d_k}$、$R_{t+1} \in \mathbf{R}^{2d_k}$ 为用作预测反应结果的隐藏向量。

最后，我们设置第二个多层感知机对反应结果进行预测，使用 Sigmoid 激活函数得到最后的反应结果，公式如下：

$$r'_{t+1} = \sigma\{[\max(0, \mathbf{R}_{t+1} \times \mathbf{W}_{r2} + \mathbf{b}_{r2})\mathbf{W}_{r3} + \mathbf{b}_{r3}]\mathbf{W}_{r4} + \mathbf{b}_{r4}\} \tag{11.14}$$

式中，$\mathbf{W}_{r2} \in \mathbf{R}^{2d_k \times (d_k/2)}$、$\mathbf{b}_{r2} \in \mathbf{R}^{2d_k \times (d_k/2)}$、$\mathbf{W}_{r3} \in \mathbf{R}^{(d_k/2) \times d_{kc}}$、$\mathbf{b}_{r3} \in \mathbf{R}^{(d_k/2) \times d_{kc}}$、$\mathbf{W}_{r4} \in \mathbf{R}^{d_{kc} \times 1}$、$\mathbf{b}_{r4} \in \mathbf{R}^{d_{kc} \times 1}$ 都是可训练的参数，d_{kc} 为知识点的总个数；$r'_{t+1} \in (0,1)$ 为预测得到 T_{t+1} 时刻的反应结果。

11.2.4 损失函数

因为我们设计了多任务预测，不仅预测了反应结果，还预测了反应速度，所以我们对损失函数也需要做出相应的调整。因为预测反应速度是一个多分类任务，所以我们采用多类别交叉熵损失函数来进行处理，公式如下：

$$l_s = \sum_{t=2}^{n} -\{I(s_t)\ln s'_t + [1 - I(s_t)]\ln(1 - s'_t)\} \tag{11.15}$$

$$I(s_t) = \begin{cases} 1, & s_t \in S \\ 0, & s_t \notin S \end{cases} \tag{11.16}$$

式中，$I(s_t)$ 表示是否将反应速度 s_t 归类到相应的速度类别中。

其次，反应结果的预测是一个二分类的任务，因此使用二分类的交叉损失熵，公式如下：

$$l_r = \sum_{t=2}^{n} -[r_t \ln r'_t + (1 - r_t)\ln(1 - r'_t)] \tag{11.17}$$

最后，我们将上述的两个损失函数进行加权求和，得到最终的损失函数，公式如下：

$$l = kl_r + (1 - k) \times l_s \tag{11.18}$$

式中，k 是一个我们设置的常数，用来调节两个损失函数的混合比例。

11.3 实验和结果

本节进行了大量的实验，从各个方面证明了我们提出的方法及其实现的有效性。RQ1：学习者表现预测评估。RQ2：消融实验。RQ3：注意力的影响。RQ4：速度的可视化。RQ5：知识熟练度的可视化。

11.3.1 实验设置

1）数据集

为了评估 TSDCD 方法的性能，我们选择了两个数量大、满足所提方法特征需求的公开数据集。Junyi 数据集[239]收集了 2013 ～ 2015 年数十万学习者在 Junyi 学院中的试题作答记录。EdNet-KT1 数据集[240]收集了韩国超过两年时间数十万学习者在 Santa 上的学习和作答试题的记录。我们对原始的 Junyi 和 EdNet-KT1 数据集进行了数据预处理，包括数据筛选、异常值处理、删除只作答一次的学习者记录等，修正后的数据集的详细统计情况如表 11.1 所示。我们随机选取了 10% 的数据量作为测试集，Junyi 测试集的试题作答记录为 13101058 条，EdNet-KT1 测试集的试题作答记录为 32482447 条。

表 11.1　数据集的详细统计情况

详细统计情况	数据集	
	Junyi	EdNet-KT1
交互数量	13101058	32482447
学习者数量	191766	735214
试题数量	715	13168
知识点数量	39	18
学习者平均交互数量	68.3	44.2
知识点关联的平均试题数量	18.4	153.2
试题关联的平均知识点数量	1	2.2

2）基线方法

此外，为了评估我们所提出的模型的有效性，将本章所提的方法与几个经典或最新的基线方法进行了比较。按照基线方法采用的技术，将其分为三大类：RNN 方法、自定义神经网络方法和注意力机制方法。

（1）RNN 方法。

DKT 将 RNN 的方法引入知识追踪领域当中。

LPKT 是一种创新的建模方法，专注于捕捉学习者的学习过程。该模型通过引入一个学习门来模拟学习者学习活动的动态，以及引入一个遗忘门来表征遗忘机制。

（2）自定义神经网络方法。

DKVMN 设计了一个记忆网络来存储学习者的认知状态，通过不同时刻的反应结果来对记忆网络进行更新，具有良好的解释性。

HawkesKT[241]考虑了不同知识点对交互的敏感性不同，将 Hawkes 过程引入模拟时间交叉效应，表现出良好的解释性。

（3）注意力机制方法。

SAKT 将 Transformer 框架应用到知识追踪领域，提出了基于自注意力机制的知识追踪方法。

SAINT+ 将试题的信息输入 Transformer 的编码器中，而将反应结果等信息输入解码器中，将作答序列按照试题和反应分别输入两个端口中。

AKT 是基于上下文感知的 Transformer 的模型，先使用两个自注意力编码器分别对知识状态和试题进行编码，再通过知识检索器检索来获取当前的知识状态。

3）实验设置

我们设置 TSDCD 的隐藏层大小为 512，在 encoder block 和 decoder block 部分都堆叠了 6 层，且将其多头注意力中的多头设置为 8，将学习率设置为 0.0001，优化器使用 Adam 方法，dropout 全部设置为 0。此外，我们采用早停机制来控制模型训练，即超过 3 个 epoch，若验证集上的损失（loss）仍然不下降，则训练结束。实际上，TSDCD 在第 5 个 epoch 左右便可达到最佳结果。Batch size 根据数据集大小不同，分开设置，在 Junyi 数据集上其值为 32，而在 EdNet-KT1 数据集上其值为 64。模型的参数采用 Xavier uniform 方法进行初始化。

考虑到交互序列的不同长度，我们设置每个学习者的最大交互数量为 200。针对速度，我们将其划分为 10 档。其中，针对没有标准时间的 EdNet-KT1 数据集，我们采用每道试题学习者作答的平均时间。且对时间序列特征中相同知识点间隔时间的最大值进行了约束，即最大为 10 d，单位为 s。此外，我们将损失函数中的 k 值设置为 0.75。

由于知识状态的准确性难以评估，因此，我们通过预测学习者表现来评估模型的性能。具体评估指标采用 AUC 和 ACC 两项。值得注意的是，我们在 ACC 指标计算中，设置阈值为 0.5，即预测值大于等于阈值，则视为答对，否则，视为作答错误。

11.3.2 实验结果分析

1. RQ1：学习者表现预测评估

我们将 TSDCD 与 7 个基线模型进行了比较。表 11.2 列出了在 Junyi 和 EdNet-KT1 数据集上预测学习者在未来试题中表现的 AUC 和 ACC 结果。我们发现三个结论：首先，在两个数据集上，本节所提的方法均取得了最佳性能。特别是在 Junyi 数据集上，本节所提的方法比基线方法表现最佳的 AKT 在 AUC 上高出 1.33%，而在 EdNet-KT1 上高出 1.39%。结果表明，本节设计基于时空多维特征的认知诊断方法可以有效地提高对学习者的作答表现预测的精准性。其次，在基线方法的对比中，我们发现在 Junyi 数据集上，基于注意力机制的方法中的 AKT 与基于 RNN 方法中的 LPKT 的表现极为相近（AKT 在 AUC 指标上高出 0.01%，而在 ACC 指标上低 0.16%），这也验证了 LPKT 与 AKT 的表现较为相近的结论。而在 EdNet-KT1 数据集上，AKT 比 LPKT 在 AUC 上高出 0.84%，而本节所提的方法比 LPKT 在 AUC 上高出 2.33%。这可能是由于在大规模的数据集上，基于注意力机制的方法比 LSTM 更能挖掘出丰富的关联信息，获取更好的预测表现，这与 AKT 中的论述相符。最后，我们发现基于注意力机制的 SAKT 与 SAINT+ 在 Junyi 和 EdNet-KT1 上的表现均比较差。这可能的原因是，不同于语言任务中，上下文单词中的长距离依赖更为常见，而在面向测评过程的认知诊断中，短距离的依赖对学习者的表现影响更大。因此，在时序认知诊断中，注意力机制的使用必须要考虑到学习者学习、遗忘及速度等认知规律，才能取得较好的效果。

表 11.2　与基准模型在 AUC 和 ACC 上的比较结果

模型	Junyi		EdNet-KT1	
	AUC	ACC	AUC	ACC
DKT	0.7823	0.8311	0.7158	0.5887
LPKT	0.8159	0.8624	0.7713	0.7088
DKVMN	0.8095	0.8596	0.7449	0.6912
HawkesKT	0.7911	0.8499	0.7526	0.6956
SAKT	0.7464	0.8427	0.6719	0.6435
SAINT+	0.7731	0.8502	0.6943	0.6598
AKT	0.8160	0.8608	0.7807	0.7152
本节所提的方法	0.8293	0.8660	0.7946	0.7237

2. RQ2：消融实验

本节进行了消融实验，以进一步展示每个部分对最终结果的影响，如表 11.3 所示。TSDCD 有 4 种变体，每一种都是从完整的 TSDCD 方法中删除一个部分。

（1）TSDCD-K 指不考虑知识点编码的 TSDCD，即只考虑空间中的试题编号 q_t，不考虑知识 k_t。

（2）TSDCD-F 指排除遗忘的 TSDCD，即只使用作答序列中的索引位置，不再使用时间位置。

（3）TSDCD-L 指排除学习熟练度模块，即不考虑学习等特征的影响。

（4）TSDCD-S 指排除速度，即将式（11.18）中的 k 值设置为 1，即速度的预测不再纳入损失计算中。

表 11.3　消融实验

方法	知识	速度	学习	遗忘	Junyi		EdNet-KT1	
					AUC	ACC	AUC	ACC
TSDCD-K		√	√	√	0.8286	0.8656	0.7941	0.7231
TSDCD-F	√	√	√		0.8289	0.8657	0.7903	0.7213
TSDCD-L	√	√		√	0.8288	0.8656	0.7942	0.7234
TSDCD-S	√		√	√	0.8258	0.8648	0.7927	0.7228
TSDCD	√	√	√	√	0.8293	0.8660	0.7946	0.7237

表 11.3 中的实验结果显示出了一些有趣的结论：①排除速度的 TSDCD-S 在两个数据集上均具有较差的表现效果，因此，添加反应速度的多任务预测对 TSDCD 方法具有最重要的影响。传统知识追踪方法中较少考虑学习者反应速度特征，其对知识状态的刻画是片面的。反应速度是反应的重要组成部分，可以对认知状态进行更细粒度的刻画，这也进一步验证了第 3 章 RT-CDM 的结论。②基于遗忘规律的时间距离注意力对 TSDCD 影响较大。TSDCD 为学习者交互的空间赋予了时间轴上的位置，即捕获了时序特征中序列间隔时间的距离特征，将传统的等距、离散的索引位置转变为不等距且连续的时间位置。时间距离注意力不仅捕获了交互空间与前序空间的知识状态的相关度，而且可以获得单元之间的时间距离相关度。③针对知识点实验，可以发现，不包含知识点的 TSDCD-K 方法表现较差，因为根据知识点可以让含有相同知识点的试题练习更为紧密，其前序时间单元空间中相同知识点试题的反应将对当前知识状态产生一定的影响。④排除学习熟练度的 TSDCD-L 方法在 AUC 表现略低于 TSDCD 方法，尤其在 EdNet-KT1 数据集上较为明显。可能的原因是学习熟练度与相同知识点重复次数和间隔时间密切相关，而在 Junyi 中学习者平均交互数量比 EdNet-KT1 多，因此，学习者可能在 Junyi 上对同一个知识点进行反复训练得更多，其影响更为重要。

3. RQ3：注意力的影响

为了验证 TSDCD 中使用的三个带掩码的多头自注意力机制的影响，我们随机选取了某个学习者连续作答七道试题的记录，将其注意力权重进行了可视化，如图 11.3 所示。图中的三个热力图按 TSDCD 中的顺序分别表示为：空间编码器中的自注意力机制、时间序列解码器中的第一个注意力模块和第二个注意力模块。热力图中的值为预测试题反应时，三个注意力模块输出的前序空间所分配的权重值。

具体来说，我们观察到三个现象：①第一个注意力模块根据与前序空间之间的相关度进行了注意力权重的分配。大多数情况下对角线上权重最大，即每个交互空间与自身权重相关性最高，并且离当前较近的空间分配的权重更高。这说明，相较于较为久远的历史学习，学习者的认知状态更易受到最近时刻的学习行为影响，与多因素感知的双注意力知识追踪（multi-factors aware dual-attentional knowledge tracing, MF-DAKT）方法结论一致[242]。②第二个注意力模块的重点是对待测试题进行编码，在对待测试题编码时，会更多地考虑前序历史序列信息，以此来平衡第一个注意力模块太过关注自身的问题。③第三个时间距离注意力输出学习者在未来试题上的潜在能力向量。在预测未来试题时，如果空间之间的相关度比较低，即使其序列索引距离较近，其注意力也不会分配很高的权重。但是，即使相隔较远，如果空间之间的知识相关程度高，那么注意力模块仍然会为其分配一定的权重。

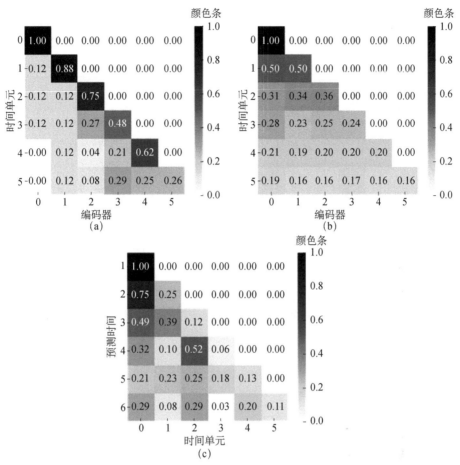

图 11.3　注意力可视化

4. RQ4：速度的可视化

在本章提出的 TSDCD 方法中，我们假设学习者的知识状态与其反应速度具有密切的联系。具体地，学习者对相同的试题具有相同的反应结果，但是影响反应速度的反应时间不同，其知识状态也会有所区别。如图 11.4 所示，我们随机选取了测试集中的四道试题，将作答这 4 道题的所有学习者的速度和预测正确的概率做可视化的呈现，并与颜色代表的真实反应进行对比（深灰色代表答对，浅灰色代表答错）。图中的横坐标代表反应速度（共有 10 个类别），其数值越大，反应速度越快；纵坐标代表预测结果，数值越大，学习者答对试题的概率越大。

在图 11.4 中，我们发现五个有趣的现象。①在散点图中，上侧以深灰色的点为主，下侧以浅灰点为主。这现象与预测值的阈值设置有关，即若预测值大于0.5，则判断学习者答对；若阈值小于 0.5，则判断答错。而图 11.4 中上下两极趋势恰好展示了我们的方法在大多数情况下能预测准确，只有少部分判断错误。②代表做错的浅灰色点主要集中在图的左下角侧或左侧，而代表正确的深灰色点集中在右上角或右侧。这一现象说明，学习者速度越快，则其对知识的掌握程度越高，答对的概率越大；反之，学习者速度越慢，其答错的概率越大。可能的原因是在排除猜测与失误的前提下，学习者答题速度越快，其知识掌握得可能更牢固，答对的可能性更高；反之，答题速度慢的学习者，其知识掌握可能并不牢固。③代表速度很慢的左侧，特别是速度为 1 和 2 时，有很多浅灰色点。有可能是因为学习者知识不够牢固，真实地花了很长时间，但还是没有答对；也有可能是因为在线测评场景中，学习者容易分心做其他事情，因此，这部分学习者在试题上投入精力少，导致学习者获得错误反应的概率更高。④代表速度很快的右侧仍然有少量浅灰色点，代表学习者速度很快时，学习者会答错。这有可能是因为学习者在粗心时容易造成回答错误，说明速度越快，学习者越容易粗心而答错，这一结论验证了教育理论中关于猜测与失误的定义[243]。⑤从四幅图的对比中，我们发现不同试题的难度是不一样的。第四个试题的难度显然是最大的，因为浅灰色点所占的比例远大于深灰色点的比例。特殊地，第四个试题在速度 10 上的点较少，且基本都是浅灰色点，这说明大部分学习者是无法以数值较高的反应速度作答此题的，即使完成作答，也很难保证结果正确。

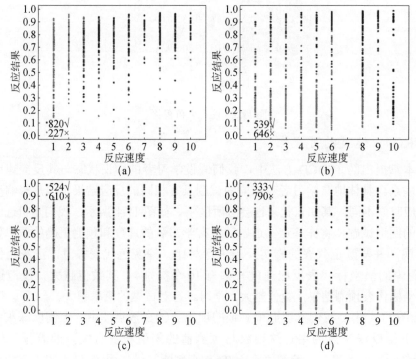

图 11.4　反应速度和反应结果的可视化

5. RQ5：知识熟练度的可视化

为了探究学习熟练度对学习者知识状态的变化，我们绘制了某学习者连续作答 30 个试题的知识状态演变可视化图，如图 11.5 所示，以此来模拟学习与遗忘对知识状态的影响。

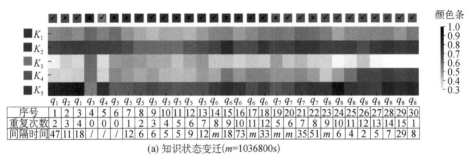

序号	1	2	3	4	5	6	7	8	9	10	11	12	13	14	15	16	17	18	19	20	21	22	23	24	25	26	27	28	29	30
重复次数	2	3	4	0	0	0	1	2	3	4	5	6	7	8	9	10	11	12	13	14	15	1								
间隔时间	47	11	18	/	/	/	12	6	6	5	5	9	12	m	18	73	m	33	m	m	35	51	m	6	4	2	5	7	29	8

(a) 知识状态变迁($m=1036800s$)

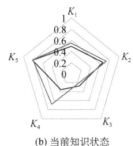

(b) 当前知识状态

图 11.5 知识状态可视化（m 代表溢出值）

由图 11.5 可见，在学习者多次练习 K_4 知识点的相关试题后，对 K_4 知识点的掌握程度得到了一个明显的提高。同理，学习者如果在较短的时间内练习的相对次数较多，那么知识状态的提高也较为明显。此外，不同试题、不同知识点所要求的熟练度有所区别，如 K_4 知识点即使经过很多次练习，其掌握状态仍然低于练习较少的 K_2、K_5 知识点，这表明不同知识点的难度不同，其答对不同试题所需的状态阈值也不同。针对难度大的试题，学习者需要付出更多的努力才能达到一个较熟练的状态。我们也将进一步探究不同知识点之间的联系和区别。最后，学习者在训练 30 个试题之后的知识状态图如图 11.5（b）所示。整体而言，学习者在进行了多次练习后，其知识掌握状态得到了提高，如知识点 K_2 和 K_4。而练习较少的知识点，如 K_1 和 K_3，由于掌握得并不牢固，随着时间的推移越发不牢固。

11.4 本章小结

本章对学习者测评过程中的内部认知进行建模，提出了一种基于时空多维特征的认知诊断方法。具体来说，首先从学习者测评过程中抽取学习者的外在特征，包括时间单元空间中的试题知识特征和反应交互特征，以及时间序列的行为特征和时序特征。基于 Transformer 框架，通过速度、学习和遗忘三种内部认知，捕获学习者在测评过程的时空演变中的认知变化。具体来说，为了测量学习者速度对其知识状态的影响，本章采用一种学习者学习速度和多头注意力机制的方法来对学习者的知识状态进行编码。同时以学习者反应和反应时间两项任务为目标建立多任务预测机制，实现了对反应细粒度的预测。针对测评过程中存在的学习和遗忘规律，本章设计了基于学习者重复学习熟练度和时间间隔的多头注意力机制来对学习状态进行解码，实现对三种内部认知机制的关联建模，获取学习者在未来的综合潜在能力。通过在两个公共大规模数据集上的大量实验，证明了 TSDCD 在预测学习者成绩方面优于其他最新的动态认知诊断方法，且可以获得更合理的知识状态，与学习者测评过程中的认知规律保持一致。

第五篇

教 育 应 用

在第四篇中，我们采用 AUC/ACC 等指标对时空认知诊断方法开展了广泛的实验研究，证明了基于不同时空特征增强的认知诊断方法的有效性。而时空认知诊断模型和方法将如何应用于真实的教育教学场景中呢？本篇将从学习认知计算系统的设计与实现出发，研究学习认知计算系统在语文、数学和英语等多个学科里的应用，探索其诊断分析的结果对学习效果的影响。

第 12 章　学习认知计算系统

随着信息技术的飞速发展，以学习者为中心的教学模式得到越来越多的重视。在大数据分析和人工智能的帮助下，推动大规模数据驱动的个性化学习分析已经成为现实。为了满足日益增长的个性化学习[244]的需求，现有的一些工作侧重于学习者[245]的单个工作或测试，没有对整个学习过程进行持续跟踪和分析。按时间顺序排列的数据包含难以检测的隐藏模式[246]。一些学者尝试对教育时间序列数据[247]进行分析，对学习者在学习过程中的情绪变化进行评价[248]，但没有考虑对学习者的认知水平进行分析。一些研究者试图对学习者[249]进行认知分析，但他们没有将其与时空数据挖掘结合起来。

一个智能的教学环境有助于教育者与学习者进行沟通，了解学习者的最新状态。这些技术使传统的教学与学习更加精准和智能化。教育质量更多地依赖于数据分析，而不是教育工作者的经验。学习者同时参与制定学习计划。佐治亚州立大学利用智能导学系统，在三年内追踪了学习者从入学到毕业的整个过程。依据该系统提供的风险预警。该校共执行了 10 万次积极的干预措施，使学习者的毕业率从 48%提高到 54%[250]。在俄勒冈州的比弗顿，学习者的辍学记录、旷课记录和各种人口统计信息被用来帮助学习者更好地适应学校生活[251]。

基于此，本书研究团队研发了一个学习认知计算系统（Eanalyst），其主要目标是为学习者提供智能、个性化和新颖的帮助。Eanalyst 解决了学习者由于评估方法不完善、指导不足而难以认清自身知识水平的问题。Eanalyst 将领域知识与教育数据挖掘和分析相结合，使学习者能够从仪表盘上了解自己的知识状态，通过仪表盘来对学习者的知识状态进行可视化的呈现，并提供补救学习策略。事实上，Eanalyst 是一个面向 K12 教育设计的端到端的系统，从 2014 年开始，已经在全国 100 多所小学和中学进行了应用与示范。

12.1　教育数据

Eanalyst 面向教育的测评场景包括课前小测验、课后小测验、家庭作业、单元测试和学期测试等。我们把每一个小测验、家庭作业或测验作为一系列练习的集合。前三种主要考查学习者对刚刚学过概念的短期掌握程度，后两种考查的概念覆盖范围更大。练习既可以在线进行，也可以离线进行。教育工作者利用该平台提供的工具从题库中选择问题，形成试卷。虽然离线练习通常用于传统的纸上测试，但在线练习主要是在数字设备上进行的，这有助于从回答问题的过程中收集更多的信息，如每个问题花费的时间。

12.2　诊断系统架构

Eanalyst 架构如图 12.1 所示。Eanalyst 由预处理模块、分析模块、仪表盘模块和推荐模块组成。预处理模块将试卷与答题卡作为结构化数据的输入和输出；分析模块以结构化数据作为输入，输出分析结果；仪表盘模块和推荐模块将分析结果作为输入，输出可视化的分析结果和推荐列表。

12.2.1　预处理模块

预处理模块使用光学字符识别 （optical character recognition，OCR）将手写的答案和更正标记转换为机器编码的文本。该模块采用自然语言处理 （natural language processing，NLP）技术之一的 Transformer[252] 对问题表示进行全面的学习，从而将问题标记为相应的知识概念。学习者对试题的回答被教育者纠正后记录下来。然后，该模块使用 Experience API （xAPI）形式化这些异构的教育数据，这使得数据对机器来说是可读的。图 12.1 （a）为 Eanalyst 的预处理模块。

12.2.2　分析模块

学习者与他们的课程互动共同生成学习过程记录的序列。一个序列由多个交互记录 $x_0,\cdots,x_t$ 组成。该模块的任务可以看作预测学习者未来的表现 x_{t+1}。时间步长 t 时的记录 x_t 可以表示为 $x_t = (q_t, a_t)$，其中，q_t 是学习者在时间步长 t 时尝试的问题，$a_t \in \{0,1\}$ 表示学习者的反应 （1 表示正确，0 表示不正确）。通过知识追踪模型分析学习者的学习历史，揭示学习者的学习状况。通过知识追踪预测，教育者可以确定学习者需要额外帮助的具体领域。教育者也可以分析整个班级的数据，了解他们的学习习惯，并根据反馈调整课程。教育工作者甚至可以将这些信息与其他年级的信息进行比较，以确定哪种教学方法最有效。

知识追踪模型使用的数据集是在 2017～2019 学年收集的。我们进行实验的数据集是数学科目，涉及 3962 名学习者对 4784 道不同题型的 652752 次练习。为了保证知识追踪结果的可靠性，我们对练习次数少于 3 次的学习者进行筛选并剔除，因为只有 1 次或 2 次练习的序列对跟踪学习者的知识状态贡献不大。我们总结了表 12.1 中

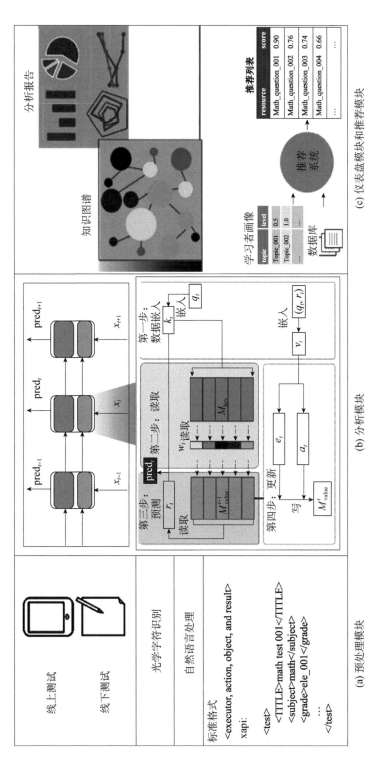

图 12.1 Eanalyst 架构

的两个数据集和图 12.2 中的 Eanalyst 数据集分布的一些统计特征。对于 Eanalyst 数据集，每个学习者的平均记录数是 165 条。对于 Eanalyst 数据集，与开放数据集相比，每个学习者会遇到更多不同的问题，这使得 Eanalyst 数据集更加稀疏。

表 12.1　两组数据集的统计

数据集名称	Eanalyst 数据集		Assistment2009 数据集
数据集属性	原始	处理	原始
记录数量	657573	652752	525534
学习者数量	4285	3962	15931
试题数量	4788	4784	124

深度学习在图像识别、NLP、语音识别等领域取得了巨大的成功。在处理序列数据的任务上，如 LSTM 网络（一种递归神经网络）等模型，取得了良好的效果。与基于统计图的模型如贝叶斯知识追踪（BKT）和基于矩阵分解的模型（如 KPT）相比，基于深度学习（DKT）的模型更加灵活。这种灵活性可以结合有效的机制，从而利用其他信息，比如问题内容和领域知识。DKT 利用 LSTM 及其变化来覆盖以前很长一段时间的学习记录，检测学习者的知识状态，并将其记在隐藏的向量中。将 DKT 与注意机制相结合，评价不同问题内容之间的相似性，以提高预测精度。

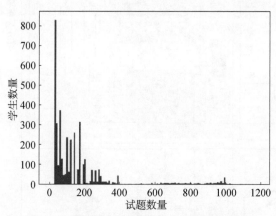

图 12.2　数据集在数学学科上的数据集分布

像记忆网络[253]这样的模型在自然语言处理领域中发挥了很好的作用，在学习不同问题之间的相关性方面也有很好的表现。DKVMN 采用静态关键记忆矩阵存储问题-概念关系，动态值记忆矩阵存储和更新概念-学习者的状态关系。DKVMN 在知识追踪方面表现良好。基于此，我们继承了两种记忆矩阵的优点，并将卷积神经网络和一些额外的计算应用到阅读过程中，以减少阅读过程中记忆矩阵的信息损失。

我们还考虑了学习者的遗忘行为，并在更新步骤中加入相邻练习的时间间隔，使模型能够模拟遗忘行为。第一步，将嵌入输入数据。第二步，利用问题 q_t 检索关键矩阵中相关概念位置 w_t。第三步，在值矩阵中使用位置小波变换来查询相应的概念状态，并利用概念状态来预测学习者在 q_t 上的未来表现。第四步，在值矩阵中只更新相关的概念状态。总体结构如图 12.1（b）所示。

我们比较了本章所提的数据集和公共基准数据集 Assistment2009[254] 上的预测精度。Assistment 是一个在线的小学数学教学和评估平台。它也是最大的公共知识追踪数据集。我们使用 AUC 来衡量传统模型和深度学习模型的性能。AUC 值为 0.5 ~ 1，其中，前者表示通过随机猜测得到的预测结果，后者表示精确预测。

我们设置所有序列的长度为 150，并使用 -1 填充短序列到预期长度。参数采用高斯分布随机初始化。由于 GPU 内存的限制，我们将 Assistment2009 数据集的批处理大小设置为 32，而 Eanalyst 数据集的批处理大小设置为 16。对于学习率，将其设定为 0.9，对于标准的剪切，阈值设置为 50。

不同模型在 Eanalyst 数据集和 Assistment2009 数据集上的性能（AUC）如表 12.2 所示。对比结果表明，考虑到 Eanalyst 数据集比 Assistment2009 稀疏得多，DKT 模型在 Assistment2009 上可以产生相对较好的预测结果，在 Eanalyst 数据集上也可以产生较好的预测结果。与 DKT 的 LSTM 网络相比，本章所提的模型比较复杂，没有出现过拟合的问题。

表 12.2　不同模型在 Eanalyst 数据集和 Assistment2009 数据集上的性能（AUC）

模型	Eanalyst 数据集	Assistment2009 数据集
BKT	0.69	0.73
BKT 的变体	0.75	0.82
DKT	0.85	0.86

12.2.3　仪表盘模块

仪表盘模块是供学习者将分析结果显示在知识图谱上的可视化工具，如图 12.1（c）上部所示。教育领域的教育者与专家根据教科书和自己的经验，手工构建知识图谱。知识图谱构建了一个知识概念网络，知识概念网络由相关知识概念用线连接起来。每个概念的大小与其重要性有关。重要性程度由相应的教学大纲来衡量。概念越重要，节点越大。节点的颜色深浅表示学习者对于该概念节点的掌握程度。每门课都包含多个按学年划分的知识图谱，有些概念可以出现在一个或多个图中。知识图谱是准确分析学习者整体认知水平、知识状态和适当的学习路径推荐的前提。学习者和他或她的教育者可以很容易地找到薄弱点。了解自己的知识状态有助于学习者进行之后的补救活动。

对学习者的学习报告进行更详细描述的分析报告。将从统计学的角度评估以前的练习。不同类型的图表，如直方图、饼状图、雷达图和折线图，可以显示学习者的学习指标随时间的变化，另外按准确率百分比划分班级学习者，展示了学习者整体素质的分布，并粗略地比较学习者与其班级和年级的平均水平。图 12.3 给出了某个学习者在数学学科的学习仪表盘的部分截图。

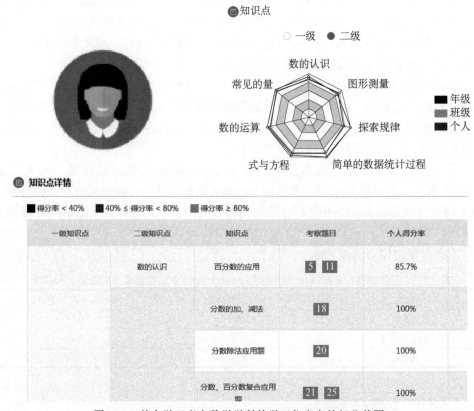

图 12.3　某个学习者在数学学科的学习仪表盘的部分截图

12.2.4　推荐模块

推荐模块挖掘学习者特征和课程特征，将学习者对学习材料的评价作为监督标签，过滤学习伙伴的阅读材料、练习、笔记和优秀答案等推荐材料。我们将学习者的行为数据与来自学习者和课程的属性数据相结合，形成一个学习者-课程特征向量矩阵。该模块首先利用深度置信网络（deep belief networks，DBN）的提取能力，从学习者-课程矩阵中收集特征，以表示学习者的偏好。特征提取部分由 DBN 的末层采用受限玻尔兹曼机（restricted Boltzmann machine，RBM）进行自下而上的无监督预训练，接着使用反向传播（back-propagation，BP）进行自上而下的有监督参数微调。将来自无监督部分的训练 DBN 和相应的评分标签作为 BP 有监督部分[255]的输入。然后用推荐技术对学习材料进行评分。推荐系统将按照分数排名推荐材料，将分数高的推荐给学习者。该过程如图 12.1（c）下半部分所示。推荐列表将根据新生成的学习轨迹动态更新，以匹配学习者不断变化的需求。

12.3　本章小结

本章介绍了基于时空认知诊断模型与方法的学习认知计算系统——Eanalyst，一个应用深度学习技术开发的用于教育大数据挖掘和分析的学习者助手。该系统采用与知识图谱相结合的时间数据分析来为学习者提供多维分析报告，并通过提供相关学习材料来推荐学习路径。在未来，我们打算解决学习者绩效评价过程的冷启动问题，并通过添加问题内容来改进分析模型，从而挖掘问题与学习者状态之间的深层关系。

第 13 章　学科应用与实证研究

精准教学起源于 20 世纪 60 年代的美国[256]，经过不断发展，任何学科、任何学段的教学中均重视学科的精准化教学。首先，诊断学习者在学科知识体系中存在的薄弱问题是精准教学的核心[257]；其次，根据精准诊断实施教学干预是精准教学的灵魂。同时，学科能力活动是知识转化为素养的途径和表现，当前教育尤其重视学科素养与能力的培养。因此，亟须在学科教学中开展关于能力的认知诊断，以此实现学科精准化教学，提高教学质量。本章从语文、数学和英语学科中选取语文写作能力、数学运算能力和英语写作三种能力进行诊断应用，挖掘认知诊断对学科能力的应用及影响。

13.1　诊断在语文写作中的应用

人工智能技术已成为社会各个行业关注的焦点，世界发达国家把人工智能作为提升国家综合竞争力的重大战略。我国近来也十分重视信息技术在教育领域中的应用，同时出台了相关政策，如《教育信息化 2.0 行动计划》等，以达到推动教育信息化的目的。构建基于人工智能的智能教学环境，对有效教学和学习者高效学习是非常有意义的。写作是语文教学的核心，是学习者作为社会的个体正常运用书面的方式来表述知识的基础。在小学语文教学中，因为写作能够训练学生的语言表达、逻辑思维、文学素养等，所以写作是小学语文教学中必不可少的部分[258]。

在当前信息技术环境下，学生个体获取知识更加容易，但小学语文写作能力的培养也更容易被忽视。有研究者展开写作现状调研，发现 6%～21% 的学生存在写作障碍[259]，教师面临着如何教授作文的难题，而学生则面临着如何写作文的困境。基于此，本节在人工智能支撑的智能教学环境中，以提高小学生语文写作能力为目标，构建人机协同的小学语文写作教学模型，借助信息技术手段精准诊断小学生的语文写作能力水平，开展有针对性的差异化教学与学生个性化补救学习。解决在作文教学中存在的一些问题，提高教师作文教学效率和质量，促进学生写作能力的提高。

13.1.1　人机协同支持的小学语文写作理论基础

1. 小学语文写作特点与写作困难归因分析

小学语文作文的教学内容和教学对象均具有特殊性。在教学内容方面，其特殊性主要体现在汉语句法结构本身的复杂性、语文作文内容的多样性等方面。《义务教育语文课程标准（2011 年版）》[260]（以下简称语文课标）将作文的教学目标在3～6 年级定位为习作，以记叙作文、想象作文及一些简单的说明文等为主要写作内容，而小学语文 1～2 年级则是写话，如看图写话。在教学对象方面，根据 Piaget[261]的认知发展理论，3～6 年级的小学生处于具体运算阶段，此阶段的儿童思维活动仍然需要具体内容的支持。因此，由于教学内容与教学对象的特殊性，传统的小学语文写作教学中存在相应的问题，最终造成部分小学生语文写作困难的现象。针对此现象，本书采集了苏州市姑苏区多所小学 170 次测试的约 8000 份作文样本，对样本进行分析，总结出小学写作特点，并进行归因分析。

1）智能教学环境下，写作评价与反馈有待提升

语文课标提出："学生作文评价结果的呈现方式可以是书面的，可以是口头的，可以用等级表示，也可以用评语表示，还可以综合采用多种形式评价"。但是目前对学生写作的评价方式还是以教师主观评价为主，教师对评分标准的解读和理解及对学生的文章主题思想和文笔功力、修辞、语言的表达的理解有所区别[262]，导致评分过程有所差异；再者，作文题目或者材料无法吸引学生，学生对写作缺乏兴趣和表达的愿望；另外，传统语文作文评阅都是由教师人工来进行的，评阅每一个学生的作文需要耗费很长的时间和精力，同时也错失了学生作文的最佳反馈时机，而反馈不及时消磨了学生学习的耐心与动力。

2）智能教学环境下，写作教学更重视能力的培养

国际经济合作发展组织所启动的 DeSeCo 项目最早提到了核心素养的概念，钟启泉[263]认为核心素养是应该着眼于个人未来发展多方面的综合能力。在语文课程学习过程中，通过引导学生进行识字写字、阅读、写作、口语交际及综合性学习等活动，将优秀的语言成果内化为自己的语文素养，其中，写作教学也需要注重能力的培养。写作是一个将长时记忆提取与信息加工表征相结合的过程[264]，以及利用工作内存处理信息并产生文字处理结果，因此是一个复杂的大脑加工过程。作者必须做大量的工作，如选题、立意、构思、拟提纲等，都是需要一定写作能力的过程。许多学生下笔无话可说，并不意味着没有东西可以写，现在的小学生生活在一个信息爆炸的时代，他们接触到的信息远比我们想象得多，作文困难的原因就很可能是缺乏足够的写作能力。

3）智能教学环境下，学习过程的个性化需求更为迫切

3～6 年级的学生所处年龄阶段的特殊性也导致了他们学习上的特点和问题。在小学阶段，由于缺乏社会生活经验，学生写作文时常常会出现思路打不开、作文千人一面、缺乏写作兴趣甚至害怕写作文的现象，没有可写的内容从而导致挤牙膏式作文的出现，容易写成流水账，作文内容干瘪没有生动；在作文结构上容易出现不

严谨的情况，没有开头，没有结尾或者没有过渡[265]；书写不规范也是小学生作文中普遍存在的问题。

2. 人机协同助力解决写作问题

1）人的智慧与机器计算相结合

人类与机器和其他生物之间的差异主要是人类有着机器没有的生物特质（如情感），有着比其他生物更加高级的思维，同时还具备人类特有的社会属性（如文化）。随着人工智能的快速发展，人类的智慧与机器智能相结合，发挥机器智能的优势，帮助人们更加科学理性地分析问题，将问题解决的方案变得自动化、模块化，从而更加高效地去解决生产生活中的各种问题。沃尔特·艾萨克森[266]认为想要创新就应该将人类的智慧与灵感和计算机的运算处理能力融合起来。陈杏圆和王焜洁[267]表示人机协同就是将人类的智能如人类的想象力、创造力等与机器的智能如计算能力、推理能力等融合起来，取长补短，各自发挥特长规避不足，共同高效地解决问题。

2）人机协同在写作教学中的应用

人机协同的人指教师、学生等多种类型的教育主体，机是指技术中的软、硬件等相关设备，两者协同即借助技术辅助教师的教学与学生的学习，达到提高教学效率与质量的目的[268]。通过已有研究可以发现，关于人机协同写作教学，国外于20世纪60年代就已经得到了专家学者的重视，并进行了一系列的探索和实践。目前国外已经有多个成熟的英文作文评阅算法和系统，如 PEG、IEA、E-rater、Jess 等多种相对成功的作文评阅系统[269]，辅助教师作文教学，提高教学的效率。我国关于这方面的研究开展得相对较晚，尤启良[270]、赵建丰[271]研究了网络质性评价系统对小学生作文教学的影响，得到的报告结果显示该系统能够维持评分的公平性、减轻教师的评价负担，同时能给学生写作提供回馈，给教师以教学指导。

综上所述，计算机在写作教学中确实能够起到解决一些教学问题和提高教学效率与质量的作用，因此更深入地研究人机协同写作教学的新型教学模型是十分具有现实和教育意义的。

13.1.2 人机协同支持的语文写作教学模型

1. 人机协同支持的语文写作教学模型

本节吸取迪科-凯利（Dick & Carey）教学模型重视学生的学习、强调学生学习效果优劣的特点，综合比较其他已有教学模型设计，在人机协同理论指导下，构建了基于人机协同的小学语文写作能力与评价能力提升模型。如图13.1所示，充分地发挥机器在计算方面的优势，便捷化采集学生写作与教师批改数据，快速高准确性地进行数据分析与计算，并采用关联规则等机器学习算法辅助教师智能地推荐教学资源。人类发挥认知智慧，在机器分析的结果上进行成果归因与教学干预，通过对数据的联想、推理归因等分析，启发教师进行教学决策，同时对学生进行学习训练、强化练习和迁移运用，进一步加强教师认知评价，强化人机协同循环[272]。以网络技术资源为媒介，以教师主导学生为中心，共同发挥作用，从而促进学生写作能力的提高。学习大数据平台能够高效快捷地处理教师评阅后的作文分数统计与数据分析，快速分析出学生作文存在的长短板和优缺点，提高了作文教学的效率和质量，节约了老师在作文评阅后去进行的后续数据统计与整理的时间和精力，也能够给予学生最为及时的和最有针对性的作文反馈。

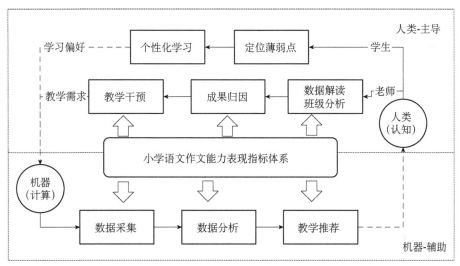

图 13.1　人机协同的语文写作教学模型

2. 人机协同支持的语文写作能力表现指标体系

在人机协同支持的语文写作教学模型中，写作能力表现指标是人机协同的统一接口，是学生学习写作、教师评价学生写作能力和机器智能数据分析的标准，真正实现了人机合作式的交流沟通。写作能力是学生语文学科能力的重要体现部分，是在实践中才可能表现出来的必备知识、素养、必备品格的集中体现。作文关键能力是语文文化素养的综合体现，如语言自主学习与建构的能力、驾驭信息工具的能力、独立负责的思辨能力、书面文字表达能力等。

小学语文写作能力表现指标框架的构建主要是以语文课标为基础，以小学作文知识图谱为内容载体，再以语文核心素养为依托，参考布鲁姆教育目标分类理论，通过研究已有文献资料，并与有经验的语文教师进行深度访谈，从而构建小学语文写作能力框架。由于根据语文课标中的教学目标，小学1～2年级是写话练习，3～6年级才是习作，因此本节的写作能力框架主要是针对3～6年级的学生构建的。根据赵保纬[273]编制的《小学生作文参照量表》，评价比重按照内容和语句各占 20%、中心和条理各占 15%、思想和错别字各占 10%、标点和书写各占 5%来对小学高年级作文进行评分。朱作人[274]根据结构、修辞、意境、文体和态度来进行评分。综合分析《小学华文课程标准 2015》[275]等各地课程标准[276, 277]，综合得出已有研究都涉及内容、结构、书写、语言和修订相关不同表述的指标，通过与一线小学语文教师进行深度访谈，对已有写作能力内容与评分权重进行综合考量，最终得到小学语文写作能力表现指标，如表 13.1 所示，a_1 内容选择、a_2 篇章结构、a_3 语言表达、a_4 书面文写和 a_5 作文修订，写作能力指标评分遵循 3：3：2：1：1 比例，故小学写作能力综合评价 SCORE 由如下公式表示：

$$SCORE = 0.3 \times a_1 + 0.3 \times a_2 + 0.2 \times a_3 + 0.1 \times a_4 + 0.1 \times a_5 \qquad (13.1)$$

表 13.1　小学语文写作能力表现指标

一级指标	二级指标
a_1 内容选择	a_1-1 主题明确、a_1-2 选材合适、a_1-3 情感真实
a_2 篇章结构	a_2-1 层次清晰、a_2-2 过渡自然、a_2-3 详略得当
a_3 语言表达	a_3-1 完整、通顺表达、a_3-2 修辞手法，表达方式运用得当
a_4 书面文写	a_4-1 书写正确，规范，整洁；a_4-2 正确使用标点符号
a_5 作文修订	a_5-1 修订语句，推敲字词；a_5-2 调整内容，增删材料

3. 人机协同支持的语文作文教学实施流程

基于以上理论基础和参考文献，并在已有的研究和实践经验的基础上，本节设计关于小学语文作文人机协作教学流程，流程设计来源于常见的教学模型设计，参考迪科-凯利教学模型，再综合对比分析 ASSURE 教学模型和 ADDIE 教学模型等设计，并在已有研究基础上加以改造得到教学实施流程，如图 13.2 所示，AI 为代表的机器，具体指本节中借助的学习大数据平台（以下简称 AI 平台）；HI 代表的相关教育角色（指教师和学生）各自有着不同的角色和分工，充分地发挥各自的优势，将人类特有的高级思维属性、社会文化属性和生物情感属性与机器的自动化、模块化和形式化的问题处理形式结合起来优化教学过程。

1）技术赋能写作数据的智能分析：AI 辅助教学，诊断薄弱环节

AI 平台在人机协同教学模型中承担教师助手辅助教学的角色，因此它也是学生学习的帮助者和促进者。学生线下完成写作任务，教师对学生作文进行评分后将学生作文扫描上传至平台，平台快速计算分析出班级作文在每个维度上的得分比例，重点关注群体失分较多的维度。针对每一个学生的个人作文定位其优势和不足，形成个性化评估报告，给予学生作文有效的反馈。教师进一步对报告进行解读，加深学生的自我认知。同时平台会对每一次学生作文评阅进行记录，保留学生作文成长历程数据。

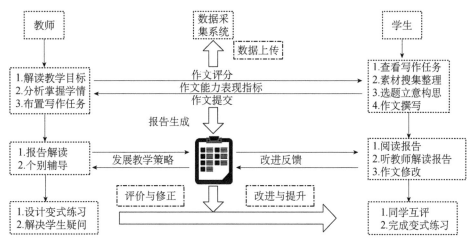

图 13.2 人机协同教学模型下的写作教学实施流程

2）技术赋能智能推荐：学生个性化自主学习

在这种新型作文教学模型中，学生承担的仍然是学习者的角色。学生根据教师发布的写作任务，按照其要求去选择作文的主题并进行作文素材的搜集与整理，正确选题和立意，构思作文框架并撰写作文。教师完成对学生作文的评阅、平台生成报告之后，学生自己就能够发现作文存在的问题，这就让学生明白了在后续的学习中需要注意的地方，给予了学生作文学习更多的自主性，让学生真正变成了学习的主人，使其写作能力得到个性化提升。

3）技术赋能教师差异化教学：教师引领方向，主导教学决策

教师在这种教学模型中充当学生学习的引领者和促进者的角色，充分地掌握学生的现有知识水平及学习情况，做出正确科学的教学决策，进而选择合适的教学内容，发布合适的写作任务。平台根据报告定位的写作能力薄弱环节进行针对性教学和个性化教学，帮助学生进一步了解自己作文存在的问题和不足之处，再单独辅导个别作文困难的学生，让学生之间进行作文互评。最后，教师针对学生在本次作文中存在的共性问题布置同类型题目的练习，同时解决学生在课堂上未解决的问题。

13.1.3 人机协同支持的小学语文作文教学模型实践及效果

1. 研究对象与方法

为了验证这种人机协作的教学模型的实施效果，本节选取武汉市某小学五年级的三个班级进行了对比实验，将其中一个班级作为实验班，将该班级的所有的老师和学生作为研究对象投入基于人机协作的写作教学模式中，另外两个班级作为对照班，分为 A 班和 B 班，按照传统模式进行教学。

2. 实施过程

实验于 2019 年 3 月开始实施，以人教版语文五年级下册教学为研究内容，伴随教师从第一组课文到第八组课文的教学，在实验班中实行人机协同的写作评价与教学，智能化采集数据，并为班级提供详尽的数据分析报告和策略指导。对照班仍以传统的方式进行，不提供机器智能分析，全靠教师人工评价，凭经验讲评。整个实验持续一学期时间，针对教学中的三个单元，学校分别于 2019 年 4 月、5 月和 6 月开展三次测试。三次测试所选用的作文题目均由专家团队设计，测评内容涉及对 3~6 年级的纪实作文/想象作文的 5 个一级写作能力指标和 12 个二级能力指标的检测，总分均为 30 分。作文分数按照比重分配：a_1 内容选择 9 分、a_2 篇章结构 9 分、a_3 语言表达 6 分、a_4 书面文写 3 分和 a_5 作文修订 3 分，一级指标下的二级指标均分。实验班与对照班展开不同的教学，从多种维度来分析新型语文作文教学模型的教学效果，探讨这种教学模型是否能够支持小学生语文写作能力的发展。

3. 人机协同支持的写作教学模型实施过程

基于人机协同的小学语文写作教学模型包括三个环节，实验班大致遵循任务发布、报告讲评和课后练习的顺序进行作文教学。

1）教师把握学情，针对性地发布新任务

教师作为人机协同中人的重要参与者，需要发挥教师对写作方向的把控作用，同时掌握学生情感的发展状况，在合适的时间发布合适的任务。教师根据班级学情及上课进度，布置相关的作文试题，如学生已经学习了部分关于记叙、抒情类的课文及其写作方法，有了关于写人记事写作相关知识的积累。教师在了解班级学生的学情之后，再根据教材来提出写作要求。

学生作为人机协同中另一位重要参与者，需要主动学习。在接收到写作任务后，学生根据教师发布的写作要求，搜集作文素材，正确审题、立意、构思，可以通过多种途径（如书籍、课本、杂志等）搜集关于写人记事作文的写作素材，积累有关人物描写的好词佳句，做好写作的准备工作之后开始作文撰写。并在规定的时间内完成写作并上交，等待教师评阅。平台对教师上传的学生作文各项指标得分数据进行整理分析，生成个性化评阅报告，对学生作文提供个性化反馈。

2）技术辅助智能化采集与分析，定位群体与个体的薄弱环节

平台采用智能教学环境下的智能技术，辅助教师对作文各个技能维度的学生表现水平进行评分，以仪表盘形式直观地展示学生作文反馈的数据分析报告结果，根据数据定位至学生存在的个性问题和班级作文存在的普遍问题，例如，在一次作文练习中，分析得到全班学生每一项写作能力指标得分情况，部分得分情况截图如图 13.3 所示。

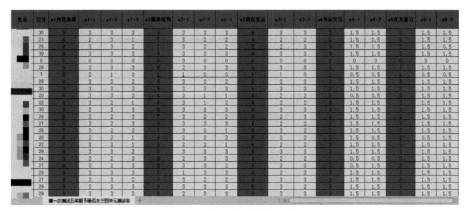

图 13.3　部分得分情况截图

在图 13.4 中找出两位典型学生 A 和学生 B，根据数据分析得到其写作能力一级指标与班级平均得分率雷达对比图，从图中能够清晰地看到，学生 A 的篇章结构和书面文写是其写作中的薄弱项，在内容选择和作文修订两方面都超过了班级平均水平，语言表达方面稍低于平均水平；对学生 B 来说，其明显的短板在于作文修订，优势在书面文写，篇章结构与平均得分率持平，内容选择和语言表达略低于平均水平。就班级整体情况而言，篇章结构得分略低于其他维度，教师就可以在班级授课中集中讲解。

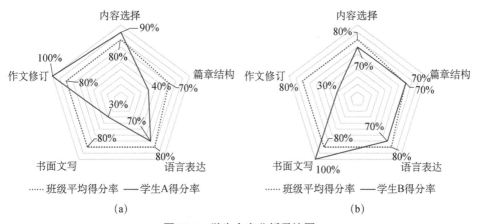

图 13.4　学生个案分析雷达图

教师针对报告指出的这些问题进行重点讲解和解释，再对部分学生报告存疑部分进行个别讲解。在该环节，学生根据自己的作文评阅报告，结合教师的讲解，对不懂的部分提出疑问，全面地了解自己作文中的优势和短板。

3）智能推荐与差异化教学

针对学生，分析学生个人薄弱点，即时实施个性化补救策略。学生根据教师讲解与范文分析，对作文进行修订，重点反思报告中指出的问题，明晰后续学习的重点，完成老师布置的变式练习。针对教师，通过大数据分析，教师根据报告呈现的学生个人及班级群体的写作能力情况，发现其长短板、优劣势，从而制定科学的教学决策，进行差异化教学和精准教学，促进学生写作能力的提升。

13.1.4 人机协同支持的小学语文作文教学实证结果

1. 结果分析

将计算机辅助与小学语文作文教学相结合，为了探究其对学生写作能力是否起到提升的作用，使用平台对三次作文测评进行了数据采集与分析。

1）实验班时间特征对比分析

选取实验班第一次和最后一次测试中的成绩数据进行对比，作文满分均为30分，根据平台的数据分析报告得到在第一次测试中，班级作文平均分为23.4分，得分率为80%，其中，一级指标平均得分率如下：a_1内容选择80%、a_2篇章结构70%、a_3语言表达80%、a_4书面文写80%和a_5作文修订80%。在最后一次测试中，班级作文平均分26.4，得分率为90%，其中，a_1内容选择90%、a_2篇章结构90%、a_3语言表达80%、a_4书面文写90%和a_5作文修订90%，分析两次测试各写作指标得分率对比情况，如图13.5所示，可以看到在这两次测试中，各项写作能力指标得分率均得到了提升，尤其是在第一次测试中偏弱势的篇章结构通过短期集训，得分涨幅最大，由70%上升到90%。语言表达需要长期积累才能有提高，前后测试得分率持平。除此之外，剩下几项指标均由80%上升到90%。

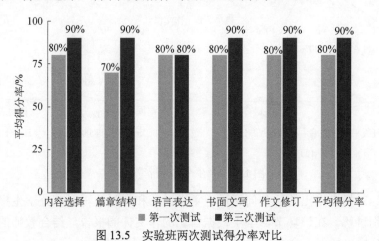

图 13.5　实验班两次测试得分率对比

2）班级群体间对比分析

将实验班级与两个对照班级三次测试平均分进行比较分析，具体情况如图 13.6所示，可以看到实验班级的平均分在这三次考试中呈平缓上升的趋势，根据第一次测试结果和第二次测试结果可知，实验班得分增长率为 12.80%，对照 A 班得分增长率为 6.00%，对照 B 班得分增长率为 5.00%。再根据第二次测试结果和第三次测试结果可知，实验班两次测试基本持平，对照 A 班得分增长率下降 8.70%，对照 B 班得分增长率下降 9.5%，两个对照班均呈负增长。

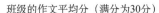

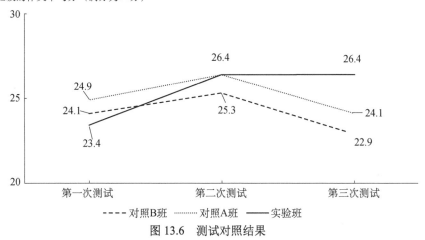

图 13.6　测试对照结果

2. 讨论

通过以上实验数据分析显示，基于人机协同的语文写作教学模型能够帮助教师发现学生作文中存在的问题和薄弱点，从而能够进行科学的教学决策。模型的有效性主要表现在如下三个方面：① 在个案分析中，老师及学生自己都能够发现作文的优劣势，明白在后续的教学和学习中应该多注意哪些方面，从而能够让教师进行个性化教学、学生进行针对性学习，减少教师教学和学生学习的盲目性。② 在班级分析中，老师同样能够轻松地发现班级整体的薄弱点所在，从而能够有目的、有选择地去进行改进和个性化补强，因此在第一次测试中稍弱的篇章结构，在得到教师和学生的重视后，通过短时间的训练，在最后一次测试中得到了明显提高；内容选择和作文文书在经过训练后，学生掌握内容选择的技巧，并熟记书面书写的格式与规范，很容易提高分值。③ 在对照分析中能够明显地看到实验班级在两组对照班级得分下降的情况下还能够保持平稳不变，在三次测试中的平均得分涨幅也均大于两个对照班级，所以基于人机协同的新型小学语文写作教学模型有助于改进作文教学质量，促进学生写作能力的提高。

13.2　诊断在数学运算能力中的应用

随着教育大数据技术的发展，传统教育中的静态数据被激活，隐性数据逐渐显性化，凭借在线教育产生海量学习数据，教育领域已步入大数据时代。《中国教育现代化 2035》强调加快信息化时代的教育变革，促进教育现代化，为数据驱动的教学评价提供政策支撑，利用教育大数据与人工智能等技术智能挖掘学生的学习模式并评估学业表现，引导学习评价由经验主义走向数据科学，由单一评价向多元综合评价发展[278]，深入优化教师教学策略并提高其教学效率，改善学生综合素养。疫情期间，空中课程等在线直播技术手段解决了停课不停学的问题，然而，在解决数据驱动的准确评估问题以便展开个性化教学方面，仍然存在一些挑战[279]。运算素养是 21 世纪 3R（reading，writing，arithmetic）核心素养中与读写并列的三大基础素养之一[280]，而小学阶段作为培养学生运算素养的重要时期，其运算素养水平将直接影响理工科后续的学习。然而，通过对小学学生的运算能力的调查发现，运算错误是造成学业成绩差异的主要原因，然而，我们无法确定是学生算理没理解还是算法掌握不牢固等原因，其错误的深层原因还需要深入挖掘。认知诊断理论作为新一代的教育测量理论，通过对学习者内在的认知加工过程进行建模，评估学习者的认知结构[281]。因此基于认知诊断理论对小学数学运算素养的诊断评价成为亟须研究的课题，本节通过构建小学数学运算素养领域图谱，借助认知诊断技术对学习者进行诊断分析，挖掘隐藏在分数背后的运算素养缺陷，帮助教师精准教学和学习者的个性化学习，实现个性化教与学。

13.2.1　数学运算素养测评相关研究

1. 数学素养测评日益重视

针对数学素养的测评，其评价维度是非常重要的一个环节。国内外展开了广泛的研究，如表 13.2 所示，国际测评根据不同的目标划分核心素养的维度，当前国际知名有影响力的教育质量评价项目包括国际学生评估项目（PISA）、国际数学与科学趋势研究（TIMSS）项目、美国国家教育进展评估（National Assessment of Educational Progress，NAEP）和澳大利亚全国读写与运算评估计划（National Assessment Program Literacy and Numeracy，NAPLAN）等。PISA[282]数学测评旨在以学科知识为基础，其测评题目突出素养导向。TIMSS[283]数学测评的评估理念在于考查学生的基础知识、概念及与学校课程紧密相连的数学思维素养。NAEP[284]数学测评重点强调运用知识解决问题的素养。NAPLAN 强调在数学计算方面的素养评估。在国内，此研究相对较少，总的来说，针对运算素养的研究国内学者主要围绕《义务教育数学课程标准（2011 年版）》（简称《课标》）[285]展开，如张莹莹[286]、路红和綦春霞[287]、綦春霞和何声清[288]、董文彬[289]等的研究。然而，随着教育教学模式的改革，数学课程目标从传统知识技能的培养转向学科的核心素养和关键素养的培养，运算素养也应该成为小学数学知识图谱中的重要元素。然而，目前的研究仅仅集中在大的方面，缺乏对于学生的精细测评，因此构建细粒度的小学运算能力领域图谱[290]是极为重要的一个工作。

表 13.2　数学运算领域知识图谱维度调研

范围	年份	来源	数学素养维度
国际	2019	PISA	包括内容、过程和情境三部分，PISA2021 中将"计算思维"引入数学素养测评框架中
	2019	TIMSS	包括数、几何形状和测量、数据的表达，认知维度包含知道、应用与推理三个部分。其中，数的运算是测试数的重要方面
	2013	NAEP	将数学素养分为内容领域和数学精熟度，数学运算是内容领域的重要组成部分
国内	2011	《课标》	运算能力是十个核心词之一
	2018	《小学第二学段学生数学运算能力的现状调查》	修订《中国小学生数学基本素养测试量表》，其中，数学运算领域，包括抄写数字、加法、减法、乘法、除法和比较大小等，评定学生的数学概念、运算速度及计算的准确性
	2019	《基于"智慧学伴"的数学学科能力诊断及提升研究》	强调以数学素养为"纲"，以数学学科素养为"本"，其中，运算素养指根据规则进行运算的意识、品质与素养的培养。包括：明确运算的对象、掌握运算的法则、合理选择运算的方法等

2. 认知诊断测评辅助教学

学科认知诊断测评通过对学习者的认知加工过程进行建模，挖掘学习者的认知状态与能力水平，并通过即时反馈，助力教师与学生进行精准干预。因此，基于认知诊断技术的智能导学系统（ITS）的构建也逐渐成为主流趋势。根据存储在 ITS 中的学生交互数据[291]，即学生在个性化学习过程中的学习数据，如作答反应、时间等反应数据，采用认知诊断技术获得学生当前的认知状态（即知识状态与素养水平），不仅能得到学生个人的学习者画像[292]，而且能从宏观角度得到不同群体画像，给予即时反馈并提供有针对性的指导，便于教育决策[293]。

因此，越来越多的研究者致力于数学素养测评系统的开发，其目标是检测学生的学习困难程度和学习失败的原因，并为个别学生提出补救学习的途径。例如，佘岩和徐玲玲[294]将认知诊断应用于整式运算中，反映学生的知识状态。王娅婷和毛秀珍[295]总结了数学素养的测评工具，认为将认知诊断应用在数学教学过程中是未来的发展方向。魏雪峰和崔光佐[296]借助已有智能教学系统，针对小学数学设计一对一认知诊断与干预方法，并开展实证研究，证明了通过认知诊断技术可以帮助教师发现学习困难的学生，并采取一对一的干预，提高学生学习质量。Chu 等[297]提出了一个个性化的诊断和补救学习系统，以提高入门 Java 编程语言的学习效率，结果也证明了使用该系统学习的学生比使用传统方法学习的学生学习表现更好。此外，Liaw 和 Huang[298]的研究说明，学生对互动认知诊断系统学习环境的感知让他们积极使用该系统进行学习。

综上所述，国内外研究非常重视数学素养的综合测评，并采用认知诊断系统对数学素养展开测试与实时反馈[299]，然而现有研究要么将运算素养作为一项指标，精细度欠佳。要么直接用知识来表征运算素养，忽视认知目标和素养的表征。因此亟须一套针对小学数学运算素养领域图谱，依托大数据测试平台，深挖学生在运算领域的掌握水平，给运算领域教学提供建议。

13.2.2　小学数学运算领域图谱框架设计

针对学生数学运算素养的诊断关键在于构建反映学生运算素养的领域图谱（简称运算领域图谱）。运算领域图谱能够融合学科专家的领域知识和教学经验，让人工智能等技术为教育赋能，使认知诊断数据驱动智能教学成为可能，因此领域图谱是智能诊断的必要条件。项目组在归纳总结国际大型测评与国内学者对运算素养的测评研究之后，设计了包括领域知识、认知目标和素养三要素的运算素养领域图谱初稿，经过与骨干教师多次在线研讨与面对面访谈交流，不断地优化和完善，最终构建了以知识（学科概念）为载体、以认知目标为层级阶段化目标和以素养为综合表现的小学数学运算素养一体化领域图谱。

1. 小学数学运算素养的领域图谱基本要素表征

1）学科领域知识方面

领域知识是运算领域中表征试题或测评的基本元素。结合《课标》对运算素养的要求和小学数学教材对知识的讲解，整理小学数学运算的知识初稿。经过与学科专家讨论与校正，最终确定数学运算领域图谱中领域知识维度包括整数、小数、分数的加减乘除，整数、小数、分数的四则运算和整数、小数、分数的混合运算等知识点。知识点之间并非孤立单独存在，知识点之间存在父子、兄弟和先备关系，如图 13.7 所示。加减运算是整数加减、小数加减和分数加减运算的父节点；三个知识点之间是兄弟关系；而加减运算是乘除运算的先备知识点。

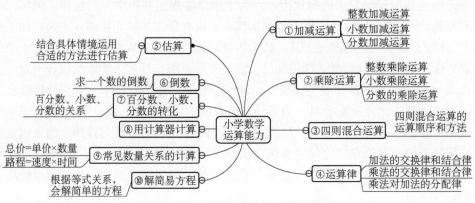

图 13.7　小学数学运算领域知识关联图

2）认知目标方面

认知目标是知识的认知层级目标，布鲁姆将人类认知目标过程分为知道、理解、应用、分析、综合、评价六大类。《课标》明确表示：对学生学习基础知识和基本技能进行评价时，应该准确地把握了解、理解、掌握、应用不同层次的要求。而且在张春莉的相关研究中，尝试将《课标》中的认知水平与布鲁姆教育目标分类学中的认知水平相对应，使得教师在教学设计时目标非常明确。综合以上，根据小学生的认知发展规律，采用专家咨询法，将小学数学运算素养认知目标刻画为理解、掌握、运用和综合四个层级，代表学生对知识技能的掌握层级。

3）学科素养方面

领域知识和认知目标为运算素养的诊断提供了基本载体，然而仍缺少对学生在一段时间内数学运算学习过程的动态刻画。因此，引入素养维度，包括理解算理、掌握算法、运用算律及解决问题四个方面。理解算理表示理解各种运算的基本原理，如加减法的含义，也就是对加减法的算理有了清晰的认识，产生了进行加和减的思维过程；掌握算法表示掌握相应的计算方法，100 以内加减法口算需要达到掌握层次，就是在理解的基础上，能够区分问题的类型；运用算律是指学生可以灵活地运用算律进行计算，如对于整数的乘法运算，能够运用运算律进行简单的计算；解决问题是指结合实际情境利用数学方法解决生活中的实际问题。

2. 领域图谱的三维一体化框架

综合领域知识、认知目标和素养三种基本要素，构建小学数学运算领域的三维一体化框架，其中，领域知识是学生学习数学运算需要掌握的基础内容，认知目标是学生学习知识所需要达到的最高层级目标，素养是学生学习所要达到的最终目标，三者相辅相成、相互促进，综合表征数学运算素养。本节以小数运算为例，领域图谱三维一体化框架如图 13.8 所示。

3. 三维一体化框架的细粒度指标表征

基于小学数学运算素养的三维一体化框架，结合《课标》中对小学运算素养学习目标的阐述，针对某一具体知识技能的发展层次添加更加精细化的参考标准，通过对知识图谱中的每个知识点学生要达到的目标进行梳理，最终形成细粒度的知识及其认知目标的综合表征，作为运算素养诊断测评工具编制及诊断分析的依据，本节以小数乘法为例，如表 13.3 所示。

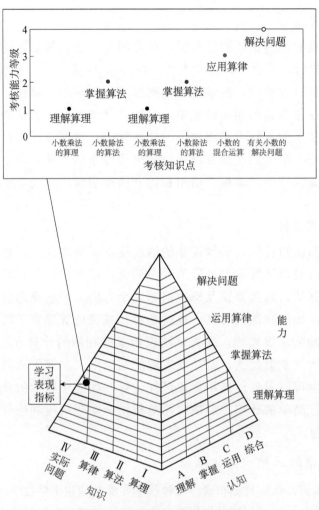

图 13.8 领域图谱三维一体化框架

表 13.3 核心概念表现示例表

核心概念	内容	认知目标	素养目标	表现指标
小数乘法	算理	理解	理解算理	理解小数乘法运算的意义及算理
	算法	理解	理解算法	理解小数乘法的计算过程
		掌握	掌握算法	能够对小数乘法进行准确的运算
	算律	理解	理解算律	准确理解运算律的公式
		掌握	掌握算律	能够准确地将整数的运算律扩展到小数的运算
		运用	运用算律	能够运用小数乘法的交换律、结合律、分配律进行简便的运算

续表

核心概念	内容	认知目标	素养目标	表现指标
小数乘法	实际问题	理解	理解语义	情境理解，理解情境描述的数量关系
		掌握	掌握算法	从含有众多信息的项目中选择需要的信息进行关系表征
		运用	运用策略	选择合适的运算策略进行准确运算
		综合	解决问题	正确解决实际问题

13.2.3　基于领域图谱的认知诊断测评系统

本节基于小学数学运算素养领域图谱开发认知诊断测评系统，如图 13.9 所示，首先，构建三位一体的运算能力领域图谱；其次，根据领域图谱，确定需要考察的目标属性（即要考察的知识、技能等），从试题库中选取相关试题；再次，组织学习者进行测试，采集测评数据；最后，运用试题与属性的关联及学习者的作答数据，训练认知诊断模型，并进一步生成诊断分析报告。

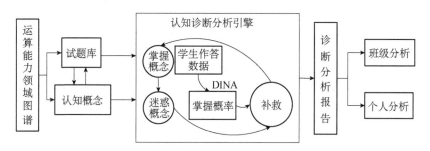

图 13.9　基于领域图谱的认知诊断测评系统

认知诊断分析引擎采用当前最受欢迎的 DINA 模型。第 i 个学习者（对属性的掌握模式为 α_i）答对第 j 个题的概率为

$$P(Y_{ij} = 1 | \alpha_i) = (1 - s_j)^{\eta_{ij}} g_j^{1-\eta_{ij}} \tag{13.2}$$

式中，Y_{ij} 为学习者不 i 回答试题 j 的正误，如果 $Y_{ij} = 1$，那么表示学习者 i 答对试题 j；如果 $Y_{ij} = 0$，那么表示学习者 i 答错试题 j。η_{ij} 为学习者 i 对试题 j 考查属性的掌握情况，如果 $\eta_{ij} = 1$，那么表示学习者 i 已经掌握了试题 j 所考查的所有属性；如果 $\eta_{ij} = 0$，那么表示学习者 i 对于试题 j 所考查的属性中至少有一个是没有掌握的。s_j 为失误参数，表示学习者在掌握了试题所考查的所有属性的情况下而回答错的概率。g_j 为参测参数，表示学习者在没有完全掌握试题所考查的所有属性的情况下而对项目回答正确的概率。

1）面向领域图谱的数学运算素养诊断实施

本节基于以上运算领域图谱的设计开展面向领域图谱的数学运算素养诊断实践，将大数据技术与教育教学深度融合，为教育者献计献策，并与实验学校骨干教师和专家进行深入合作研讨，实验流程图如图 13.10 所示，借助学习大数据平台，实施路径分为五个环节，包括目标设定、工具设计、实验实施、教学干预与诊断分析等。

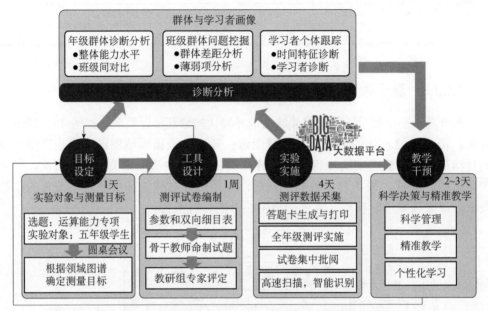

图 13.10　面向领域图谱的数学运算素养诊断实验流程图

根据小学数学教材及《课标》，对五年级学生的运算能力进行考查。在运算素养测评试卷的编制过程中，学科专家有意识地对每个知识点进行多层次的考查，运用多个项目进行细分，构建面向五年级的运算能力领域图谱，测量目标从知识、认知和素养三方面展开。

本节选择武汉某小学 301 名五年级学生为研究对象，开展大规模运算素养专项质量监测，采集全年级关于运算素养专项的学生的前测数据，构建面向运算能力的学习者画像。将五年级 2 班与五年级 4 班分别作为对照班和实验班，其中，五年级 2 班为传统教学，五年级 4 班为实验班，对于诊断的薄弱知识点进行个性化干预，研究基于认知诊断的运算素养模型对于小学生数学能力的影响。

2）运算素养诊断结果分析

面向领域知识图谱的精准诊断通过持续全面的过程性诊断评价来帮助教育相关者挖掘本领域薄弱环节并进行有效干预。实验结果分析从实证研究的角度和学习者画像分析两个方面展开，根据其分析结果总结教学启示。

13.2.4　实证研究

为了验证该模型对于学生的有用性，选用对照班与实验班进行实证研究，表 13.4 呈现了实验班与对照班学生成绩的独立样本 T 检验分析结果，用以描述两班学生在前测测验中的差异性。两班级学生数学成绩显著性 Sig 是 0.209（$P>0.05$）。可见，实验开始前，实验班和对照班学生在成绩上不存在显著性差异。

表 13.4　实验班与对照班学生成绩的独立样本 T 检验分析结果

班级	平均值	标准差	T	显著性 Sig
对照班	80.2	8.48	1.268	0.209
实验班	81.5	8.22		

由表 13.5 可知，在后测测验中，两班级学生的数学成绩的显著性 Sig 是 0.04（$P<0.05$），即实验班和对照班的数学成绩存在显著性差异，说明该诊断模型对于学生的运算能力有所提升。

表 13.5　后测数据的独立样本 T 检验结果

班级	平均值	标准差	T	显著性 Sig
对照班	84.2	10.24	2.015	0.04
实验班	85.3	4.44		

1. 学习者画像

按照先宏观后微观的思路，从年级—班级—学生三层级进行分析。

1）五年级学生群体画像剖析

通过对五年级学生群体在运算领域认知诊断的分析，发现年级运算素养平均水平达到 82.77%（大于 80%），如图 13.11（a）中虚线所示，说明按照布鲁姆的掌握学习理论，五年级整体学业水平达到掌握学习的目标。然而，以班级为单位进行横向对比来分析，五年级 3 班综合运算素养水平略低于 80%，说明此班日常的学习还未达到掌握水平，教学目标任务尚未完成。从学生对知识概念的掌握情况来看，年级群体在小数乘法和小数除法方面掌握普遍较好，但在小数的混合运算和有关小数运算的问题解决方面略显薄弱，可能是因为老师课堂重视单独知识点的讲授。

在认知目标与素养方面，如图 13.11（b）所示，随着认知目标的升高，理解—掌握—应用—综合四个等级均呈现依次阶梯下降的趋势。虽然五年级 2 班在掌握算法素养上略高于理解算理，解决实际问题的素养略高于应用算律，可以归于个别误差，整体趋势仍然是下降的。说明素养等级越高，学生要达到此水平的难度越大。教师在讲解时更需要灵活地运用教学技巧，将理论与实践相结合。

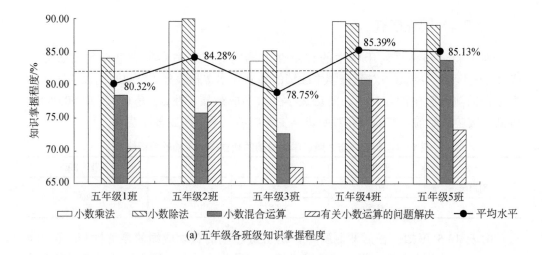

(a) 五年级各班级知识掌握程度

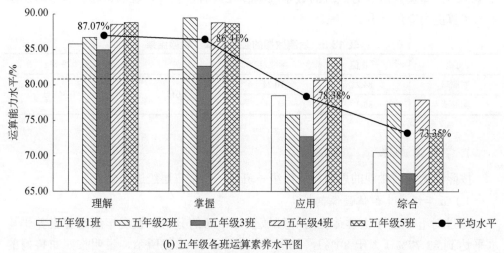

(b) 五年级各班运算素养水平图

图 13.11　五年级各班的运算领域认知诊断分析

2）群体诊断画像对比剖析

整体学业水平相似的两个班级，其运算素养的优劣势可能不同。五年级 4 班和五年级 5 班由同一位教师任教，而且两班级平均分相差最少（两班相差 1.3%，可以忽略），适合教师深入分析并针对不同班级的情况开展差异化教学。五年级 4 班在各素养维度上表现较稳定，均在平均水平之上，可以考虑在巩固现有知识的基础上，尝试稍微困难的试题以用于班级的稳步提升。五年级 5 班在运用算律方面表现非常好，在解决问题方面表现甚至略逊于年级平均水平，可能是日常忽视了解决问题素养的培养，可以考虑结合实际情况，订正测评试卷中的相关错误率较高的试题，并针对专题进行相关试题训练，充分地挖掘班级的潜力。

3）学生个体诊断画像动态跟踪

学生学业水平跟踪会在学生学习处于下降或者不正常波动时，给予预警信息，提醒教师和家长关注学生并找到下降的原因。根据任课老师的经验，选取学业水平中等的 A 学生进行深入研究，借助学习大数据平台，持续跟踪 A 学生的学业波动趋势，如图 13.12 所示。观察发现：A 学生的学业表现与班级平均水平相当；但从截取的年度学业水平动态波动过程来看，该学生并非始终处于平均水平，A 学生最初学业水平略低于平均水平，而从 5 月 22 日至次年 12 月 10 日，学生在半年内处于稳定提升的状态，但接着又进入一个低谷追赶阶段。在此次五年级运算素养专项监测中，学生学业水平再次低于班级平均水平，系统综合分析学生存在的问题并给予预警，提醒学生加强个人学习。

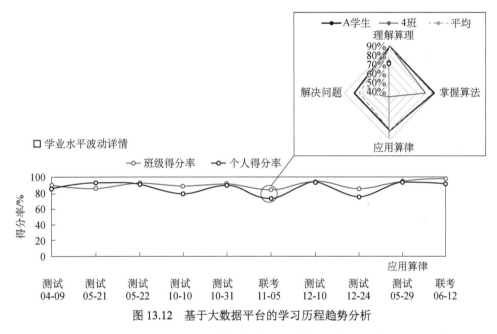

图 13.12　基于大数据平台的学习历程趋势分析

观察 A 学生在此次年级大规模运算素养监测中的表现，其薄弱项与班级、年级均存在差异：班级和年级平均水平均在解决问题方面表现不佳，在应用算律方面表现次之。然而，细观 A 学生的素养雷达图可知，此同学在应用算律方面表现尤其不理想，其次，才是解决问题。查看 A 学生和另一位学生的答卷，如图 13.12 所示，这两个学生均在应用算律素养方面有所欠缺。如果仅凭教师的经验判断，那么教师可能在课堂上针对共性问题——解决问题进行重点讲解和训练；但是对于 A 学生的个性化问题，借助诊断分析平台，可以跟踪到学生在运算领域方面个性化的问题，并结合系统推荐的巩固资源进行及时的补救。

2. 教学启示

教育部在《教育信息化 2.0 行动计划》中强调，在信息化条件下需要探索实现精细化管理、差异化教学和个性化学习的典型途径，为教学与管理提供智能化服务，帮助教学相关者及时地发现规律和问题。

1）基于数据的精细化科学管理

通过基于人工智能的认知诊断技术，教育管理者能够从中获取当前教学质量数据，根据教学质量数据进行科学决策，从经验主义转型到数据驱动，提高教育管理的科学性。对于教育管理者来说，根据认知诊断分析结果，可以揭示数学教育的发展规律，并帮助学校教育管理者更加合理地优化教育资源配置，以获得全校高效均衡的管理。针对运算素养测评诊断结果发现，五年级各班级群体运算水平已有非常大的差距，针对发展相对滞后的班级，学校需要进一步分析其滞后的师资原因，并将优秀师资和教育资源向滞后班级倾斜以带动滞后群体的快速发展，同时鼓励优秀班级进一步提升教学质量，保障各群体学生均受到平等的教育权利的同时继续创建优秀标杆群体。

2）基于认知诊断的精准教学

疫情严重地影响了人们的生活，我国教育部门为阻断疫情向校园蔓延，推动了线上与线下教学的转变，从技术辅助教学到技术整合再到深度融合，线上线下教学的互补与融合将成为未来教学的主流范式，这无疑为教师的精准教学提供了契机。基于数据驱动的群体画像，为不同群体学生提供精准教学服务。依托班级群体错题本工具自动采集班级常错易错题，辅助教师针对错题反复练习或者推荐类似题再次巩固，达到错题精准化巩固教学的目标。通过诊断分析中群体在领域图谱上的表现，助力教师精准发现班级薄弱环节，针对知识、认知目标和素养等维度进行单独分析，调整教学重点与教学计划，实现领域精准教学。

3）数据驱动的个性化学习干预

根据系统中学生画像，了解学生当前知识状态、认知目标和素养水平等信息，挖掘学生在领域图谱中的知识结构中存在的问题，定位其薄弱环节。根据领域图谱自动规划其补救路线，推荐适合学生的学习资源，自适应规划学习路径，通过借助系统的反馈，可以加强学生在面对新问题时依靠技术手段自行做出决策的能力，形成个性化的学习有效策略，进行有针对性的补救和学习，最终实现针对每个学生运算素养掌握程度的个性化学习目标。

13.2.5 结语

针对当前小学数学运算素养领域存在的共性问题展开研究，本节构建一套以知识为载体，认知水平为目标的小学数学运算领域图谱，为小学生数学运算素养的测评与诊断提供了客观的数据支持和智能服务。认知诊断系统不仅能在某一时刻实现对全校展开小学数学运算素养大规模、全面的静态结果性诊断，帮助发现学校学习的规律和存在的问题，以学生的需求和问题为中心，促进教育管理精细化、教学精准化，而且还实现了对学生素养发展全过程的追踪，结合学生的真实认知结构采取个性化干预措施，实现数学运算素养的持续提升。

13.3　诊断在英语写作能力中的应用

人类从信息时代步入数据时代，人工智能、大数据等技术支撑并加速了技术与教育的深度融合，技术融入课堂成为未来课堂的发展趋势。人工智能作为未来课堂的重要组成部分，将助力教师高效开展教学，充分地发挥教师和人工智能的优势，实现学习者的个性化及全面发展[300, 301]。无独有偶，汪时冲等[302]在新型双师课堂中，提出基于人工智能的教育机器人将承担部分教师的职能，这意味着在人工智能时代的学习空间中会出现新型的人机协同工作模式。目前，人机协同的教学模式仍处于起步阶段，探索人工智能与教师协同工作的模式成为当前亟待解决的问题。在英语学习中，听、说、读、写是英语学习的四项基础能力[303]。其中，写作作为书面表达的一种形式，能够有效地反映出学习者的英语综合水平。同时，英语写作也是英语教学中的重难点，其在试卷中所占的比例也逐年上升。遗憾的是，英语写作教学情况不容乐观。

本节通过文献梳理，结合项目组采集到的 2000 份英语作文样例，分析发现在小学英语写作教学中仍面临的一些问题：①作文批改主体各执己见，评分标准具有主观性；②缺乏数据支持，无法准确地掌握学情并定位学习者的薄弱点；③强化采用题海战术，缺乏有针对性的知识补救策略。为应对上述英语写作教学中的困难，本节将人工智能技术引入小学英语写作教学中，提出人机协同支持下的小学英语写作教学模型，充分地发挥人工智能技术与教师双方的优势，实现人机协同化教学过程，提高作文批改的科学性、准确性、客观性、全面性和持续性，将批改结果及时地反馈给教师和学习者，实现教师的精准教学和学习者的个性化学习。

13.3.1　人机协同支持下的小学英语写作教学的理论支撑

1）以评促教助力英语写作精准教学

形成性评价发生在学习者对知识的形成和构建过程中，强调对学习的反馈和矫正，是一个不断改进、螺旋式上升的过程[304]。美国肯塔基州立大学教育学院教育心理学教授 Guskey[305]曾对比了干预反馈（response to intervention，RTI）模型与设计理解（understanding by design）模型，认为它们都强调形成性评价的反馈—矫正机制在教学中的重要性。而作文写作是一个循环的过程，学习者的写作能力是在评价—反馈—矫正的过程中逐渐提升的。其中，评价在学习过程中起着不可忽视的重要作用，有效、科学的诊断评价结果可以帮助教师定位写作中存在的共性问题，实现精准化教学；同时，帮助学习者发现自己在写作英语作文方面的优势和短板，明确自主学习的起点和方向，提高学习成绩。

2）人机协同促进英语写作教学效率提升

人机协同是指人的智慧与机器智能之间的相互协同。其中，机器通过计算、分析学习者多种评价数据，挖掘学习者的写作规律；而人类基于数据反馈的信息，通过个人智慧进行科学决策，以实现人机协同化。早在 20 世纪 60 年代，人机协同理念就已经得到了国外专家学者的重视，并开展了一系列理论研究和实践探索。如 Huang 和 Rust[306]对人机协同展开了实践探究，认为人工智能技术可以从较低级的智能工作开始取代部分人类工作，帮助教师分担机械和重复性的工作。Fu[307]的研究表明，将人工智能应用于在线测试系统设计，能有效地解决来自教师单一教学模式的挑战和当前英语教学中存在的其他问题，并智能诊断出学习者的薄弱项。而朱永海等[308]认为，人机协同教育可以产生 1+1>2 的效果，人类智力和机器智能相结合，可以真正实现人机结合和左右脑的多元智能结合，实现学习者的差异化培养。人机协同即借助技术辅助教师的教学和学习者的学习，达到提高教学效率与质量的目的。目前，国外已开发出多个英文作文评阅算法和系统，如 PEG、IEA、E-rater、Jess 等[309]。作为教学辅助工具，这些作文评阅系统能够帮助教师提高作文教学的效率，使教学更有针对性。唐锦兰[310]将自动评价系统应用于英语教学中，发现基于自动评价系统的教学应用促进了学习者写作能力的提升，对教学过程也产生了积极的影响。综上所述，人机协同能够有效地促进英语写作教学效率的提升。

13.3.2　基于人机协同的小学英语写作教学模型的构建

英语写作是一种书面表达和传递信息的交际能力，是学生综合语言运用能力的重要组成部分，小学时代便开始培养学生的英语写作能力显得尤为重要。本节以小学英语写作课程标准为学科依据，以形成性评价为理论支撑，以人机协同理念为指导，借助人工智能技术，从教学的顶层设计和小学英语写作评价标准两个维度来构建人机协同支持下的小学英语写作教学模型，旨在探索一种新型的教学模型来促进学生写作能力的提升。

1）基于人机协同的小学英语写作教学模型的顶层设计

在借鉴彭红超和祝智庭[311]提出的人机协同的数据智慧机制基础上，本节提出基于人机协同的小学英语写作教学模型（以下简称人机协同写作教学模型）的顶层设计，旨在引导教学实践活动从起点走向教学目标的终点，具体如图 13.13 所示。在人工智能技术注入课堂教学的环境下，课堂教学活动中各要素之间的协作更加错综复杂。在基于人机协同的小学英语写作教学模型中，人是指学生、教师等教育相关者，机指的是教学中使用到的技术和软硬件等设备。其中，机器主要负责重复性或单调性的工作，教师则主要负责创造性及情感方面的工作，两者合理分工，共同促进英语写作课堂中知识的高效传授。机器在教学活动中扮演教师助手的角色，它发挥智能计算的优势，帮助教师处理机械重复的事务，大幅度地提高了工作效率[312]。但机器无法考虑学生的主观感受和情感经历，无法结合学生的情感经历和生活体验分析问题，因此机器难以对学生评价报告中的隐含信息做出精准、全面的解读，难以提供适应性的解决方案。而教师丰富的教学经验和智慧能够弥补机器的不足，并利用智慧对教育数据进行结果归因分析和教学干预，从而做出科学的教学决策。

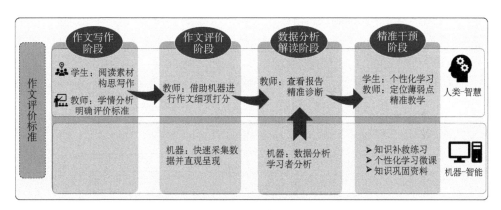

图 13.13　人机协同写作教学模型的顶层设计

2）作文评价指标体系是人与机结合的桥梁

在人机协同写作教学模型中，作文评价指标体系是学生学习写作、教师评价学生写作能力和机器智能数据分析的标准，指标体系将贯穿于整个写作教学的过程中，是实现人机合作、交流沟通的桥梁。机器以写作评价标准为知识图谱，依托智能分析技术智能点评范文并反馈共性与个性化问题；教师以评价标准为教学大纲，实施写作教学；学生在教师和机器的引导下完成作文，并根据评价标准来修改自己的写作内容。与传统写作教学过程相比，人机协同支持下的写作教学运用评价标准来指导写作的过程，目标更清晰，写作教学更有针对性。

美国 McGraw-Hill 公司设计的 WRM（writing roadmap）2.0 自动评分系统，是国外比较成熟的自动评分系统之一[313]。该系统的作文分项评分标准从篇章结构、内容、句子结构、词汇、语法、写作规范等 6 个维度展开。本节借鉴 WRM 的评价标准，结合义务教育小学阶段的英语课程要求，构建了小学英语作文评分指标体系，如图 13.14 所示。小学英语作文评价指标体系包含 6 个维度，分别用于评价学生不同级别的认知水平，从前向后采用 $a_1 \sim a_6$ 进行编码。其中，a_1 词汇、a_2 句子、a_6 语法考查学生的基本写作技能，属于低阶认知；a_4 内容相关以考查学生对题目的理解力，a_3 篇章结构考查学生的逻辑思维能力，属于高阶认知；a_5 写作规范考查学生的写作习惯。结合与有经验的一线小学英语教师进行深度访谈的结果，本节对小学英语作文评价指标体系各项指标所占的权重进行了计算，得到小学英语作文评价指标体系的指标权重比例为 $a_1:a_2:a_3:a_4:a_5:a_6=1:1:4:4:1:1$，可以看出 a_3 篇章结构与 a_4 内容相关的重要程度很高。

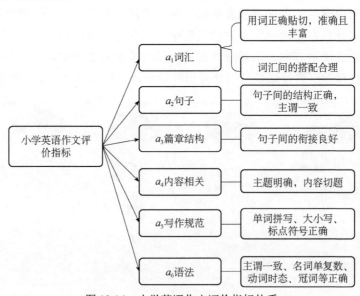

图 13.14　小学英语作文评价指标体系

13.3.3　人机协同支持下的小学英语写作教学实施

在基于人机协同的小学英语写作教学模型的指导下，本节依托项目组研发的学习大数据平台（下文简称平台），选取苏州市姑苏区某小学五年级某班的 45 名学生为实验研究对象，开展了小学英语写作教学实践。

1. 人机协同支持下的英语写作教学的实施流程

本节以基于人机协同的小学英语写作教学模型的顶层设计，开展写作教学实践，其教学实施流程如图 13.15 所示。该流程遵循机器的计算智能与教师的教学智慧相结合的原则，机器承担教育数据采集、教育数据分析和计算任务，辅助教师自动采集写作学习数据，实时提供数据分析报告；在机器的帮助下，教师全面地了解班级学生的写作学情，发现学生的写作薄弱环节，为学生提供差异化的教学内容与精准化的教学服务。在人机协同的支持下，小学英语写作教学过程由写作—评价—分析—干预 4 个阶段组成。

2. 写作与评价阶段：智能化数据采集

在写作与评价阶段，了解学生学情有助于教师开展精准化教学，并基于学情开展课程的教学设计：首先，借助平台跟踪学生的历史学习数据、学习轨迹及波动情况，教师掌握学生当前学情，有针对性地修订每节课程的教学目标；其次，结合课程标准和学生历史数据剖析学生在先前学习中的优势与短板，教师设计教学活动重点向学习短板倾斜；最后，以作文评价标准为纲，以学生学情为本，教师发布写作任务。

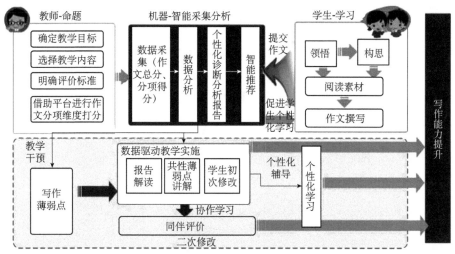

图 13.15　人机协同写作教学模型的教学实施流程

为了保证学生学习数据的准确性与实验开展的有效性，本节在教学实践中采用纸质作答的方式，以保留学生传统的写作习惯。学生接收到写作任务后，采用头脑风暴方式构思写作主题和内容，撰写作文。学生完成写作并提交，借助高速扫描仪全自动采集学生的作文答卷，教师可以根据作文评价指标体系对学生作文的细项进行批改并评分，图 13.16 为教师批改某学生作文的细项打分结果，可以看出学生在词汇上扣了 0.5 分。

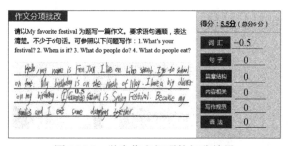

图 13.16　学生作文细项的打分结果

3. 分析阶段：数据驱动写作问题精准诊断

1）班级群体诊断分析

依据学习大数据平台智能分析班级学生作文细项掌握程度的可视化图表，教师可以快捷地定位小学英语作文写作中群体存在的共性问题，如图 13.17 所示。班级群体的写作薄弱点集中在语法，其次是词汇。教师在详细解读数据分析结果之后，掌握班级学生群体的写作知识与技巧水平，在课堂作文讲解的过程中，将语法与词汇设为重难点，合理地安排有针对性的教学内容和教学活动环节，适当地调整教学进度，通过过程性评价与精准化干预，有效地提高教学效率。

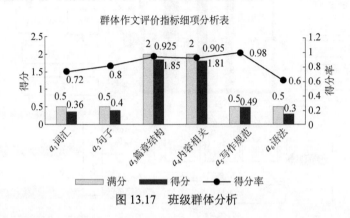

图 13.17　班级群体分析

2）学生个案分析

尽管学生的作文得分相同，但学生对写作技能掌握的优势和短板不尽相同。李同学和周同学作文分项指标得分率与班级平均得分率的雷达对比图如图 13.18 所示，可以看出：在此次作文测试中，两位同学的作文得分都是 5 分，但两位同学写作的薄弱点不同——李同学的作文薄弱点是语法和词汇，而周同学的薄弱点是语法和句子，可见语法是两人的共同薄弱点；两位同学在内容相关和篇章结构方面与班级得分率持平，说明这两位同学对这两个维度的技能掌握较好。通过智能数据分析，教师可以了解学生的学习成效并精准地定位学生的问题点，为后续开展个性化学习与精准辅导提供数据支持。

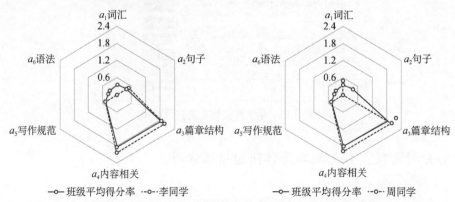

图 13.18　李同学和周同学作文分项指标得分率与班级平均得分率的雷达对比图

4. 干预阶段：精准化干预和个性化学习

在上述作文分析阶段，教师根据平台提供的作文数据分析和诊断报告，掌握群体、个体的共性与个性问题。而在干预阶段，教师将针对学生群体和个人学情来开展精准化教学与强化训练。

1）数据驱动群体精准化教学

在英语作文分析中，教师通过平台提供的班级可视化评估报告，了解班级群体的作文整体达标率及存在问题的作文细项指标，即发现学生在学习过程中存在的共性和个性的问题。例如，教学实施过程中发现部分学生在作文语法方面表现欠佳，以此判定整个班级在语法维度相对薄弱。针对此共性问题，教师在进行教学设计的过程中，应适当地调整教学内容，加强对语法知识的讲解与练习；学生依据教师的讲解建议初次修改作文，并重点关注个人的写作薄弱环节。

因此，通过数据诊断来深度挖掘数据的价值，一方面打破了传统讲评课就题讲题和教学以经验为主的僵局；另一方面，教师根据智能分析结果进行灵活的教学决策，在课堂上集中讲解群体共性问题，并对典型问题进行举一反三的针对性训练，不仅实现了精准化教学，而且大幅度地提升了教学效率。

2）数据驱动学生个性化学习

通过对学生个体作文分析报告的解读，教师及时地实施针对性补差和个性化指导。如以李同学为例，其薄弱点在于词汇和语法。因此，在词汇方面，平台宜推送与该作文主题相关的词汇卡片，丰富词汇知识，帮助李同学总结和记忆；基于平台里的词汇知识图谱，李同学选择词汇知识点，并根据系统自动推送的与知识点相关的题目，按照要求完成强化练习。此外，教师应实时跟踪李同学的针对性补差情况，分析其存在问题的原因，并给予针对性的建议，从而落实知识点的补救情况，助力其个性化学习。而在语法方面，李同学应根据教师的集中讲解，并结合作文细项诊断报告，开展自我反思，确定后续学习的重点。以此为基础，李同学根据平台推荐的相关练习资源自动规划学习路径，开展个性化学习，由此针对性地训练写作专项能力。

13.3.4　结语

大数据时代的教育，呼唤教师采用人机结合的形式来实现教育的智能化。在英语写作教学领域，借助大数据技术辅助写作教学的方式越来越多。人工智能可以帮助教师高效采集和分析作文数据，挖掘教学中的重难点，并让教师有更多的时间和精力关注育人的工作，注重与学生之间的情感交流和对学生综合素养的培养。

在传统的小学英语写作教学中，教师对作文的评价往往依赖主观经验，缺少科学性，教师对于人工智能技术和大数据的应用尚没有形成系统的认识。因此，本节探索了一种基于人机协同的小学英语写作教学模型，弱化了传统教学中教师凭主观经验调整教学的方式，强调以学生学情为中心的差异化教学，使得教学设计更加科学合理。在该模型中，人与机器分工合作并无缝协同，借助平台的大数据分析来挖掘英语教学中的重难点，实现对英语写作技能的精准教学和个性化学习，以此提高写作教学质量，促进学生英语写作能力的提升。在此基础上，后续研究将进一步优化基于人机协同的小学英语写作教学模型，尝试将作文的自动批阅与差异化教学相结合，实现由学情数据驱动的精准化教学。

13.4　本章小结

本章以学习认知计算在教育中的应用为中心，首先基于时空认知诊断模型和方法构建了学习认知计算系统，并通过可视化仪表盘形式将诊断结果呈现给教师和学习者。以认知诊断为计算引擎的学习认知计算系统，已在教育中取得了广泛的应用。本章选取语文、数学和英语三个 K12 教育中核心学科中能力诊断为研究对象，基于人机协同理论，通过智能诊断系统获取学科关键能力中存在的薄弱环节，并与传统教学方式相结合，以此来开展基于诊断结果的精准化教学，提升学习者的学科关键能力。

针对小学语文写作教学中存在的写作障碍问题，通过引入学习认知计算技术与系统来辅助教学，提出人机协同支持的小学语文写作教学模型。基于此，设计人机协同支持的小学语文写作教学流程，构建小学写作能力评价表现指标体系，通过人机合理分工，充分地发挥机器便捷化采集与高性能计算优势，赋能学业数据智能诊断分析与推荐；同时发挥人类（教师和学生）的认知特性，归因问题并指导教师进行科学决策。

针对小学数学教学中学生容易在运算方面犯错的共性问题，首先根据小学数学运算领域的特点，构建以知识为载体、以认知水平为目标和以能力为综合表征的小学数学运算领域图谱，实现运算能力的细粒度表征；然后，以学习认知计算系统为技术支撑，开展过程性诊断评价实践，挖掘小学数学运算领域中的薄弱环节，针对其薄弱点进行针对性补救。

针对传统的小学英语写作教学中，教师对作文的评价往往依赖主观经验，缺少科学性问题，探索了一种基于人机协同的小学英语写作教学模型，开展以学生学情为中心的差异化教学，使得教学设计更加科学合理。在该模型中，人与机器分工合作并无缝协同，借助平台的大数据分析来挖掘英语教学中的重难点，实现对英语写作技能的精准教学和个性化学习，以此提高写作教学质量，促进学生英语写作能力的提升。

综上所述，将学习认知计算系统应用在 K12 教育中的三个学科关键能力测评中，并结合教育学原理开展人机协同的教学模型设计与教学实践应用。其教学模型旨在利用技术挖掘学生的薄弱环节，辅助教师展开差异化教学。通过跟踪其教学实践，从多个维度进行对比，论证了基于学习认知计算系统及其教学模型有助于对学习者关键能力的精准诊断，促进学生的认知能力水平的提升。

参 考 文 献

[1] 新华社. 习近平向国际人工智能与教育大会致贺信[EB/OL]. [2021-10-20]. https://www. xinhuanet.com/politics/leaders/2019-05/16/c_1124502111.htm.

[2] 孟婧. 认知计算热点应用领域研究[J]. 电脑知识与技术, 2021, 17(25): 109-111.

[3] Demirkan H, Earley S, Harmon R R. Cognitive computing[J]. IT Professional, 2017, 19(4):16-20.

[4] 任晓明, 刘川. 认知、信息与计算的哲学省思[J]. 科学经济社会, 2018(4): 1-8.

[5] 王婷, 崔运鹏, 王健, 等. 认知计算及其在农业领域的应用研究[J]. 农业图书情报, 2019(4): 4-18.

[6] 李克东. 可视化学习行动研究[J]. 教育信息技术, 2016(Z2): 9-17.

[7] Mervis J. NSF director unveils big ideas[J]. Science, 2016, 352(6287): 755-756.

[8] Pelletier K, Brown M, Brooks D C, et al. 2021 EDUCAUSE Horizon Report Teaching and Learning Edition[M]. Boulder: Educause, 2021.

[9] 中共中央、国务院印发《中国教育现代化 2035》[EB/OL]. [2019-02-23]. http://www.moe. gov.cn/jyb_xwfb/s6052/moe_838/201902/t20190223_370857.html.

[10] 教育部, 中央网信办, 国家发展改革委, 等. 教育部等六部门关于推进教育新型基础设施建设构建高质量教育支撑体系的指导意见[EB/OL]. [2021-07-08]. http://www.moe.gov.cn/srcsite/A16/ s3342/202107/t20210720_545783.html.

[11] 教育部, 中央组织部, 中央编办, 等. 教育部等六部门关于印发《义务教育质量评价指南》的通知[EB/OL]. [2021-03-04]. http://www.moe.gov.cn/srcsite/A06/s3321/202103/t20210317_520238.html.

[12] 余胜泉. 互联网+教育: 未来学校[M]. 北京: 电子工业出版社, 2019: 280.

[13] Tsai C C, Chou C. Diagnosing students' alternative conceptions in science[J]. Journal of Computer Assisted Learning, 2002, 18(2): 157-165.

[14] Slavin R E. Educational Psychology: Theory and Practice[M]. Boston: Allyn and Bacon, 2012: 608.

[15] Valiant L G. Cognitive computation [C]. Proceedings of the IEEE 54th Annual Symposium on Foundations of Computer Science, Milwaukee, 1995: 2-3.

[16] Szymanski D M, Hise R T. E-satisfaction: An initial examination[J]. Journal of Retailing, 2000, 76(3): 309-322.

[17] Wang Y. Towards the synergy of cognitive informatics, neural informatics, brain informatics, and cognitive computing[J]. International Journal of Cognitive Informatics and Natural Intelligence, 2011, 5(1): 75-93.

[18] Modha D S, Ananthanarayanan R, Esser S K, et al. Cognitive computing[J]. Communications of

the ACM, 2011, 54(8): 62-71.

[19] Nahamoo D. Cognitive computing journey[C]. Proceedings of the 1st Workshop on Parallel Programming for Analytics Applications, Orlando, 2014: 63-64.

[20] Clark D. A new vision for network architecture[EB/OL]. [2020-09-25]. https://www.isi.edu/know-plane/DOCS/DDC_knowledgePlane_3.pdf.

[21] Violino B. 如何理解认知计算[N]. 陈琳华, 译. 计算机世界, 2018-08-06.

[22] Irfan M T, Gudivada V N. Cognitive computing applications in education and learning// Handbook of Statistics[M]. Amsterdam: Elsevier, 2016: 283-300.

[23] Maresca P, Coccoli M, Stanganelli L. Cognitive computing in education[J]. Journal of e-Learning and Knowledge Society, 2016, 2(2016): 55-69.

[24] 单美贤, 张瑞阳, 史喆. "智能+"教育场域中的认知计算与教育应用研究[J]. 远程教育杂志, 2021, 39(2):21-33.

[25] 黄荣怀, 周伟, 杜静, 等. 面向智能教育的三个基本计算问题[J]. 开放教育研究, 2019, 25(5):11-22.

[26] 吴忭, 胡艺龄, 赵玥颖. 如何使用数据: 回归基于理解的深度学习和测评——访国际知名学习科学专家戴维·谢弗[J]. 开放教育研究, 2019, 25(1): 4-12.

[27] Luft C D B, Gomes J S, Priori D, et al. Using online cognitive tasks to predict mathematics low school achievement[J]. Computers and Education, 2013(67): 219-228.

[28] Khenissi M A, Essalmi F. Automatic generation of fuzzy logic components for enhancing the mechanism of learner's modeling while using educational games[C]. Proceedings of the 2015 5th International Conference on Information and Communication Technology and Accessibility, Marrakech, 2015: 1-6.

[29] Pardos Z A, Hu C, Meng P, et al. Classifying learner behavior from high frequency touchscreen data using recurrent neural networks[C]. Adjunct Publication of the 26th Conference on User Modeling, Adaptation and Personalization, Singapore, 2018: 317-322.

[30] Cranford K N, Tiettmeyer J M, Chuprinko B C, et al. Measuring load on working memory: The use of heart rate as a means of measuring chemistry students' cognitive load[J]. Journal of Chemical Education, 2014, 91(5): 641-647.

[31] Garbarino M, Lai M, Bender D, et al. Empatica E3: A wearable wireless multi-sensor device for real-time computerized biofeedback and data acquisition[C]. Proceedings of the 2014 4th International Conference on Wireless Mobile Communication and Healthcare-Transforming Healthcare Through Innovations in Mobile and Wireless Technologies, Athens, 2014: 39-42.

[32] Lin F R, Kuo C M. Mental effort detection using EEG data in e-learning contexts[J]. Computers and Education, 2018, 122: 63-79.

[33] Kruger J L, Steyn F. Subtitles and eye tracking: Reading and performance[J]. Reading Research Quarterly, 2014(1): 105-120.

[34] 严薇薇, 旷小芳, 肖云霞, 等. 基于深度学习技术的注意力转移模式的挖掘——以二语学习者的眼动数据为例[J]. 电化教育研究, 2019, 40(8): 30-36.

[35] Unsworth N, Engle R W. On the division of short-term and working memory: An examination of simple and complex span and their relation to higher order abilities[J]. Psychological Bulletin, 2007,

133(6): 1038-1066.

[36] Snow R E, Lohman D F. Implications of Cognitive Psychology for Educational Measurement[M]. New York: American Council on Education/ Macmillan, 1989: 263-331.

[37] Gan W, Sun Y, Ye S, et al. Field-aware knowledge tracing machine by modelling students' dynamic learning procedure and item difficulty[C]. 2019 International Conference on Data Mining Workshops, Beijing, 2019: 1045-1046.

[38] Piech C, Bassen J, Huang J, et al. Deep knowledge tracing[C]. Advances in Neural Information Processing Systems, Montreal, 2015: 505-513.

[39] Zhang J, Shi X, King I, et al. Dynamic key-value memory networks for knowledge tracing[C]. Proceedings of the 26th International Conference on World Wide Web, Perth, 2017: 765-774.

[40] Yang S, Zhu M, Hou J, et al. Deep knowledge tracing with convolutions[J]. arXiv: 2008.01169, 2020.

[41] Nakagawa H, Iwasawa Y, Matsuo Y. Graph-based knowledge tracing: Modeling student proficiency using graph neural network[C]. IEEE/WIC/ACM International Conference on Web Intelligence, Thessaloniki, 2019: 156-163.

[42] Nagatani K, Zhang Q, Sato M, et al. Augmenting knowledge tracing by considering forgetting behavior[C]. The World Wide Web Conference, San Francisco, 2019: 3101-3107.

[43] Liu Q, Huang Z, Yin Y, et al. EKT: Exercise-aware knowledge tracing for student performance prediction[J]. IEEE Transactions on Knowledge and Data Engineering, 2019, 33(1): 100-115.

[44] Huang T, Yang H, Li Z, et al. A dynamic knowledge diagnosis approach integrating cognitive features[J]. IEEE Access, 2021(9): 116814-116829.

[45] 靳玉乐, 李子建, 石鸥, 等. 高质量基础教育体系建设与发展的核心议题[J]. 中国电化教育, 2022(1): 24-35.

[46] Dickson B. How artificial intelligence is shaping the future of education[EB/OL]. [2021-02-26]. https://www.pcmag.com/news/how-artificial-intelligence-is-shaping-the-future-of-education.

[47] Howard-Jones P, Holmes W, Demetriou S, et al. Neuroeducational research in the design and use of a learning technology[J]. Learning, Media and Technology, 2014, 40(2): 1-20.

[48] Dweck C S. Brainology: Transforming students' motivation to learn[J]. Independent School, 2008, 67(2): 110-119.

[49] Luckin R, Holmes W, Griffiths M, et al. Intelligence Unleashed: An Argument for AI in Education[M]. London: Pearson, 2016.

[50] Siemens G. Learning analytics: Envisioning a research discipline and a domain of practice[C]. Proceedings of the 2nd International Conference on Learning Analytics and Knowledge, Vancouver, 2012: 4-8.

[51] Chatti M A, Muslim A. The PERLA framework: Blending personalization and learning analytics [J]. International Review of Research in Open and Distributed Learning, 2019, 20(1): 243-261.

[52] Gudivada V N. Cognitive analytics driven personalized learning[J]. Educational Technology, 2017, 57(1): 23-31.

[53] MATHia[EB/OL]. [2021-02-26]. https://www.carnegielearning.com.

[54] 李振, 周东岱, 王勇. "人工智能+" 视域下的教育知识图谱: 内涵、技术框架与应用研究[J]. 远程教育杂志, 2019, 37(4): 42-53.

[55] 董玉琦, 林琳, 林卓南, 等. 学习技术（CTCL）范式下技术促进学习研究进展(2): 技术支持的基于认知发展的个性化学习[J]. 中国电化教育, 2021(10): 17-23, 42.

[56] Anderson J R. How Can the Human Mind Occur in the Physical Universe?[M]. New York: Oxford University Press, 2007: 34.

[57] 范涌峰, 宋乃庆. 大数据时代的教育测评模型及其范式构建[J]. 中国社会科学, 2019(12): 139-155.

[58] Newton P E. Clarifying the purposes of educational assessment[J]. Assessment in Education, 2007, 14(2): 149-170.

[59] Sondergeld T A, Stone G E, Kruse L M. Objective standard setting in educational assessment and decision making[J]. Educational Policy, 2020, 34(5): 735-759.

[60] Mislevy R J. Foundations of a new test theory//Test Theory for a New Generation of Tests. Hillsdale: Lawrence Erlbaum Associates, Inc. 1993: 19-39.

[61] Subali B. The comparison of item test characteristics viewed from classic and modern test theory[J]. International Journal of Instruction, 2021, 14(1): 647-660.

[62] 王立君, 唐芳, 詹沛达. 基于认知诊断测评的个性化补救教学效果分析: 以 "一元一次方程" 为例[J]. 心理科学, 2020, 43(6): 1490-1497.

[63] Grossman R, Salas E. The transfer of training: What really matters[J]. International Journal of Training and Development, 2011, 15(2): 103-120.

[64] Mislevy R J. Foundations of a new test theory[J]. ETS Research Report, 1982, 1982(2): i-32.

[65] Rasch G. Studies in Mathematical Psychology: Ⅰ. Probabilistic Models for Some Intelligence and Attainment Tests[M]. Oxford: Nielsen and Lydiche, 1960.

[66] Zhou Y, Liu Q, Wu J, et al. Modeling context-aware features for cognitive diagnosis in student learning[C]. Proceedings of the 27th ACM SIGKDD Conference on Knowledge Discovery and Data Mining, Singapore, 2021: 2420-2428.

[67] Wongwatkit C, Srisawasdi N, Hwang G J, et al. Influence of an integrated learning diagnosis and formative assessment-based personalized web learning approach on students learning performances and perceptions[J]. Interactive Learning Environments, 2017, 25(7): 889-903.

[68] 詹沛达, 潘艳芳, 李菲茗. 面向 "为学习而测评" 的纵向认知诊断模型[J]. 心理科学, 2021, 44(1): 214-222.

[69] Ueno M, Miyazawa Y. IRT-based adaptive hints to scaffold learning in programming[J]. IEEE Transactions on Learning Technologies, 2017, 11(4): 415-428.

[70] Charoenchai C, Phuseeorn S, Phengsawat W. Teachers' development model to authentic assessment by empowerment evaluation approach[J]. Educational Research and Reviews, 2015, 10(17): 2524-2530.

[71] Lin Y C, Lin Y T, Huang Y M. Development of a diagnostic system using a testing-based approach for strengthening student prior knowledge[J]. Computers and Education, 2011, 57(2): 1557-1570.

[72] 骆方, 田雪涛, 屠焯然, 等. 教育评价新趋向: 智能化测评研究综述[J]. 现代远程教育研究,

2021(5): 42-52.

[73] 牟智佳, 俞显. 教育大数据背景下智能测评研究的现实审视与发展趋向[J]. 中国远程教育, 2018(5): 55-62.

[74] 付瑞吉. 智能评阅技术及其应用[C]. 全球人工智能与教育大数据大会, 北京, 2020.

[75] 杨华利, 郭盈, 黄涛, 等. 人机协同支持下的小学英语写作教学研究[J]. 现代教育技术, 2020, 30(4): 74-80.

[76] 余嘉元. 项目反应理论及其应用[M]. 南京: 江苏教育出版社, 1992.

[77] Rasch G. On general laws and the meaning of measurement in psychology[C]. Proceedings of the 4th Berkeley Symposium on Mathematical Statistics and Probability, Berkeley, 1961.

[78] Birnbaum A. Some Latent Trait Models and Their Use in Inferring an Examinee's Ability[M]. Boston: Addison-Wesley,1968.

[79] Fischer G H. Logistic latent trait models with linear constraints[J]. Psychometrika, 1983, 48(1): 3-26.

[80] Embretson S E. Multicomponent Response Models[M]. New York: Springer, 1997: 305-321.

[81] Reckase M D, McKinley R L. The discriminating power of items that measure more than one dimension[J]. Applied Psychological Measurement, 1991, 15(4): 361-373.

[82] Whitely S E. Multicomponent latent trait models for ability tests[J]. Psychometrika, 1980, 45: 479-494.

[83] Cheng S, Liu Q, Chen E, et al. DIRT: Deep learning enhanced item response theory for cognitive diagnosis[C]. Proceedings of the 28th ACM International Conference on Information and Knowledge Management, New York, 2019: 2397-2400.

[84] Embretson S E, Reise S P. Item Response Theory[M]. New York: Psychology Press, 2013.

[85] Pliakos K, Joo S H, Park J Y, et al. Integrating machine learning into item response theory for addressing the cold start problem in adaptive learning systems[J]. Computers and Education, 2019, 137: 91-103.

[86] McDonald R P. Normal-give Multidimensional Model[M]. New York: Springer, 1997: 257-269.

[87] Reckase M D. Multidimensional Item Response Theory Models[M]. New York: Springer, 2009: 79-112.

[88] Maris E. Psychometric latent response models[J]. Psychometrika, 1995, 60(4): 523-547.

[89] Leighton J, Gierl M. Cognitive Diagnostic Assessment for Education[M]. Cambridge: Cambridge University Press, 2007.

[90] No Child Left Behind Act of 2001 (Public Law 107-110) [EB/OL]. [2002-02-01]. https://www.congress.gov.

[91] Junker B, Baxter G, Beck P, et al. Some statistical models and computational methods that may be useful for cognitively-relevant assessment[J]. Assessment Models and Methods, 1999, 2: 2001.

[92] Council N. Knowing What Students Know: The Science and Design of Educational Assessment[M]. Washington: National Academies Press, 2001.

[93] 涂冬波, 蔡艳, 丁树良. 认知诊断理论、方法与应用[M]. 北京: 北京师范大学出版社, 2012.

[94] Tatsuoka K K. Toward an Integration of Item-response Theory and Cognitive Error Diagnosis[M]. Hillsdale: Erlbaum, 1990: 453-488.

[95] Nichols P D, Chipman S F, Brennan R L. Cognitively Diagnostic Assessment[M]. London: Routledge, 1995.

[96] Leighton J P, Gierl M J. Defining and evaluating models of cognition used in educational measurement to make inferences about examinees' thinking processes[J]. Educational Measurement Issues and Practice, 2007, 26(2): 3-16.

[97] Tatsuoka K K. Architecture of knowledge structures and cognitive diagnosis: A statistical pattern recognition and classification approach//Cognitively Diagnostic Assessment[M]. London: Routledge, 2012: 327-359.

[98] von Davier M. A general diagnostic model applied to language testing data[J]. British Journal of Mathematical and Statistical Psychology, 2008, 61(2): 287-307.

[99] Culbertson M J. Bayesian networks in educational assessment: The state of the field[J]. Applied Psychological Measurement, 2016, 40(1): 3-21.

[100] de la Torre J. DINA model and parameter estimation: A didactic[J]. Journal of Educational and Behavioral Statistics, 2009, 34(1): 115-130.

[101] de la Torre J, Douglas J A. Higher-order latent trait models for cognitive diagnosis[J]. Psychometrika, 2004, 69(3): 333-353.

[102] de la Torre J. The generalized DINA model framework[J]. Psychometrika, 2011, 76(2): 179-199.

[103] 蔡艳, 赵洋, 刘舒畅. 一种优化的多级评分认知诊断模型[J]. 心理科学, 2017, 40(6): 1491-1497.

[104] Ma W, Guo W. Cognitive diagnosis models for multiple strategies[J]. British Journal of Mathematical and Statistical Psychology, 2019, 72(2): 370-392.

[105] Templin J L, Henson R A. Measurement of psychological disorders using cognitive diagnosis models [J]. Psychological Methods, 2006, 11(3): 287-305.

[106] Junker B W, Sijtsma K. Cognitive assessment models with few assumptions, and connections with nonparametric item response theory[J]. Applied Psychological Measurement, 2001, 25(3): 258-272.

[107] Liu Q, Wu R, Chen E, et al. Fuzzy cognitive diagnosis for modelling examinee performance[J]. ACM Transactions on Intelligent Systems and Technology, 2018, 9(4): 1-26.

[108] Tatsuoka K K. Rule space: An approach for dealing with misconceptions based on item response theory[J]. Journal of Educational Measurement, 1983, 20(4): 345-354.

[109] Leighton J P, Gierl M J, Hunka S M. The attribute hierarchy method for cognitive assessment: A variation on Tatsuoka's rule-space approach[J]. Journal of Educational Measurement, 2004, 41(3): 205-237.

[110] 康春花, 任平, 曾平飞. 非参数认知诊断方法: 多级评分的聚类分析[J]. 心理学报, 2015, 47(8): 1077-1088.

[111] Wang F, Liu Q, Chen E, et al. Neural cognitive diagnosis for intelligent education systems[C]. Proceedings of the AAAI Conference on Artificial Intelligence, New York, 2020: 6153-6161.

[112] Gao W, Liu Q, Huang Z, et al. RCD: Relation map driven cognitive diagnosis for intelligent education systems[C]. Proceedings of the 44th International ACM SIGIR Conference on Research and Development in Information Retrieval,Virtual Conference, 2021: 501-510.

[113] Gao L, Zhao Z, Li C, et al. Deep cognitive diagnosis model for predicting students' performance[J]. Future Generation Computer Systems, 2022,126: 252-262.

[114] Dibello L V, Stout W F, Roussos L A. Unified Cognitive/Psychometric Diagnostic Assessment Likelihood-based Classification Techniques[M]. Mahwah: Erlbaum, 1995: 361-389.

[115] Roussos L, Dibello L, Stout W, et al. The Fusion Model Skills Diagnosis System[M]. Cambridge: Cambridge University Press, 2007: 275-318.

[116] Henson R, Templin J, Douglas J. Using efficient model based sum scores for conducting skills diagnoses [J]. Journal of Educational Measurement, 2007, 44(4): 361-376.

[117] 涂冬波, 蔡艳, 戴海琦, 等. 一种多级评分的认知诊断模型: P-DINA 模型的开发[J]. 心理学报, 2010, 42(10): 1011-1020.

[118] Maris E. Estimating multiple classification latent class models[J]. Psychometrika, 1999, 64(2): 187-212.

[119] Gierl M J. Making diagnostic inferences about cognitive attributes using the rule-space model and attribute hierarchy method[J]. Journal of Educational Measurement, 2010, 44(4): 325-340.

[120] Almond R G, Dibello L V, Moulder B, et al. Modeling diagnostic assessments with Bayesian networks[J]. Journal of Educational Measurement, 2007, 44(4): 341-359.

[121] Chiu C Y, Douglas J. A nonparametric approach to cognitive diagnosis by proximity to ideal response patterns[J]. Journal of Classification, 2013, 30(2): 225-250.

[122] 罗照盛, 李喻骏, 喻晓锋, 等. 一种基于 Q 矩阵理论朴素的认知诊断方法[J]. 心理学报, 2015, 47(2): 264-272.

[123] 康春花, 杨亚坤, 曾平飞. 海明距离判别法分类准确率的影响因素[J]. 江西师范大学学报(自然科学版), 2017, 41(4): 394-400.

[124] 康春花, 杨亚坤, 曾平飞. 一种混合计分的非参数认知诊断方法: 曼哈顿距离判别法[J]. 心理科学, 2019, 42(2): 455-562.

[125] Zhou Y, Liu Q, Wu J, et al. Modeling context-aware features for cognitive diagnosis in student learning[C]. Proceedings of the 27th ACM SIGKDD Conference on Knowledge Discovery and Data Mining, Singapore, 2021: 2420-2428.

[126] 张暖, 江波. 学习者知识追踪研究进展综述[J]. 计算机科学, 2021, 48(4): 213-222.

[127] 王志锋, 熊莎莎, 左明章, 等. 智慧教育视域下的知识追踪: 现状, 框架及趋势[J]. 远程教育杂志, 2021, 39(5): 10.

[128] Salakhutdinov R, Mnih A. Probabilistic matrix factorization[C]. Advances in Neural Information Processing Systems, Vancouver, 2008 (20): 1257-1264.

[129] Chen Y, Liu Q, Huang Z, et al. Tracking knowledge proficiency of students with educational priors[C]. Proceedings of the 2017 ACM on Conference on Information and Knowledge Management, Singapore, 2017: 989-998.

[130] Corbett A T, Anderson J R. Knowledge tracing: Modeling the acquisition of procedural

knowledge[J]. User Modeling and User-Adapted Interaction, 1994, 4(4): 253-278.

[131] Shen S, Liu Q, Chen E, et al. Learning process-consistent knowledge tracing[C]. Proceedings of the 27th ACM SIGKDD Conference on Knowledge Discovery and Data Mining, Singapore, 2021: 1452-1460.

[132] Sundermeyer M, Schlüter R, Ney H. LSTM neural networks for language modeling[C]. 13th Annual Conference of the International Speech Communication Association, Portland, 2012: 194-197.

[133] Tsou K W, Chien J T. Memory augmented neural network for source separation[C]. 2017 IEEE 27th International Workshop on Machine Learning for Signal Processing, Tokyo, 2017: 1-6.

[134] Pelánek R. Modeling students' memory for application in adap-tive educational systems[C]. Proceedings of the 8th International Conference on Educational Data Mining, Madrid, 2015: 480-483.

[135] Qiu Y, Qi Y, Lu H, et al. Does time matter? Modeling the effect of time with Bayesian knowledge tracing[C]. Proceedings of the International Conference on Educational Data Mining, Eindhoven, 2011: 139-148.

[136] Settles B, Meeder B. A trainable spaced repetition model for language learning[C]. Proceedings of the 54th Annual Meeting of the Association for Computational Linguistics, Berlin, 2016 : 1848-1858.

[137] Loftus G R. Evaluating forgetting curves[J]. Journal of Experimental Psychology: Learning, Memory, and Cognition, 1985, 11 (2) : 397.

[138] Kingma D P, Ba J. Adam: A method for stochastic optimization[J]. arXiv: 1412.6980, 2014.

[139] Pandey S, Karypis G. A self-attentive model for knowledge tracing[J]. arXiv: 1907.06837, 2019.

[140] Choi Y, Lee Y, Cho J, et al. Towards an appropriate query, key, and value computation for knowledge tracing[C]. Proceedings of the 7th ACM Conference on Learning@ Scale, 2020: 341-344.

[141] Shin D, Shim Y, Yu H, et al. Saint+: Integrating temporal features for EdNet correctness prediction[C]. LAK21: 11th International Learning Analytics and Knowledge Conference, Irvine, 2021: 490-496.

[142] Zhou Y, Li X, Cao Y, et al. LANA: Towards personalized deep knowledge tracing through distinguishable interactive sequences[J]. arXiv: 2105.06266, 2021.

[143] Ghosh A, Heffernan N, Lan A S. Context-aware attentive knowledge tracing[C]. Proceedings of the 26th ACM SIGKDD International Conference on Knowledge Discovery and Data Mining, 2020: 2330-2339.

[144] Pardos Z A, Heffernan N T. Modeling individualization in a Bayesian networks implementation of knowledge tracing[C]. Proceedings of the 18th International Conference on User Modeling, Adaptation, and Personalization, Big Island, 2010: 255-266.

[145] Lord F M. Applications of Item Response Theory to Practical Testing Problems[M]. London: Routledge, 2012.

[146] Pandey S, Karypis G. A self-attentive model for knowledge tracing[C]. Proceedings of the 12th International Conference on Educational Data Mining, Montreal, 2019: 384-389.

[147] Liu Y, Yang Y, Chen X, et al. Improving knowledge tracing via pre-training question embeddings[J]. arXiv: 2012.05031, 2020.

[148] Yang Y, Shen J, Qu Y, et al. GIKT: A graph-based interaction model for knowledge tracing [C].

European Conference on Machine Learning and Principles and Practice of Knowledge Discovery in Databases, Ghent, 2020: 14-18.

[149] Tong H, Wang Z, Zhou Y, et al. Introducing problem schema with hierarchical exercise graph for knowledge tracing[C]. Proceedings of the 45th International ACM SIGIR Conference on Research and Development in Information Retrieval, Madrid, 2022: 405-415.

[150] Doignon J P, Falmagne J C. Spaces for the assessment of knowledge[J]. International Journal of Man-Machine Studies, 1985, 23 (2) : 175-196.

[151] Korossy K. Extending the theory of knowledge spaces: A competence-performance approach[J]. Zeitschrift für Psychologie, 1997, 205 (1) : 53-82.

[152] 张生, 王雪, 齐媛. 人工智能赋能教育评价: "学评融合" 新理念及核心要素[J]. 中国远程教育, 2021(2): 1-8, 16, 76.

[153] 颜林海. 翻译认知心理学[M]. 北京: 科学出版社, 2015.

[154] Anzanello M J, Fogliatto F S. Learning curve models and applications: Literature review and research directions[J]. International Journal of Industrial Ergonomics, 2011, 41 (5) : 573-583.

[155] Ebbinghaus H. Memory: A contribution to experimental psychology[J]. Annals of Neurosciences, 2013, 20 (4) : 155-156.

[156] 杨治良. 漫谈人类记忆的研究[J]. 心理科学, 2011, 34(1): 249-250.

[157] 李晓光, 魏思齐, 张昕, 等. LFKT: 学习与遗忘融合的深度知识追踪模型[J]. 软件学报, 2021, 32(3): 818-830.

[158] 宋佳, 冯吉兵, 曲克晨. 在线教学中师生交互对深度学习的影响研究[J]. 中国电化教育, 2020(11): 60-66.

[159] 武法提, 张琪. 学习行为投入: 定义、分析框架与理论模型[J]. 中国电化教育, 2018(1): 35-41.

[160] 彭思韦. 融合反应时信息的饱和认知诊断模型 (JVRT-LCDM) 开发[D]. 南昌: 江西师范大学, 2020.

[161] 王亚南. 加工速度、工作记忆与思维发展[D]. 南京: 南京师范大学, 2004.

[162] Luce R D. Response Times: Their Role in Inferring Elementary Mental Organization[M]. New York: Oxford University Press, 1986.

[163] Schunk D H. Learning Theories: An Educational Perspective[M]. New York: Pearson Education, Inc., 2012.

[164] Wright T P. Factors affecting the cost of airplanes[J]. Journal of the Aeronautical Sciences, 1936, 3 (4) : 122-128.

[165] Pintrich P R. The Role of Goal Orientation in Self-Regulated Learning[M]. New York: Academic Press, 2000: 451-502.

[166] Jimerson S R, Campos E, Greif J L. Toward an understanding of definitions and measures of school engagement and related terms[J]. The California School Psychologist, 2003, 8 (1) : 7-27.

[167] 黄涛, 王一岩, 张浩, 等. 教育场域中的认知计算与教育应用研究[J]. 远程教育杂志, 2020, 38(1): 50-60.

[168] 单美贤, 张瑞阳, 史喆. "智能+" 教育场域中的认知计算与教育应用研究[J]. 远程教育杂

志, 2021, 39(2): 21-33.

[169] Yudelson M V, Koedinger K R, Gordon G J. Individualized Bayesian knowledge tracing models[C]. International Conference on Artificial Intelligence in Education, Berlin, 2013: 171-180.

[170] Sonkar S, Waters A E, Lan A S, et al. qDKT: Question-centric deep knowledge tracing[J]. arXiv: 2005.12442, 2020.

[171] Mikolov T, Chen K, Corrado G, et al. Efficient estimation of word representations in vector space[J]. arXiv:1301.3781, 2013.

[172] Le Q, Mikolov T. Distributed representations of sentences and documents[C]. Proceedings of the 31st International Conference on Machine Learning, Beijing, 2014: 1188-1196.

[173] Kim Y. Convolutional neural networks for sentence classification[J]. arXiv:1408.5882, 2014.

[174] Joulin A, Grave E, Bojanowski P, et al. Bag of tricks for efficient text classification[J]. arXiv:1607.01759, 2016.

[175] Kenton J D M W C, Toutanova L K. Bert: Pre-training of deep bidirectional transformers for language understanding[C]. Proceedings of NAACL-HLT 2019, Minneapolis, 2019: 4171-4186.

[176] Su Y, Liu Q, Liu Q, et al. Exercise-enhanced sequential modeling for student performance prediction[C]. Proceedings of the AAAI Conference on Artificial Intelligence, New Orleans, 2018.

[177] Tong H, Zhou Y, Wang Z. Exercise hierarchical feature enhanced knowledge tracing[C]. International Conference on Artificial Intelligence in Education, Ifrane, 2020: 324-328.

[178] Huang Z, Xu W, Yu K. Bidirectional LSTM-CRF models for sequence tagging[J]. arXiv:1508.01991, 2015.

[179] Ma X, Hovy E. End-to-end sequence labeling via bi-directional LSTM-CNNs-CRF[J]. arXiv:1603.01354, 2016.

[180] Huang T, Li Z, Zhang H, et al. EAnalyst: Toward understanding large-scale educational data[C]. Proceedings of The 13th International Conference on Educational Data Mining, Ifrane, 2020: 620-623.

[181] Fogarty J, Baker R S, Hudson S E. Case studies in the use of ROC curve analysis for sensor-based estimates in human computer interaction[C]. Proceedings of Graphics Interface 2005, Victoria, 2005: 129-136.

[182] Zaremba W, Sutskever I, Vinyals O. Recurrent neural network regularization[J]. arXiv:1409.2329, 2014.

[183] Hochreiter S, Schmidhuber J. Long short-term memory[J]. Neural Computation, 1997, 9 (8) : 1735-1780.

[184] Chung J, Gulcehre C, Cho K H, et al. Empirical evaluation of gated recurrent neural networks on sequence modeling[J]. arXiv:1412.3555, 2014.

[185] Huang Y M, Lin Y T, Cheng S C. An adaptive testing system for supporting versatile educational assessment[J]. Computers and Education, 2009, 52 (1): 53-67.

[186] Pardos Z A, Heffernan N T, Ruiz C, et al. The composition effect: Conjuntive or compensatory? An analysis of multi-skill math questions in ITS[C]. International Conference on Educational Data Mining, Montreal, 2008: 147-156.

[187] Huang H Y, Wang W C. Multilevel higher-order item response theory models[J]. Educational

and Psychological Measurement, 2014, 74 (3): 495-515.

[188] Appleby J, Samuels P, Treasure-Jones T. Diagnosys: A knowledge-based diagnostic test of basic mathematical skills[J]. Computers and Education, 1997, 28 (2): 113-131.

[189] Lindsley O R. Precision teaching: Discoveries and effects[J]. Journal of Applied Behavior Analysis, 1992, 25 (1): 51.

[190] Chen H, Chen J. Retrofitting non-cognitive-diagnostic reading assessment under the generalized DINA model framework[J]. Language Assessment Quarterly, 2016, 13 (3): 218-230.

[191] Li X, Wang W C. Assessment of differential item functioning under cognitive diagnosis models: The DINA model example[J]. Journal of Educational Measurement, 2015, 52 (1): 28-54.

[192] Henson R, Douglas J. Test construction for cognitive diagnosis[J]. Applied Psychological Measurement, 2005, 29 (4): 262-277.

[193] Chen Y, Culpepper S A, Chen Y, et al. Bayesian estimation of the DINA Q matrix[J]. Psychometrika, 2018, 83 (1): 89-108.

[194] Junker B W, Sijtsma K. Cognitive assessment models with few assumptions, and connections with nonparametric item response theory[J]. Applied Psychological Measurement, 2001, 25 (3): 258-272.

[195] Manning S, Dix A. Identifying students' mathematical skills from a multiple-choice diagnostic test using an iterative technique to minimise false positives[J]. Computers and Education, 2008, 51 (3): 1154-1171.

[196] Ozaki K. DINA models for multiple-choice items with few parameters: Considering incorrect answers[J]. Applied Psychological Measurement, 2015, 39 (6): 431-447.

[197] van der Linden W J. A lognormal model for response times on test items[J]. Journal of Educational and Behavioral Statistics, 2006, 31 (2): 181-204.

[198] Bolsinova M, Molenaar D. Modeling nonlinear conditional dependence between response time and accuracy[J]. Frontiers in Psychology, 2018 (9): 1525.

[199] de Boeck P, Jeon M. An overview of models for response times and processes in cognitive tests[J]. Frontiers in Psychology, 2019 (10): 102.

[200] Wang S, Chen Y. Using response times and response accuracy to measure fluency within cognitive diagnosis models[J]. Psychometrika, 2020, 85 (3): 600-629.

[201] Roskam E E. Models for Speed and Time-Limit Tests[M]. New York: Springer, 1997: 187-208.

[202] Ulitzsch E, von Davier M, Pohl S. A multiprocess item response model for not-reached items due to time limits and quitting[J]. Educational and Psychological Measurement, 2020, 80 (3): 522-547.

[203] Verhelst N D, Verstralen H H F M, Jansen M G H. A Logistic Model for Time-Limit Tests[M]. New York: Springer, 1997: 169-185.

[204] Wang T, Hanson B A. Development and calibration of an item response model that incorporates response time[J]. Applied Psychological Measurement, 2005, 29 (5): 323-339.

[205] van der Linden W J. Conceptual issues in response-time modeling[J]. Journal of Educational Measurement, 2009, 46 (3) : 247-272.

[206] Entink R H K, van der Linden W J, Fox J P. A Box-Cox normal model for response times[J]. British Journal of Mathematical and Statistical Psychology, 2009, 62 (3): 621-640.

[207] Fox J P, Marianti S. Joint modeling of ability and differential speed using responses and response times[J]. Multivariate Behavioral Research, 2016, 51 (4): 540-553.

[208] Ranger J, Kuhn J T, Ortner T M. Modeling responses and response times in tests with the hierarchical model and the three-parameter lognormal distribution[J]. Educational and Psychological Measurement, 2020, 80 (6): 1059-1089.

[209] van der Linden W J. A hierarchical framework for modeling speed and accuracy on test items[J]. Psychometrika, 2007, 72 (3): 287-308.

[210] Zhan P, Jiao H, Liao D. Cognitive diagnosis modelling incorporating item response times[J]. British Journal of Mathematical and Statistical Psychology, 2018, 71 (2): 262-286.

[211] Zhan P, Liao M, Bian Y. Joint testlet cognitive diagnosis modeling for paired local item dependence in response times and response accuracy[J]. Frontiers in Psychology, 2018, 9: 607.

[212] Wang S, Zhang S, Shen Y. A joint modeling framework of responses and response times to assess learning outcomes[J]. Multivariate Behavioral Research, 2020, 55 (1): 49-68.

[213] Shou Z, Lu X, Wu Z, et al. On learning path planning algorithm based on collaborative analysis of learning behavior[J]. IEEE Access, 2020, 8: 119863-119879.

[214] Schiaffino S, Garcia P, Amandi A. eTeacher: Providing personalized assistance to e-learning students[J]. Computers and Education, 2008, 51(4): 1744-1754.

[215] Moreno-Marcos P M, Pong T C, Muñoz-Merino P J, et al. Analysis of the factors influencing learners' performance prediction with learning analytics[J]. IEEE Access, 2020, 8: 5264-5282.

[216] Liu Y, Yang Y, Chen X, et al. Improving knowledge tracing via pre-training question embeddings[J]. arXiv: 2012.05031, 2020.

[217] Averell L, Heathcote A. The form of the forgetting curve and the fate of memories[J]. Journal of Mathematical Psychology, 2011, 55(1): 25-35.

[218] Pelánek R. Modeling students' memory for application in adaptive educational systems[C]. Processing of the 8th International Conference on Educational Data Mining, Madrid, 2015: 480-483.

[219] Settles B, Meeder B. A trainable spaced repetition model for language learning[C]. Proceedings of the 54th Annual Meeting of the Association for Computational Linguistics, San Diego, 2016: 1848-1858.

[220] Huang Z, Liu Q, Chen Y, et al. Learning or forgetting? A dynamic approach for tracking the knowledge proficiency of students[J]. ACM Transactions on Information Systems, 2020, 38(2): 1-33.

[221] Qiu Y, Qi Y, Lu H, et al. Does time matter? Modeling the effect of time with Bayesian knowledge tracing[C]. Proceedings of the 4th International Conference on Educational Data Mining, Raleigh, 2011: 139-148.

[222] Abdelrahman G, Wang Q. Knowledge tracing with sequential key-value memory networks[C]. Proceedings of the 42nd International ACM SIGIR Conference on Research and Development in Information Retrieval, Paris, 2019: 175-184.

[223] Ding X, Larson E C. Incorporating uncertainties in student response modeling by loss function regularization[J]. Neurocomputing, 2020, 409(8): 74-82.

[224] Finn B, Arslan B, Walsh M. Applying cognitive theory to the human essay rating process[J]. Applied Measurement in Education, 2020, 33(3): 223-233.

[225] Schmidhuber J. Deep learning in neural networks: An overview[J]. Neural Networks, 2015, 61: 85-117.

[226] Sukhbaatar S, Weston J, Fergus R. End-to-end memory networks[J]. Advances in Neural Information Processing Systems, 2015, 28: 2440-2448.

[227] Miller A, Fisch A, Dodge J, et al. Key-value memory networks for directly reading documents[J]. arXiv:1606.03126, 2016.

[228] Minn S, Desmarais M C, Zhu F, et al. Dynamic student classification on memory networks for knowledge tracing[C]. Pacific-Asia Conference on Knowledge Discovery and Data Mining, Macau, 2019: 163-174.

[229] Trifa A, Hedhili A, Chaari W L. Knowledge tracing with an intelligent agent, in an e-learning platform[J]. Education and Information Technologies, 2019, 24(1): 711-741.

[230] Pashler H, Rohrer D, Cepeda N J, et al. Enhancing learning and retarding forgetting: Choices and consequences[J]. Psychonomic Bulletin and Review, 2007, 14(2): 187-193.

[231] Anzanello M J, Fogliatto F S. Learning curve models and applications: Literature review and research directions[J]. International Journal of Industrial Ergonomics, 2011, 41(5): 573-583.

[232] Khajah M, Lindsey R V, Mozer M C. How deep is knowledge tracing?[C]. Proceedings of the 9th International Conference on Educational Data Mining, Raleigh, 2016: 94-101.

[233] Liu H, Zhang T, Li F, et al. Tracking knowledge structures and proficiencies of students with learning transfer[J]. IEEE Access, 2020, 9: 55413-55421.

[234] Choffin B, Popineau F, Bourda Y. Modelling student learning and forgetting for optimally scheduling skill review[J]. ERCIM News, 2020, 120: 12-13.

[235] Chen P, Lu Y, Zheng V W, et al. Prerequisite-driven deep knowledge tracing[C]. 2018 IEEE International Conference on Data Mining, Singapore, 2018: 39-48.

[236] Smirnova E, Vasile F. Contextual sequence modeling for recommendation with recurrent neural networks[C]. Proceedings of the 2nd Workshop on Deep Learning for Recommender Systems, Como, 2017: 2-9.

[237] Papoušek J, Pelánek R, Stanislav V. Adaptive geography practice data set[J]. Journal of Learning Analytics, 2016, 3(2): 317-321.

[238] Baneres D, Rodríguez-Gonzalez M E, Serra M. An early feedback prediction system for learners at-risk within a first-year higher education course[J]. IEEE Transactions on Learning Technologies, 2019, 12(2): 249-263.

[239] Chang H S, Hsu H J, Chen K T. Modeling exercise relationships in e-learning: A unified approach[C]. Proceedings of the International Conference on Educational Data Mining, Madrid, 2015: 532-535.

[240] Choi Y, Lee Y, Shin D, et al. EdNet: A large-scale hierarchical dataset in education[C]. Artificial Intelligence in Education 21st International Conference, Ifrane, 2020.

[241] Wang C, Ma W, Zhang M, et al. Temporal cross-effects in knowledge tracing[C]. Proceedings of the 14th ACM International Conference on Web Search and Data Mining, 2021: 517-525.

[242] Zhang M, Zhu X, Zhang C, et al. Multi-factors aware dual-attentional knowledge tracing[C].

Proceedings of the 30th ACM International Conference on Information and Knowledge Management, Virtual Event, 2021: 2588-2597.

[243] Baker R S J, Corbett A T, Aleven V. More accurate student modeling through contextual estimation of slip and guess probabilities in Bayesian knowledge tracing[C]. Proceedings of the 9th International Conference Intelligent Tutoring Systems, Montreal, 2008: 406-415.

[244] Wang Y, Liao H C. Data mining for adaptive learning in a TESL-based e-learning system[J]. Expert Systems with Applications, 2011, 38(6): 6480-6485.

[245] Brown N C C, Kölling M, McCall D, et al. Blackbox: A large scale repository of novice programmers' activity[C]. Proceedings of the 45th ACM Technical Symposium on Computer Science Education, Atlanta, 2014: 223-228.

[246] Allevato A, Thornton M, Edwards S, et al. Mining data from an automated grading and testing system by adding rich reporting capabilities[C]. Proceedings of the 1st International Conference on Educational Data Mining, Montreal, 2008.

[247] Baker R S, Inventado P S. Educational Data Mining and Learning Analytics[M]. New York: Springer, 2014.

[248] Le N T, Boyer K E, Chaudry B, et al. The first workshop on AI-supported education for computer science (AIEDCS) [C]. Proceedings of the 16th International Conference on Artificial Intelligence in Education, Memphis, 2013: 947-948.

[249] Zimmerman B J, Schunk D H. Handbook of Self-Regulation of Learning and Performance[M]. New York: Routledge, 2011.

[250] Executive Office of the President. Big data: A report on algorithmic systems, opportunity, and civil rights [EB/OL]. [2016-01-01]. https://www.govinfo.gov/app/details/GOVPUB-PREX-PURL-gpo90618.

[251] West D M. Big data for education: Data mining, data analytics, and web dashboards[J]. Governance Studies at Brookings, 2012, 4(1): 1-10.

[252] Vaswani A, Shazeer N, Parmar N, et al. Attention is all you need[J]. Advances in Neural Information Processing Systems, 2017, 30: 5998-6008.

[253] Weston J, Chopra S, Bordes A. Memory networks[J]. arXiv:1410.3916, 2014.

[254] Feng M, Heffernan N, Koedinger K. Addressing the assessment challenge with an online system that tutors as it assesses[J]. User Modeling and User-Adapted Interaction, 2009, 19(3): 243-266.

[255] Zhang H, Huang T, Lv Z, et al. MOOCRC: A highly accurate resource recommendation model for use in MOOC environments[J]. Mobile Networks and Applications, 2019, 24(1): 34-46.

[256] Binder C. Precision teaching: Measuring and at-taining exemplary academic achievement[J]. Youth Policy, 1988, 10(7): 12-15.

[257] 郑林, 刘微娜, 王小琼, 等. "智慧学伴"促进初中历史精准教学的探索[J]. 中国电化教育, 2019, 384(1): 70-74.

[258] 张晓东. 重建习作教学新生态——"互联网+"时代背景下小学习作教学的探索与实践[J]. 中国电化教育, 2018(3): 123-126.

[259] 曹培杰, 王济军, 李敏, 等. 概念图在小学作文教学中应用的实验研究[J]. 电化教育研究, 2013, 34(5): 104-108.

[260] 中华人民共和国教育部. 九年义务教育语文课程标准(2011 年版)[S]. 北京: 人民教育出版社, 2011.

[261] Piaget J. Judgement and Reasoning in the Child[M]. London: Routledge, 1999.

[262] 胡来林. 概念地图支持学习困难学生写作的实验研究[J]. 电化教育研究, 2007(6): 83-88.

[263] 钟启泉. 《核心素养十讲》[J]. 人民教育, 2018, 798(23): 84.

[264] 刘淼. 作文心理学[M]. 北京: 高等教育出版社, 2001: 88.

[265] 阎子霖. 教育信息技术在小学作文教学中运用模式的探讨[J]. 电化教育研究, 2003(2): 74-76.

[266] 沃尔特·艾萨克森. 史蒂夫·乔布斯传[M]. 余倩, 胡旭辉, 译. 北京: 中信出版社, 2011: 99.

[267] 陈杏圆, 王焜洁. 人工智慧[M]. 台北: 高立图书有限公司, 2007: 68-69.

[268] 祝智庭, 俞建慧, 韩中美, 等. 以指数思维引领智慧教育创新发展[J]. 电化教育研究, 2019, 40(1): 5-16, 32.

[269] 杨晨, 曹亦薇. 作文自动评分的现状与展望[J]. 中学语文教学, 2012(3): 78-80.

[270] 尤启良. 国小五年级实施质性写作评量系统之行动研究[D]. 屏东: 屏东师范学院, 2004.

[271] 赵建丰. 网络质性评量系统之设计与发展及实施成效——以小学写作评量为例[D]. 屏东: 屏东师范学院, 2004.

[272] 彭红超, 祝智庭. 人机协同决策支持的个性化适性学习策略探析[J]. 电化教育研究, 2019, 40(2): 12-20.

[273] 赵保纬. 小学生作文参照量表[M]. 长春: 北方妇女儿童出版社, 1987.

[274] 朱作人. 小学生作文量表[M]. 西安: 陕西人民出版社, 1990.

[275] 新加坡教育部课程规划署. 小学华文课程标准 2015[S]. 新加坡: 新加坡教育部课程规划与发展司, 2014:8-37.

[276] 蔡清田. "国民核心素养" 转化成为领域/科目核心素养的课程设计[J]. 湖南师范大学教育科学学报, 2016, 15(5): 5-11.

[277] 香港课程发展议会. 基础教育课程指引——各尽所能·发挥所长(小一至中三)2014 [R]. 香港: 政府印务局, 2002: 4.

[278] 上超望, 韩梦, 刘清堂. 大数据背景下在线学习过程性评价系统设计研究[J]. 中国电化教育, 2018(5): 90-95.

[279] 刘和海, 戴濛濛. "互联网+" 时代个性化学习实践路径: 从 "因材施教" 走向 "可因材施教" [J]. 中国电化教育, 2019(7): 46-53.

[280] 孔静. 澳大利亚全国读写与计算素养评价项目研究[D]. 长春: 东北师范大学, 2019.

[281] 陈秋梅, 张敏强. 认知诊断模型发展及其应用方法述评[J]. 心理科学进展, 2010, 18(3): 522-529.

[282] 赵建华, 蒋银健, 陈庆涛. 创新教育视域下的素养导向教学范式——从 PISA 测试看学生素养培养[J]. 现代远程教育研究, 2020, 32(2): 64-72.

[283] 郑超超, 杨涛. TIMSS 课程模型及测评框架的演变及启示[J]. 外国中小学教育, 2019(6): 25-32.

[284] 张迪, 王瑞霖, 杜宵丰. NAEP 2013 数学测评分析框架及试题特点分析[J]. 教育测量与评

价, 2018(3): 51-56, 64.

[285] 朱黎生. 义务教育数学课程标准(2011年版)[J]. 数学教育学报, 2012, 21(3): 7-10.

[286] 张莹莹. 小学第二学段学生数学运算能力的现状调查[J]. 教育测量与评价, 2018(6): 57-62.

[287] 路红, 綦春霞. 我国八年级学生数学运算能力实证研究[J]. 教育测量与评价, 2018(2): 52-57.

[288] 綦春霞, 何声清. 基于"智慧学伴"的数学学科能力诊断及提升研究[J]. 中国电化教育, 2019(1): 41-47.

[289] 董文彬. 从运算能力走向运算素养——关于运算及运算教学的思考[J]. 教育科学论坛, 2019(28): 20-23.

[290] 姜强, 赵蔚, 李松, 等. 个性化自适应学习研究——大数据时代数字化学习的新常态[J]. 中国电化教育, 2016(2): 25-32.

[291] 汪维富, 毛美娟, 闫寒冰. 智能导师系统对学业成就的影响研究: 量化元分析的视角[J]. 中国远程教育, 2019(10): 40-51.

[292] 黄涛, 王一岩, 张浩, 等. 智能教育场域中的学生建模研究趋向[J]. 远程教育杂志, 2020, 38(1): 50-60.

[293] 黄涛, 王一岩, 张浩, 等. 数据驱动的区域教育质量分析模型与实现路径[J]. 中国电化教育, 2019(8): 30-36.

[294] 佘岩, 徐玲玲. 整式运算认知诊断初探[J]. 数学教育学报, 2017, 26(3): 49-52.

[295] 王娅婷, 毛秀珍. 数学素养的测量及评价[J]. 数学教育学报, 2017, 26(3): 73-77.

[296] 魏雪峰, 崔光佐. 小学数学学习困难学生"一对一"认知诊断与干预研究[J]. 电化教育研究, 2016, 37(2): 75-81.

[297] Chu K K, Lee C I, Tsai R S. Ontology technology to assist learners' navigation in the concept map learning system[J]. Expert Systems with Applications, 2011, 38(9): 11293-11299.

[298] Liaw S S, Huang H M. Perceived satisfaction, perceived usefulness and interactive learning environments as predictors to self-regulation in e-learning environments[J]. Computers and Education, 2013, 60(1): 14-24.

[299] Wongwatkit C, Srisawasdi N, Hwang G, et al. Influence of an integrated learning diagnosis and formative assessment-based personalized web learning approach on students learning performances and perceptions[J]. Interactive Learning Environments, 2017, 25(7): 889-903.

[300] 余胜泉. 人工智能教师的未来角色[J]. 开放教育研究, 2018(1): 16-28.

[301] 余胜泉, 王琦. "AI+教师"的协作路径发展分析[J]. 电化教育研究, 2019(4): 14-22, 29.

[302] 汪时冲, 方海光, 张鸽, 等. 人工智能教育机器人支持下的新型"双师课堂"研究——兼论"人机协同"教学设计与未来展望[J]. 远程教育杂志, 2019(2): 25-32.

[303] 教育部基础教育课程教材专家工作委员会. 义务教育英语课程标准(2011年版)解读[M]. 北京: 北京师范大学出版社, 2012: 2-9.

[304] 潘鸣威, 吴雪峰. 中国英语能力等级量表在中小学英语形成性评价中的应用——以写作能力为例[J]. 外语界, 2019(1): 89-96.

[305] Guskey T R. Lessons of mastery learning[J]. Educational Leadership, 2010(2): 52-57.

[306] Huang M, Rust R T. Artificial intelligence in service[J]. Journal of Service Research, 2018, 21(2): 155-172.

[307] Fu R. Design and application of the artificial intelligence in online test of English computer[J]. Agro Food Industry Hi-Tech, 2017(3): 2390-2393.

[308] 朱永海, 刘慧, 李云文, 等. 智能教育时代下人机协同智能层级结构及教师职业形态新图景[J]. 电化教育研究, 2019, 40(1): 104-112, 120.

[309] 唐锦兰, 吴一安. 在线英语写作自动评价系统应用研究述评[J]. 外语教学与研究, 2011, 43(2): 273-282, 321.

[310] 唐锦兰. 探究写作自动评价系统在英语教学中的应用模式[J]. 外语教学理论与实践, 2014(1): 49-57, 94.

[311] 彭红超, 祝智庭. 人机协同的数据智慧机制: 智慧教育的数据价值炼金术[J]. 开放教育研究, 2018, 24(2): 41-50.

[312] 余胜泉, 王阿习. "互联网+教育" 的变革路径[J]. 中国电化教育, 2016(10): 1-9.

[313] 王淑雯. 如何利用 Writing roadmap 2.0 进行在线英语写作反馈[J]. 现代教育术, 2011, 21(3): 76-81.